民航安全管理应知应会系列丛书

民航安全法律法规知识

刘维强　主编

北　京
冶　金　工　业　出　版　社
2024

内 容 提 要

本书在介绍我国安全生产领域主要法律法规基本内容的基础上，重点介绍了民航领域有关法律法规的构成体系、主要内容及发展动向等，旨在帮助读者全面了解民航安全法律法规的重要性和作用，提升对民航安全生产的全面认知和牢固树立法律法规意识。

本书内容丰富、逻辑清晰、通俗易懂，可作为民航安全管理人员工作和学习的参考书。

图书在版编目（CIP）数据

民航安全法律法规知识 / 刘维强主编. -- 北京 : 冶金工业出版社，2024. 9. --（民航安全管理应知应会系列丛书）. -- ISBN 978-7-5024-9990-7

Ⅰ. D922.296

中国国家版本馆 CIP 数据核字第 202432P1P2 号

民航安全法律法规知识

出版发行	冶金工业出版社	**电　　话**	(010)64027926
地　　址	北京市东城区嵩祝院北巷 39 号	**邮　　编**	100009
网　　址	www.mip1953.com	**电子信箱**	service@mip1953.com

责任编辑　杨　敏　美术编辑　吕欣童　版式设计　郑小利

责任校对　范天娇　责任印制　禹　蕊

三河市双峰印刷装订有限公司印刷

2024 年 9 月第 1 版，2024 年 9 月第 1 次印刷

787mm×1092mm　1/16；13.25 印张；323 千字；200 页

定价 89.00 元

投稿电话　(010)64027932　投稿信箱　tougao@cnmip.com.cn

营销中心电话　(010)64044283

冶金工业出版社天猫旗舰店　yjgycbs.tmall.com

（本书如有印装质量问题，本社营销中心负责退换）

前　言

习近平总书记在党的二十大报告中指出，要坚持安全第一、预防为主，建立大安全大应急框架，完善公共安全体系，推动公共安全治理模式向事前预防转型。推进安全生产风险专项整治，加强重点行业、重点领域安全监管。民航作为国家重要交通运输方式，民航安全对于社会安全、经济安全，甚至国际安全都有着重要影响。坚决守住航空安全底线，是每个民航人的历史使命和责任担当。

在新时期新形势下，全面加强我国安全生产法治建设，提高全民安全生产法律意识，规范生产经营单位的安全生产，强化安全生产监督管理，对遏制各类事故的发生，促进经济发展和保持社会稳定，具有重大意义。我国安全生产领域以《中华人民共和国安全生产法》为龙头，以相关法律、行政法规、部门规章、地方性法规、地方政府规章和安全生产国家标准和行业标准为主体的具有中国特色的安全生产法律体系已经构建，并不断发展完善。

民航法律法规体系框架主要来自《国际民用航空公约》及其附件的相关要求。经过多年运行，中国民航在综合安全管理、公共航空运输、通用航空运输、机场运行、适航维修、空中交通等专业领域的安全法律法规日益成熟，形成以《中华人民共和国民用航空法》为核心，以相关行政法规、民航部门规章、规范性文件为主体的民航专业法律法规体系，并日益更新完善。

中国民用航空局2024年安全工作报告中提出了持续深化安全管理体系建设，总结提炼具有中国特色的民航安全管理理论，为新形势下民航安全发展更好地提供理论支撑的工作要求。只有将国家安全生产法律法规的要求与民航专业的安全管理方法相结合，形成具有中国特色的民航安全管理法律法规体系，指导中国民航的安全生产实践，才能实现中国民航安全发展的新目标。

本书系统介绍了中国安全生产领域最新法律法规，包括《中华人民共和国安全生产法》《中华人民共和国特种设备安全法》《中华人民共和国刑法》《中华人民共和国行政处罚法》《生产安全事故报告和调查处理条例》《生产安全事故应急条例》等，重点介绍了相关法律法规的主要内容及最新修订动向。

本书归纳总结了《中华人民共和国民用航空法》《国际民用航空公约》《中华人民共和国民用航空器适航管理条例》《中华人民共和国民用航空器权利登记条例》《中华人民共和国民用航空器国籍登记条例》《中华人民共和国飞行基本规则》《民用机场管理条例》《中华人民共和国搜寻援救民用航空器规定》等法律法规，以及民航各专业主要部门规章和规范性文件的主要内容，并说明了民航法律法规发展的最新动向。通过解读民航安全管理法律法规，重点分析了民航法律法规与国家安全生产法律法规之间的密切联系。

本书为《民航安全管理应知应会系列丛书》（孙佳、张禹、刘维强、熊康昊共同策化）中的一本，由中国民航管理干部学院刘维强主编，编写和出版期间得到了中国民航管理干部学院和许多同仁的大力支持与帮助，并在编写过程中参考了有关文献资料，在此一并表示衷心的感谢。

由于编者水平所限，书中不足之处，敬请广大读者批评指正。

编　者

2024 年 4 月

目　录

第一章　安全生产法律基础知识

第一节　法律的概念、特征、作用和渊源

一、法律的相关概念

（一）法律的定义

“法律”通常包含广义和狭义两个层面的定义。广义的法律，是指法律的整体。我国现在的法律包括作为根本法的宪法、全国人大及其常委会制定的法律、国务院制定的行政法规、国务院有关部门制定的部门规章、地方国家机关制定的地方性法规和地方政府规章等。狭义的法律，仅指全国人大和人大常委会制定的法律。在人们工作和生活中，“法律”一词多指广义层面的定义，本书中法律也泛指广义上的法律概念。

（二）法律的本质

法律的本质，即法律的根本属性，是指法律的内在必然联系，它是由其本身所包含的特殊矛盾构成的。任何事物都有本质和现象这两个方面，它们密切联系，本质要通过现象表现出来，现象是外在的，本质是内在的，透过现象分析本质是研究问题的关键。

马克思主义认为法律是统治阶级意志的体现，这个意志的内容是由统治阶级的物质生活条件决定的，是阶级社会的产物，说明了法律的本质的根本属性是由阶级性、物质性、社会性等多样性组成，法律的这三个根本属性对说明法的本质是缺一不可的。

我国正在努力实现国家各项工作法治化，向着建设法治中国不断前进。正确认识法律的本质，对于我们自觉坚持、扎实推进依法治国意义重大。我们应以辩证的思维，全面理解法律的本质。

（1）法律是主观性与客观性的统一。法律的内容具有客观性，形式上则具有主观性，是二者的统一。

（2）法律是阶级性与共同性的统一。法律的阶级性是法由统治阶级制定或认可并由国家强制力保障实施的统治阶级意志。法律的共同性是指某些法律内容、形式、作用效果并不以阶级为界限，而是带有相同或相似性。阶级性与共同性并不矛盾，随着世界交往的密切发展，人类共同问题的凸显，不同意识形态的文明相互借鉴，各国求同存异，采取了大量的全球统一的法律措施，使法律的共同性具有了鲜明的时代特征。

（3）法律是利益性与正义性的统一。利益和正义是法律的两类价值，法律确认、分配和调整利益，法律对利益的调整目的应当是实现社会正义，只有实现正义，各个主体在追求利益时才能有保证。法是利益性与正义性的统一。

（三）法律的效力

1. 法律效力的概念

法律的效力，通常有广义和狭义两种理解。从广义上说，法律的效力是泛指法律的约

束力。不论是规范性法律文件，还是非规范性法律文件，对人们的行为都产生法律上的约束作用。狭义上的法律的效力，是指法律的具体生效的范围，对什么人，在什么地方和在什么时间适用的效力。本章所讲的法律的效力，是就狭义而言的。

2. 法律的效力层次

法律的效力层次是指规范性法律文件之间的效力等级关系。根据《中华人民共和国立法法》的有关规定，法律效力的层次主要内容如下：

（1）上位法的效力高于下位法。

1）宪法规定了国家的根本制度和根本任务，是国家的根本法，具有最高的法律效力。

2）法律效力高于行政法规、地方性法规、规章。

3）行政法规效力高于地方性法规、规章。

4）地方性法规效力高于本级和下级地方政府规章。

5）自治条例和单行条例依法对法律、行政法规、地方性法规作变通规定的，在本自治地方适用自治条例和单行条例的规定。

6）部门规章与地方政府规章之间具有同等效力，在各自的权限范围内施行。

（2）在同一位阶的法律之间，特别规定优于一般规定，新的规定优于旧的规定。

3. 法律的效力范围

法律的效力范围，亦称适用范围，是指法律适用于哪些地方、适用于什么人，在什么时间生效。

（1）法律的时间效力：法律的时间效力是指法律从何时开始生效，到何时终止生效，以及对其生效以前的事件和行为有无溯及力的问题。

（2）法律的空间效力：法的空间效力是指法生效的地域（包括领海、领空），即法在哪些地方有效，通常全国性法律适用于全国，地方性法规仅在本地区有效。

（3）法律对人的效力：法对人的效力是指法适用哪些人。我国采用这种原则的原因是：既要维护本国利益，坚持本国主权，又要尊重他国主权，照顾法律适用中的实际可能性。

（四）法律的执行

法律的执行简称执法，是指掌管法律，手持法律做事，传布、实现法律。广义的执法，或法律的执行，是指所有国家行政机关、司法机关及其公职人员依照法定职权和程序实施法律的活动。狭义的执法，或法律的执行，则专指国家行政机关及其公职人员依法行使管理职权、履行职责、实施法律的活动，简称“执法”。

1. 法律执行的特点

（1）法律执行是以国家的名义对社会进行全面管理，具有国家权威性。

（2）法律执行的主体，是国家行政机关及其公职人员。

（3）法律执行具有国家强制性，行政机关执行法律的过程同时也是行使执法权的过程。

（4）法律执行具有主动性和单方面性。

2. 法律执行的主要原则

（1）依法行政的原则。这是指行政机关必须在宪法和法律赋予的权力和职责范围内通过法定方式和途径，运用适当的方法，严格依照法定程序，管理国家事务和社会事务。

（2）讲求效能的原则。这是指行政机关应当在依法行政的前提下，讲究效率，主动有效地行使其权能，以取得最大的行政执法效益。

（五）法律的适用

1. 法律适用的概念

通常是指国家司法机关根据法定职权和法定程序，具体应用法律处理案件的专门活动，简称“司法”。

2. 法律适用的主体

法律的适用主体是指行使司法权的司法机关，按照我国现行法律体制和司法体制，司法权一般包括审判权和检察权，审判权由人民法院行使，检察权由人民检察院行使，人民法院和人民检察院是我国法律的适用主体。

3. 法律适用的特点

（1）法律的适用是由特定的国家机关及其公职人员，按照法定职权实施法律的专门活动，具有国家权威性。

（2）法律的适用是司法机关以国家强制力为后盾实施法律的活动，具有国家强制性。

（3）法律的适用是司法机关依照法定程序、运用法律处理案件的活动，具有严格的程序性及合法性。

（4）法律的适用必须有表明法的适用结果的法律文书，如判决书、裁定书和决定书等。

4. 法律适用的情形

（1）当公民、社会组织和其他国家机关在相互关系中发生了自己无法解决的争议，致使法律规定的权利义务无法实现时，需要司法机关适用法律裁决纠纷，解决争端。

（2）当公民、社会组织和其他国家机关在其活动中遇到违法、违约或侵权行为时，需要司法机关适用法律制裁违法犯罪，恢复权利。

5. 法律适用的要求

（1）正确。首先体现为事实认定正确；其次定性要正确；再次处理要正确。

（2）合法。合法是指对案件的处理，必须严格依法办事，符合法律规定。具体包括3个方面的内容：首先，适用的主体必须合法；其次，必须符合实体法的规定；再次，处理案件不仅要符合实体法的规定，而且要遵守程序法的规定，按照法定程序办事。

（3）及时。及时是指在正确、合法的前提下，法律适用机关必须有高度的责任感，必须不断改进工作，提高办案效率，及时审结案件，不得随意拖延、积压案件。

正确、合法、及时是有机统一而不可分割的整体，只有3个方面都得到切实贯彻，才能保证法的适用。

（六）法律的遵守

1. 法律遵守的概念

法律的遵守可以有广义与狭义两种含义。广义的法律的遵守，就是法律的实施。狭义的法律的遵守，也称为守法，专指公民、社会组织和国家机关以法律为自己的行为准则，依照法律行使权利、权力，履行义务、职责的活动。

2. 法律遵守的意义

（1）认真遵守法律是广大人民群众实现自己根本利益的必然要求。

（2）认真遵守法律是建设社会主义法治国家的必要条件。

（七）法律的监督

1. 法律监督的概念及意义

（1）法律监督的概念。法律监督有广义和狭义两种含义。狭义的法律监督，是指由特定国家机关依照法定权限和法定程序，对立法、司法和执法活动的合法性所进行的监督。广义的法律监督，是指由所有国家机关、社会组织和公民对各种法律活动的合法性所进行的监督。二者都以法律实施及人们行为的合法性为监督的基本内容。

（2）法律监督的意义。法律监督对完善国家法律制度，建设社会主义法治社会，具有深远意义。

1）法律监督是维护社会主义法制的统一和尊严的重要措施。

2）法律监督是制约权力滥用的基本手段。

3）法律监督是社会主义法治建设的重要方面，是完善社会主义法治建设的内在要求。

2. 法律监督的构成

（1）法律监督的主体。法律监督的主体主要可以概括为三类：国家机关、社会组织和公民。在我国，监督主体具有广泛性和多元性。全国人民、国家机关、政党、社会团体和社会组织、大众传媒都是监督的主体。

（2）法律监督的客体。法律监督的客体是指监督谁或者说谁被监督。所有国家机关、政党、社会团体、社会组织、大众媒体和公民既是监督的主体，也是监督的客体。在我国，法律监督客体的重点，应该是国家司法机关和行政执法机关及其工作人员。

（3）法律监督的内容。法律监督的内容包括：国家立法机关行使国家立法权和其他职权的行为，国家司法机关行使司法权的行为，国家行政机关行使国家行政权的行为，共产党依法执政和各民主党派依法参与国家政治生活和社会生活的行为，以及普通公民的法律行为。

（八）法律体系

1. 法律体系的概念、特征

（1）法律体系的概念。法律体系是按照一定的原则和标准划分的同类法律规范组成法律部门而形成一个有机联系的整体，即部门法体系。法律体系的外部结构表现为宪法、基本法律、法律、地方性法规以及有法律效力的解释等，其主干是各种部门法。法律体系的外部结构要求各个部门法门类齐全、严密完整。法律体系的内部结构的基本单位是各种法律规范。各种法律规范的和谐一致是法律部门内部和相互间以至整个体系协调统一的基础。

（2）法律体系的特征。由于各种因素的影响，各国法律体系在结构上不尽相同，但在以下四个方面是很相近或相同的。一是法的体系的结构具有高度的组织性。二是法的体系结构的确立，是以社会结构为基础，以法律自身的规律为中介。三是法律体系结构的发展具有历史的连续性和继承性。四是法律体系的结构具有一定的开放性。上述四个方面既是法律体系在结构上的一般特点，又是确立法律体系在结构上的一般要求。

2. 法律体系与法律部门

法律部门的划分是人们对一国现行法律规范，按照一定的标准和原则，按照法律调整社会关系的不同领域和不同方法所划分的同类法律规范的总和。所作的分类，属于主观认识的范畴。但是划分标准的确定，必须符合法律部门形成和发展的客观实际。法律部门是法的体系的一种中观构成要素，各个不同的法律部门的有机结合，便成为一国的法律体系。

3. 我国现行法律体系

我国社会主义法律体系主要包括下列法律部门：

（1）宪法：宪法又称国家法，规定国家的社会制度和国家制度的基本原则、国家机关的组织和活动的基本原则以及公民的基本权利和义务等重要内容的规范性文件，是国家的根本法。

（2）行政法：行政法是有关行政管理活动的各种法律规范的总和。

（3）财政法：财政法是调整国家机关的财政活动，主要是财政资金的积累和分配的法律规范的总和。

（4）民法：民法是调整平等主体之间的财产关系和人身关系的法律规范的总称。

（5）经济法：经济法是国家领导、组织、管理经济的法律规范的总和。

（6）劳动法：劳动法是调整劳动关系以及由此而产生的其他关系的法律规范的总称。

（7）婚姻法：婚姻法是调整婚姻关系和家庭关系的法律规范的总和。

（8）刑法：刑法是关于犯罪和刑罚的法律规范的总称。

（9）诉讼法：诉讼法是关于诉讼程序的法律规范的总称。

（10）国际法：国际法是调整国际交往中国家间相互关系的法律规范的总称。

二、法律的特征

法律作为上层建筑，具有如下4个基本特征：

（1）法律是调整人们行为的规范。这是它与思想意识、国家、政党的区别之一。每一法律规范都是由行为模式和法律后果两部分组成的。通过行为模式和法律后果来规制人们的行为。

（2）法律是由国家制定或认可并具有普遍的约束力。制定和认可是国家创制法律的两种形式，表明了法律的国家意志性。其他诸如道德、宗教、政党团体的规章等均不具有国家意志的属性。

（3）法律通过规定人们的权利和义务来调整社会关系。法律作为特殊的社会规范，它是以规定人们的权利和义务作为主要内容的。法对社会关系的调整，总是通过规定人们在一定关系中的权利与义务来实现的。

（4）法律通过一定的程序由国家强制力保证实施。国家强制力指国家的军队、警察、法庭、监狱等有组织的国家暴力。如果没有国家强制力为后盾，法律就会对公民违法行为失去权威性，法律所体现的意志就得不到贯彻和保障。

三、法律的作用

法律的作用是指法对人与人之间所形成的社会关系所发生的一种影响，它表明了国家权力的运行和国家意志的实现。法律的作用可以分为规范作用和社会作用。

（一）法律的规范作用

根据行为的不同主体，法律的规范作用可分为指引、评价、教育、预测和强制作用。

（1）指引作用：

1）对个人行为的指引。对个人行为的指引有两种：一是个别指引（或称个别调整），即通过一个具体的指示就具体的人和情况的指引；二是规范性指引（或称规范性调整），即通过一般的规则就同类的人或情况的指引。

2）确定的指引和有选择的指引。确定的指引是指人们必须根据法律规范的指引而行为，有选择的指引是指人们对法律规范所指引的行为有选择余地，法律容许人们自己决定是否这样行为。

（2）评价作用：

1）对他人行为的评价。作为一种社会规范，法律具有判断、衡量他人行为是否合法有效的评价作用。

2）法律是一种评价准则。法是一个重要的评价准则，即根据法来判断某种行为是否正当。

（3）教育作用：即通过法律的实施而对一般人今后的行为所发生的影响。一部法律能否真正起教育作用或起教育作用的程度，归根结底要取决于法律规定本身能否真正体现绝大多数社会成员的利益。

（4）预测作用：法律的预测作用，或者说法律有可预测性的特征，即依靠作为社会规范的法律，人们可以预先估计到他们之间将如何行为。

（5）强制作用：这种规范作用的对象是违法者的行为。法律的强制作用不仅在于制裁违法犯罪行为，而且在于预防违法犯罪行为、增进社会成员的安全感。

（二）法律的社会作用

法律的社会作用是相对于法律的规范作用而言的，指法律对社会和人的行为的实际影响。我国社会主义法的社会作用大体可以归纳为6个方面：

（1）维护秩序，促进建设与改革开放，实现富强、民主与文明。

（2）根据一定的价值准则分配利益，确认和维护社会成员的权利和义务。

（3）为国家机关及其公职人员执行任务的行为提供法律依据，并对他们滥用权力或不尽职责的行为实行制约。

（4）预防和解决社会成员之间以及与国家机关之间或国家机关之间的争端。

（5）预防和制裁违法犯罪行为。

（6）为法律本身的运作与发展提供制度和程序。

法律的规范作用与法律的社会作用是相辅相成的，法律是以自己特有的规范作用实现其社会作用的。

四、法律的渊源

法律的渊源简称“法源”，通常指法的创立方式及表现为何种法律文件形式，在中国也称为法律的形式，用以指称法律的具体的外部表现形态。当代中国法律的渊源主要为以宪法为核心的各种制定法，包括宪法、法律、行政法规、地方性法规、自治法规、行政规章、特别行政区法、国际条约。

（一）宪法

宪法是国家的根本法，具有最高的法律地位和法律效力。宪法的特殊地位和属性，体现在4个方面：一是宪法规定国家的根本制度、国家生活的基本准则。我国宪法规定了中华人民共和国的根本政治制度、经济制度、国家机关和公民的基本权利和义务。宪法所规定的是国家生活中最根本、最重要的原则和制度，因此宪法成为立法机关进行立法活动的法律基础，宪法被称为“母法”“最高法”。但是宪法只规定立法原则，并不直接规定具体的行为规范，所以它不能代替普通法律。二是宪法具有最高法律效力，即具有最高的效力等级，是其他法的立法依据或基础，其他法的内容或精神必须符合或不得违背宪法的规定或精神，否则无效。三是宪法的制定与修改有特别程序。我国宪法草案是由宪法修改委员会提请全国人民代表大会审议通过的。四是宪法的解释、监督均有特别规定。我国1982年宪法规定，全国人民代表大会和全国人民代表大会常务委员会监督宪法的实施，全国人民代表大会常务委员会有权解释宪法。

（二）法律

这里所谓法律是指狭义上的法律，是由全国人大及其常委会依法制定和变动的，规定和调整国家、社会和公民生活中某一方面带根本性的社会关系或基本问题的一种法。法律的地位和效力低于宪法而高于其他法，是法的形式体系中的二级大法。法律是行政法规、地方性法规和行政规章的立法依据或基础，行政法规、地方性法规和行政规章不得违反法律。法律分为基本法律和基本法律以外的法律两种。基本法律由全国人大制定和修改，在全国人大闭会期间，全国人大常委会也有权对其进行部分补充和修改，但不得同其基本原则相抵触。基本法律规定国家、社会和公民生活中具有重大意义的基本问题，如刑法、民法等。基本法律以外的法律由全国人大常委会制定和修改，规定由基本法律调整以外的国家、社会和公民生活中某一方面的重要问题，其调整面相对较窄，内容较具体，如《中华人民共和国安全生产法》《中华人民共和国民用航空法》等。

（三）行政法规

行政法规专指最高国家行政机关即国务院制定的规范性文件。行政法规的名称通常为条例、规定、办法、决定等。行政法规的法律地位和法律效力次于宪法和法律，但高于地方性法规、行政规章。行政法规在中华人民共和国领域内具有约束力。这种约束力体现在两个方面：一是具有拘束国家行政机关自身的效力。作为最高国家行政机关和中央人民政府的国务院制定的行政法规，是国家最高行政管理权的产物，它对一切国家行政机关都有拘束力，都必须执行。其他所有行政机关制定的行政措施均不得与行政法规的规定相抵触；地方性法规、行政规章的有关行政措施不得与行政法规的有关规定相抵触。二是具有拘束行政管理相对人的效力。依照行政法规的规定，公民、法人或者其他组织在法定范围内享有一定的权利，或者负有一定的义务。国家行政机关不得侵害公民、法人或者其他组织的合法权益；公民、法人或者其他组织如果不履行法定义务，也要承担相应的法律责任，受到强制执行或者行政处罚。

（四）地方性法规

地方性法规是指地方国家权力机关依照法定职权和程序制定和颁布的、施行于本行政区域的规范性文件。地方性法规的法律地位和法律效力低于宪法、法律、行政法规，但高于地方政府规章。根据我国宪法和立法法等有关法律的规定，地方性法规由省、自治区、直辖市的人民代表大会及其常务委员会，在不与宪法、法律、行政法规相抵触的前提下制定，报全国人大常委会和国务院备案。省、自治区的人民政府所在地的市、经济特区所在地的市和经国务院批准的较大的市的人民代表大会及其常委会根据本市的具体情况和实际需要，在不与宪法、法律、行政法规和本省、自治区的地方性法规相抵触前提下，可以制定地方性法规，报所在的省、自治区人民代表大会常务委员会批准后施行。

（五）行政规章

行政规章是有关行政机关依法制定的事关行政管理的规范性文件的总称。分为部门规章和政府规章两种。部门规章是国务院所属部委根据法律和国务院行政法规、决定、命令，在本部门的权限内，所发布的各种行政性的规范性文件，也称部委规章。其地位低于宪法、法律、行政法规，不得与它们相抵触。政府规章是有权制定地方性法规的地方人民政府根据法律、行政法规制定的规范性文件，也称地方政府规章。政府规章除不得与宪法、法律、行政法规相抵触外，还不得与上级和同级地方性法规相抵触。

（六）国际条约

国际条约指两个或两个以上国家或国际组织间缔结的确定其相互关系中权利和义务的各种协议，是国际相互交往的一种最普遍的法的渊源或法的形式。国际条约本属国际法范畴，但对缔结或加入条约的国家的国家机关、公职人员、社会组织和公民也有法的约束力；在这个意义上，国际条约也是该国的一种法的渊源或法的形式，与国内法具有同等约束力。

第二节 安全生产立法的含义及必要性

一、安全生产立法的含义

（一）安全生产的含义

所谓“安全生产”，就是指在生产经营活动中，为避免造成人员伤害和财产损失的事故，有效消除或控制危险和有害因素而采取一系列措施，使生产过程在符合规定的条件下进行，以保证从业人员的人身安全与健康以及设备和设施免受损坏，保证生产经营活动得以顺利进行的相关活动。“安全生产”一词中所讲的“生产”，是广义的概念，不仅包括各种产品的生产活动，也包括各类工程建设和商业、娱乐业以及其他服务业的经营活动。安全生产工作，则是为了达到安全生产目标，在党和政府的组织领导下所进行的系统性管理的活动，由源头管理、过程控制、应急救援和事故查处 4 个部分构成。安全生产工作的内容主要包括生产经营单位自身的安全防范，政府及其有关部门实施市场准入、监管监察、应急救援和事故查处，社会中介组织和其他组织的安全服务、科研教育和宣传培训等。从事安全生产工作的社会主体包括企业责任主体、中介服务主体、政府监管主体和从事安全生产的从业人员。

在市场经济条件下，从事生产经营活动的市场主体为了追求利益的最大化，在生产经营活动中往往都是以营利为目的，但是绝不能以牺牲从业人员甚至公众的生命安全为代价。如果不注重安全生产，一旦发生事故，不但给他人的生命财产造成损害，生产经营者自身也会遭受重大损失。因此，保证安全生产，首先是生产经营单位自身的责任，既是对社会负责，也是对生产经营者自身利益负责。同时，国家作为社会公共利益的维护者，为了保障人民群众的共同利益，也必须运用国家权力，加强安全生产工作，对安全生产实施有效的监督管理。

（二）安全生产立法的含义

安全生产立法有两层含义：一是泛指国家立法机关和行政机关依照法定职权和法定程序制定、修订有关安全生产方面的法律法规、规章的活动；二是专指国家制定的现行有效的安全生产法律、行政法规、地方性法规和部门规章、地方政府规章等安全生产规范性文件。安全生产立法在实践中通常特指后者。

二、我国安全生产立法的现状

党中央、国务院高度重视安全生产工作。新中国成立以来特别是改革开放以来，采取一系列措施加强安全生产工作。我国当前经济正处在快速发展时期，受经济和社会发展水平制约，生产安全事故总量呈逐年上升趋势，这对安全生产法律体系的完善提出了严格要求。随着我国改革开放的不断发展，经济结构和生产方式不断变化，市场主体和利益主体日益多样化、多元化。按照依法治国、建设社会主义法治国家的要求，安全生产秩序除了要采用经济和必要的行政手段，更重要的是要依靠法律的手段来维护。党和国家也明确提出对经济活动的调控、监管，应当综合运用法律、经济和必要的行政手段。在新的形势下，国家大大加快了有关安全生产的立法步伐。2002 年 6 月 29 日，第九届全国人民代表大会常务委员会第二十八次会议通过了《中华人民共和国安全生产法》，这是我国安全生产法治建设中具有里程碑意义的一件大事，为加强对安全生产的监督管理，规范生产经营单位的安全生产行为提供了明确的法律依据。为适应新形势下安全生产工作的新情况，2014 年 8 月 31 日，第十二届全国人民代表大会常务委员会第十次会议通过了《全国人民代表大会常务委员会关于修改〈中华人民共和国安全生产法〉的决定》，同日，国家主席习近平签署第十三号主席令予以公布，自 2014 年 12 月 1 日起施行。2021 年 6 月 10 日，第十三届全国人民代表大会常务委员会第二十九次会议通过了《全国人民代表大会常务委员会关于修改〈中华人民共和国安全生产法〉的决定》，同日，国家主席习近平签署第八十八号主席令予以公布，自 2021 年 9 月 1 日起施行。安全生产其他有关法律法规、规章和标准建设也不断加强，为加强安全生产工作，防止和减少生产安全事故，促进安全生产形势持续稳定好转、加快实现根本好转，切实保障人民群众生命和财产安全，促进经济社会持续健康发展，提供了有力的立法保障。

据统计，目前我国人大、国务院和相关主管部门已经颁布实施并仍然有效的有关安全生产主要法律法规约有 160 余部。其中包括《中华人民共和国安全生产法》《中华人民共和国劳动法》《中华人民共和国煤炭法》《中华人民共和国矿山安全法》《中华人民共和国职业病防治法》《中华人民共和国海上交通安全法》《中华人民共和国道路交通安全法》《中华人民共和国消防法》《中华人民共和国铁路法》《中华人民共和国民用航空法》《中华人民共和国电力法》《中华人民共和国建筑法》《中华人民共和国特种设备安全法》《中华人民共和国刑法》等 10 多部法律；包括《国务院关于特大安全事故行政责任追究的规定》《安全生产许可证条例》《煤矿安全监察条例》《国务院关于预防煤矿生产安全事故的特别规定》《生产安全事故报告和调查处理条例》《危险化学品安全管理条例》《道路交通安全法实施条例》《建设工程安全生产管理条例》等50多部行政法规；包括《安全生产违法行为行政处罚办法》《安全生产领域违法违纪行为政纪处分暂行规定》《煤矿防治水规定》《危险化学品输送管道安全管理规定》《特种设备作业人员监督管理办法》等100多部部委规章。各地人大和政府也陆续出台了不少地方性法规和地方政府规章。当前，以《中华人民共和国安全生产法》为龙头，以相关法律、行政法规、部门规章、地方性法规、地方政府规章和安全生产国家标准和行业标准为主体的具有中国特色的安全生产法律体系已初步构建，并不断发展完善。

需要指出的是，新中国成立以来，我国安全生产安全标准化工作发展迅速。法定安全生产标准包括安全生产方面的国家标准、行业标准。据初步统计，目前我国共有安全生产国家标准195项、行业标准362项。我国制定的许多安全生产立法都规定生产经营单位必须执行安全生产国家标准或者行业标准，许多安全生产立法直接将一些重要的安全生产标准规定在法律法规中，使之上升为安全生产法律法规中的条款。安全生产标准法律化是我国安全生产立法的重要趋势。安全生产国家标准或者行业标准一经成为法律规定必须执行的技术规范，就具有了法律上的地位和效力，执行安全生产国家标准或者行业标准，就成为生产经营单位的法定义务，否则，要承担相应的法律责任。安全生产国家标准或者行业标准具有法律上的地位以及法律保障的强制执行效力，也体现在《中华人民共和国安全生产法》的相关规定上，比如《中华人民共和国安全生产法》第十一条第二款规定：生产经营单位必须执行依法制定的保障安全生产的国家标准或者行业标准。《中华人民共和国安全生产法》有多条对必须执行安全生产国家标准或者行业标准有明确的规定和要求，通过法律的规定赋予了国家标准和行业标准强制执行的效力。

三、加强安全生产立法的必要性

安全生产事关人民群众生命财产安全，事关改革开放、经济发展和社会稳定大局，事关党和政府的形象和声誉。党中央、国务院历来高度重视安全生产工作。中央领导同志多次就安全生产工作提出要求，强调安全生产是人命关天的大事，是不可逾越的“红线”，发展决不能以牺牲安全为代价；要深刻汲取用生命和鲜血换来的教训，筑牢科学管理的安全防线；安全生产既是攻坚战，也是持久战，要树立以人为本、安全发展理念，创新安全管理模式，落实企业主体责任，提升监管执法和应急处置能力；要坚持预防为主、标本兼治、健全各项制度，严格安全生产责任，对安全隐患实行“零容忍”，切实保障人民群众的生命安全。

安全生产立法是安全生产法治建设的前提和基础，安全生产法治建设是做好安全生产工作的重要保障。在新时期新形势下，全面加强我国安全生产立法建设，激发全社会对公民生命权的珍视和保护，提高全民安全法律意识，规范生产经营单位的安全生产，强化安全生产监督管理，对遏制各类事故尤其是重特大事故的发生，促进经济发展和保持社会稳定，都具有重大的现实意义和长远的历史意义。

近年来，在党中央、国务院正确领导下，通过各方面的共同努力，全国安全生产工作不断得到加强，呈现总体稳定、持续好转的发展态势。但还要清醒地看到安全生产形势依然严峻。一方面，事故总量仍然偏高。另一方面，我国目前仍处于生产安全事故易发多发期，事故总量仍然较大，重特大事故需要进行重点防控。特别是煤矿瓦斯爆炸，工厂、库房、市场等各种火灾，输油管线和危险化学品运输车辆泄漏爆燃，道路交通翻车追尾和隧道交通等重特大事故，给人民生命财产带来重大损失，社会影响恶劣，令人十分痛心。造成安全生产形势严峻的原因是多方面、深层次的，其中，安全生产法治建设滞后于形势发展的需要是主要原因之一，进一步加强安全生产立法十分紧迫和必要。

（一）亟待通过加强立法进一步提高公民的安全生产法律意识和安全素质

从总体上看，公民在生产经营活动中的自我保护和安全生产意识比较淡薄、安全素质不够高，一些生产经营单位特别是非国有企业负责人依法安全生产经营的意识也很淡薄、安全素质偏低，这些单位的负责人或者不懂法律，或者明知故犯，没有依法为从业人员提供必要的安全生产条件和劳动安全保护，使从业人员在十分恶劣和危险的条件下作业，以致发生事故，造成大量人身伤亡。有些私营企业老板只要经济效益，片面地追求利润最大化，忽视甚至放弃安全生产，没有意识到这是一种严重侵犯人权的违法行为，没有意识到它所产生的法律后果。安全生产还没有成为所有地方政府和生产经营单位的自觉行动，没有从安全生产是法定义务和责任的高度引起足够的认识和重视。必须进一步强化安全生产立法，并加强对立法的宣传贯彻，提高生产经营单位从业人员和全社会的安全生产法律意识，为依法治安夯实基础。

（二）安全生产出现了新情况、新问题，亟待制修订相关立法，依法规范

客观上看，一是我国目前仍处在工业化快速发展时期，社会生产活动和劳动就业规模大，加大了安全生产工作的压力。二是经济结构不合理、发展方式落后，主要是采掘业、重化工、危险化学品、建筑业等高危行业比重过大，安全保障能力低，这些行业是转方式、调结构的重中之重。三是城镇化快速发展，城市地下管网、高层建筑、轨道交通等建设项目大量增加，规划设计的安全标准偏低，安全隐患日益突出。主观上看，一是科学发展、安全发展的理念树立得不牢，吸取教训不深刻，防范措施不严密，导致同类事故重复发生。二是安全投入不足，安全基础薄弱。三是安全责任体系不健全，企业主体责任和管理不到位，应急处置不得力。四是监管执法工作有待加强，打非治违任重道远。五是教育培训不到位，从业人员安全知识匮乏、安全意识淡薄。为此，必须适应安全生产的新形势，不断加强立法，健全完善相关法律制度，避免造成法律调整的“空白”和监督管理的“漏洞”和“缺位”。

（三）安全生产监督管理体制尚待通过立法进一步完善

安全生产综合监督管理部门和安全生产专项监督管理部门的职能划分问题，也需要通过立法很好地解决，实践中依然存在综合监管和专项监管职责不清、监督管理效率亟待提高的问题。各执法部门在证照管理和监督执法等方面职能交叉重叠，因职责界定不清所产生的职能交叉或者管理缺位在中央和地方都不同程度地存在着，使得安全生产管理责任不够明确，各部门之间推诿扯皮以及重复执法、重复检查现象仍有发生，一些人力、物力、财力等宝贵资源被无谓消耗，而一些亟待强化的环节和方面执法监管又跟不上，也增加了企业的负担，长此以往，不利于我国安全生产工作的开展和安全生产形势的根本好转。2021 年新《中华人民共和国安全生产法》颁布实施后，还需要配套制定、修订相关法律法规、规章，落实新《中华人民共和国安全生产法》对综合监管和专项监管的职责分工规定，进一步完善我国安全生产监督管理体制，落实政府监管责任。政府监管和企业内部

监督管理的关系也有待界定清楚，使我国安全生产监督管理体制既尊重企业市场经济主体地位和市场经济规律，又进一步强化政府安全生产监管，使企业安全生产主体责任得到充分发挥。

（四）现行安全生产立法尚存一些问题亟待完善

一是一些现行法律法规因形势变化亟待修订。一些已经颁布实施的法律法规、规章在实践过程中，暴露出不少问题，一些立法的背景已经发生了明显变化，不少规定不能完全适应形势发展的需要，现有规范的滞后性阻碍着法律的良性运行，不利于安全生产法治建设，亟待修订。二是一些与现行安全生产法律法规配套的、起支撑作用的立法亟待制定。一些涉及安全生产的行业和领域依然缺少相应的法律规范进行调整，不少配套立法亟待制定。2021 年新《中华人民共和国安全生产法》颁布实施后，许多省区的《安全生产条例》等相关地方性配套安全生产立法工作亟待加强，以满足安全生产工作的实际需要。三是不同法律法规的规定内容不够配套和衔接。由于各具体行业的安全状况和立法思路不同，各法律法规起草制定的时代背景不同等原因，不可避免地出现了法律法规规定内容之间存在矛盾和冲突、相关立法不够配套和衔接等问题。四是现有立法的一些规定仍存在问题。虽然我国已经颁布和实施的安全生产立法在较大程度和意义上发挥了保障安全生产的基本作用，但有关立法在实践中也暴露出不少问题，如现有立法的一些条款缺乏针对性、可执行性和实际可操作性，一些现有规定对违法行为责任追究和处罚力度不够，职业病危害防治规定不够具体、对保障和充分发挥工会和从业人员在安全生产中作用的规定和保障条款可操作性不强等。五是安全生产立法的速度有待进一步加快，质量还有待进一步提高。一些法律可操作性需要进一步提高和增强。对安全生产工作中出现的新情况、新问题，亟待更高层次的立法加以规范。

（五）经济发展和社会发展对立法保障人民群众安全健康提出了更新更高要求

随着经济社会的不断发展和进步，社会公众安全素质、安全意识不断提高，安全生产合法权益保护意识、保护能力不断增强，全社会对安全生产的期望不断提高，广大从业人员安全生产、安全经营、“体面劳动”观念不断增强，对加强安全监管、改善作业环境、保障安全生产等方面的要求越来越高，对安全生产立法的数量、质量提出更新更高的要求，必须大力加强安全生产立法工作。

总之，目前我国正处于一个新的历史发展时期。在新形势下的安全生产工作面临许多新情况、新问题、新特点，对安全生产监督管理工作也提出了新的更高要求。但我国在安全立法以及法治建设方面与国外发达国家和地区相比，一些环节和领域仍显得落后，与我国安全生产现状和保障人民群众的生命财产安全的目标相比仍有一定差距，必须进一步加强立法建设，完善我国安全生产法律制度，加强安全生产法治建设，充分运用法律手段加强监督管理，这是从根本上改变我国安全生产状况、加快实现安全生产形势根本好转的主要措施，也是贯彻依法治国基本方略的客观要求和建设社会主义法治国家的必然选择。加强安全生产法治建设的首要问题是有法可依，为此，全面加强我国安全生产立法势在必行。要以贯彻落实新《中华人民共和国安全生产法》为契机，以国家方针政策为指导，进一步总结实践经验，制定、修订相关行政法规、地方性法规、部门规章和地方政府规章，完善我国安全生产法律体系，加强安全生产法治化建设，大力推进依法治安、法治兴安，促进全国安全生产形势加快实现根本好转。

第三节　我国安全生产法律体系的基本框架

一、安全生产法律体系的概念和特征

（一）安全生产法律体系的概念

安全生产法律体系，是指我国全部现行的、不同的安全生产法律规范形成的有机联系的统一整体。

（二）安全生产法律体系的特征

具有中国特色的安全生产法律体系正在构建之中。这个体系具有3个特点。

（1）法律规范的调整对象和阶级意志具有统一性。习近平同志明确指出："人命关天，发展决不能以牺牲人的生命为代价。这必须作为一条不可逾越的红线。"加强安全生产工作，防止和减少生产安全事故，保障人民群众生命和财产安全，促进经济社会持续健康发展，是各级党委与政府的首要职责和根本宗旨。我国的安全生产立法，体现了工人阶级领导下的最广大的人民群众的最根本利益，都围绕着习近平新时代中国特色社会主义思想，围绕着执政为民这一根本宗旨，围绕着基本人权的保护这个基本点而制定。安全生产法律规范是为巩固社会主义经济基础和上层建筑服务的，它是工人阶级乃至国家意志的反映，是由人民民主专政的政权性质所决定的。生产经营活动中所发生的各种社会关系，需要通过一系列的法律规范加以调整。不论安全生产法律规范有何种内容和形式，它们所调整的安全生产领域的社会关系，都要统一服从和服务于社会主义的生产关系、阶级关系。

（2）法律规范的内容和形式具有多样性。安全生产贯穿于生产经营活动的各个行业领域，各种社会关系非常复杂。这就需要针对不同生产经营单位的不同特点，针对各种突出的安全生产问题，制定各种内容不同、形式不同的安全生产法律规范，调整各级人民政府、各类生产经营单位、公民相互之间在安全生产领域中产生的社会关系。这个特点就决定了安全生产立法的内容和形式又是各不相同的，它们所反映和解决的问题是不同的。

（3）法律规范的相互关系具有系统性。安全生产法律体系是由母系统与若干个子系统共同组成的。从具体法律规范上看，它是单个的；从法律体系上看，各个法律规范又是母体系不可分割的组成部分。安全生产法律规范的层级、内容和形式虽然有所不同，但是它们之间存在着相互依存、相互联系、相互衔接、相互协调的辩证统一关系。

二、安全生产法律体系的基本框架

安全生产法律体系究竟如何构建，这个体系中包括哪些安全生产立法，尚在研究探索之中。我们可以从上位法与下位法、一般法与特别法和综合性法与单行法3个方面来认识并构建我国安全生产法律体系的基本框架。

（一）根据法的不同层级和效力位阶，可以分为上位法与下位法

法律的层级不同，其法律地位和效力也不同。上位法是指法律地位、法律效力高于其他相关法的立法。下位法相对于上位法而言，是指法律地位、法律效力低于相关上位法的立法。不同的安全生产立法对同一类或者同一个安全生产行为作出不同法律规定的，以上位法的规定为准，适用上位法的规定。上位法没有规定的，可以适用下位法。下位法的数

量一般多于上位法。

1. 法律

法律是安全生产法律体系中的上位法，居于整个体系的最高层级，其法律地位和效力高于行政法规、地方性法规、部门规章、地方政府规章等下位法。国家现行的有关安全生产的专门法律有《中华人民共和国安全生产法》《中华人民共和国消防法》《中华人民共和国道路交通安全法》《中华人民共和国海上交通安全法》《中华人民共和国矿山安全法》；与安全生产相关的法律主要有《中华人民共和国劳动法》《中华人民共和国职业病防治法》《中华人民共和国工会法》《中华人民共和国矿产资源法》《中华人民共和国铁路法》《中华人民共和国公路法》《中华人民共和国民用航空法》《中华人民共和国港口法》《中华人民共和国建筑法》《中华人民共和国煤炭法》和《中华人民共和国电力法》等。

2. 法规

安全生产法规分为行政法规和地方性法规。

(1) 行政法规。安全生产行政法规的法律地位和法律效力低于有关安全生产的法律，高于地方性安全生产法规、地方政府安全生产规章等下位法。国家现有的安全生产行政法规有《安全生产许可证条例》《生产安全事故报告和调查处理条例》《危险化学品安全管理条例》《建设工程安全生产管理条例》《煤矿安全监察条例》等。

(2) 地方性法规。地方性安全生产法规的法律地位和法律效力低于有关安全生产的法律、行政法规，高于地方政府安全生产规章。安全生产地方性法规有《北京市安全生产条例》《天津市安全生产条例》《河南省安全生产条例》等各省直辖市发布的安全生产条例。

3. 规章

安全生产行政规章分为部门规章和地方政府规章。

(1) 部门规章。国务院有关部门依照安全生产法律、行政法规的规定或者国务院的授权制定发布的安全生产规章与地方政府规章具有同等效力，在各自的权限范围内施行。

(2) 地方政府规章。地方政府安全生产规章是最低层级的安全生产立法，其法律地位和法律效力低于其他上位法，不得与上位法相抵触。

4. 法定安全生产标准

虽然目前我国没有技术法规的正式用语且未将其纳入法律体系的范畴，但是国家制定的许多安全生产立法却将安全生产标准作为生产经营单位必须执行的技术规范而载入法律，安全生产标准法律化是我国安全生产立法的重要趋势。安全生产标准一旦成为法律规定必须执行的技术规范，它就具有了法律上的地位和效力。执行安全生产标准是生产经营单位的法定义务，违反法定安全生产标准的要求，同样要承担法律责任。因此，将法定安全生产标准纳入安全生产法律体系范畴来认识，有助于构建完善的安全生产法律体系。法定安全生产标准分为国家标准和行业标准，两者对生产经营单位的安全生产具有同样的约束力。法定安全生产标准主要是指强制性安全生产标准。

(1) 国家标准。安全生产国家标准是指国家标准化行政主管部门依照《中华人民共和国标准化法》制定的在全国范围内适用的安全生产技术规范。

(2) 行业标准。安全生产行业标准是指国务院有关部门和直属机构依照《中华人民共和国标准化法》制定的在安全生产领域内适用的安全生产技术规范。安全生产行业标准对同一安全生产事项的技术要求，可以高于安全生产国家标准，但不得与其相抵触。

（二）根据同一层级的法的适用范围不同，可以分为一般法与特别法

我国的安全生产立法是多年来针对不同的安全生产问题而制定的，相关法律规范对一些安全生产问题的规定有所差别。有的侧重解决一般的安全生产问题，有的侧重或者专门解决某一领域的特殊的安全生产问题。因此，在安全生产法律体系同一层级的安全生产立法中，安全生产法律规范有一般法与特别法之分，两者相辅相成、缺一不可。这两类法律规范的调整对象和适用范围各有侧重。一般法是适用于安全生产领域中普遍存在的基本问题、共性问题的法律规范，它们不解决某一领域存在的特殊性、专业性的法律问题。特别法是适用于某些安全生产领域独立存在的特殊性、专业性问题的法律规范，它们往往比一般法更专业、更具体、更有可操作性。如《中华人民共和国安全生产法》是安全生产领域的一般法，它所确定的安全生产基本方针原则和基本法律制度普遍适用于生产经营活动的各个领域。但对于消防安全和道路交通安全、铁路交通安全、水上交通安全和民用航空安全领域存在的特殊问题，其他有关专门法律另有规定的，则应适用《中华人民共和国消防法》《中华人民共和国道路交通安全法》等特别法。据此，在同一层级的安全生产立法对同一类问题的法律适用上，应当适用特别法优于一般法的原则。

（三）根据法的内容、适用范围和具体规范，可以分为综合性法与单行法

安全生产问题错综复杂，相关法律规范的内容也十分丰富。从安全生产立法所确定的内容、适用范围和具体规范看，可以将我国安全生产立法分为综合性法与单行法。综合性法不受法律规范层级的限制，而是将各个层级的综合性法律规范作为整体来看待，适用于安全生产的主要领域或者某一领域的主要方面。单行法的内容只涉及某一领域或者某一方面的安全生产问题。

在一定条件下，综合性法与单行法的区分是相对的、可分的。《中华人民共和国安全生产法》属于安全生产领域的综合性法律，其内容涵盖了安全生产领域的主要方面和基本问题。与其相对，《中华人民共和国矿山安全法》就是单独适用于矿山开采安全生产的单行法律。但就矿山开采安全生产的整体而言，《中华人民共和国矿山安全法》又是综合性法，各个矿种开采安全生产的立法则是矿山安全立法的单行法。如《中华人民共和国煤炭法》既是煤炭工业的综合性法，又是安全生产和矿山安全的单行法。再如《煤矿安全监察条例》既是煤矿安全监察的综合性法，又是《中华人民共和国安全生产法》和《中华人民共和国矿山安全法》的单行法和配套法。

第二章 民航安全法律法规体系基础知识

第一节 《国际民用航空公约》及附件

《国际民用航空公约》通称《芝加哥公约》。它于 1944 年 12 月 7 日在美国芝加哥订立，1947 年 4 月 4 日正式生效。1971 年 2 月 15 日中国正式宣告承认该公约，1974 年 3 月 28 日公约正式对中国生效。根据公约规定：

（1）缔约各国承认每一国家对其领空具有完全的、排他的主权；

（2）航空器必须具有一国国籍，任何缔约国不得允许不具有缔约国国籍的航空器在其领空飞行；

（3）国际航班飞行必须经缔约国许可并遵照许可的条件，非航班飞行则无需经事先获准即可不降停地飞入或飞经缔约国领空；

（4）缔约国有权保留其国内载运权；

（5）设立“国际民用航空组织”；

（6）公约仅适用于民用航空器而不适用于国家航空器。《芝加哥公约》是有关国际民用航空最重要的现行国际公约，被称为国际民用航空活动的宪章性文件。

一、《国际民用航空公约》产生背景

由于第二次世界大战对航空器技术发展起到了巨大的推动作用，使得世界上已经形成了一个包括客货运输在内的航线网络，但随之也引起了一系列急需国际社会协商解决的政治上和技术上的问题。因此，在美国政府的邀请下，52 个国家于 1944 年 11 月 1 日至 12 月 7 日参加了在芝加哥召开的国际会议，产生了三个重要的协定——《国际民用航空公约》《国际航班过境协定》和《国际航空运输协定》，为国际航空运输多边管理框架的形成奠定了基础。《国际民用航空公约》为管理世界航空运输奠定了法律基础，是国际民航组织的宪法。

二、《国际民用航空公约》主要内容

（一）空中航行

1. 公约的一般原则和适用

（1）主权：缔约各国承认每一国家对其领土之上的空气空间具有完全的和排他的主权。

（2）领土：本公约所指一国的领土，应认为是在该国主权、宗主权、保护或委任统治下的陆地区域及与其邻接的领水。

（3）航空器：本公约仅适用于民用航空器，不适用于国家航空器。

2. 在缔约国领土上空飞行

缔约各国承允采取措施以保证在其领土上空飞行或在其领土内运转的每一航空器及每一具有其国籍标志的航空器，不论在何地，应遵守当地关于航空器飞行和运转的现行规则和规章。缔约各国承允使这方面的本国规章，在最大可能范围内，与根据本公约随时制定的规章相一致。在公海上空，有效的规则应为根据本公约制定的规则。缔约各国承允对违反适用规章的一切人员起诉。

3. 航空器的国籍

航空器具有其登记的国家的国籍，从事国际航行的每一航空器应载有适当的国籍标志和登记标志。

4. 便利空中航行的措施

简化手续：缔约各国同意采取一切可行的措施，通过发布特别规章或其他方法，以便利和加速航空器在缔约各国领土间的航行，特别是在执行关于移民、检疫、海关、放行等法律时，防止对航空器、机组、乘客和货物造成不必要的延误。

5. 航空器应具备的条件

缔约国的每一航空器在从事国际航行时，应按照本公约规定的条件携带下列文件：

（1）航空器登记证；

（2）航空器适航证；

（3）每一机组成员相应的执照；

（4）航空器航行记录簿；

（5）航空器无线电台许可证（如该航空器装有无线电设备）；

（6）列有乘客姓名及其登机地与目的地的清单（如该航空器载有乘客）；

（7）货物舱单及详细的申报单（如该航空器载有货物）。

6. 国际标准及其建议措施

缔约各国承允在关于航空器、人员、航路及各种辅助服务的规章、标准、程序及工作组织方面进行合作，凡采用统一办法而能便利、改进空中航行的事项，尽力求得可行的最高程度的一致。

为此，国际民用航空组织应根据需要就以下项目随时制定并修改国际标准及建议措施和程序：

（1）通信系统和助航设备，包括地面标志；

（2）机场和降落地区的特征；

（3）空中规则和空中交通管制办法；

（4）飞行和机务人员证件的颁发；

（5）航空器的适航性；

（6）航空器的登记和识别；

（7）气象资料的收集和交换；

（8）航行记录簿；

（9）航空地图及图表；

（10）海关和移民手续；

（11）航空器遇险和事故调查；

（12）随时认为适当的有关空中航行安全、正常及效率的其他事项。

任何国家如认为对任何上述国际标准和程序，不能在一切方面遵行，或在任何国际标准和程序修改后，不能使其本国的规章和措施完全符合此项国际标准和程序，或该国认为有必要采用在某方面不同于国际标准所规定的规章和措施时，应立即将其本国的措施和国际标准所规定的措施之间的差别，通知国际民用航空组织。任何国家如在国际标准修改以后，对其本国规章或措施不作相应修改，应于国际标准修正案通过后六十天内通知理事会，或表明它拟采取的行动。在上述情况下，理事会应立即将国际标准和该国措施在一项或几项上存在的差别通知所有其他各国。

（二）国际民用航空组织

1. 组织

根据本公约成立一个定名为“国际民用航空组织”的组织。该组织由大会、理事会和其他必要的各种机构组成。

2. 大会

（1）大会由理事会在适当的时间和地点每三年至少召开一次。经理事会召集或经五分之一以上的缔约国向秘书长提出要求，可以随时举行大会特别会议。

（2）所有缔约国在大会会议上都有同等的代表权，每一缔约国应有一票的表决权，缔约各国代表可以由技术顾问协助，顾问可以参加会议，但无表决权。

（3）大会会议必须有过半数的缔约国构成法定人数。除本公约另有规定外，大会决议应由所投票数的过半数票通过。

3. 理事会

理事会是向大会负责的常设机构，由大会选出的三十三个缔约国组成。大会第一次会议应进行此项选举，此后每三年选举一次；当选的理事任职至下届选举时为止。

4. 航行委员会

航行委员会由理事会在缔约国提名的人员中任命委员十五人组成。此等人员对航空的科学知识和实践应具有合适的资格和经验。理事会应要求所有缔约国提名。航行委员会的主席由理事会任命。

5. 人事

在符合大会制订的一切规则和本公约条款的情况下，理事会确定秘书长及本组织其他人员的任命及任用终止的办法、训练、薪金、津贴及服务条件，并可雇用任一缔约国国民或使用其服务。

6. 财政

理事会应将各年度预算、年度决算和全部收支的概算提交大会。大会应对各项预算连同其认为应作的修改进行表决，并除按第十五章规章向各国分摊其同意缴纳的款项外，还应将本组织的开支按照随时确定的办法在各缔约国间分摊。

7. 其他国际协议

（1）有关安全的协议。本组织对于在其权限范围之内直接影响世界安全的航空事宜，经由大会表决后，可以与世界各国为保持和平而成立的任何普遍性组织缔结适当的协议。

（2）与其他国际机构订立协议。理事会可以代表本组织同其他国际机构缔结关于合用服务和有关人事的共同安排的协议，并经大会批准后，可以缔结其他为便利本组织工作的协议。

（三）国际航空运输

（1）资料和报告。缔约各国承允，各该国的国际空运企业按照理事会规定的要求，向理事会送交运输报告、成本统计，以及包括说明一切收入及其来源的财务报告。

（2）机场及其他航行设施。

1）航路和机场的指定。缔约各国在不违反本公约的规定下，可以指定任何国际航班在其领土内应遵循的航路和可以使用的机场。

2）航行设施的改进。理事会如认为某一缔约国的机场或其他航行设施，包括无线电及气象服务，对现有的或筹划中的国际航班的安全、正常、有效和经济的经营尚不够完善时，应与直接有关的国家和影响所及的其他国家磋商，以寻求补救办法，并可对此提出建议。

3）提供航行设施费用。一缔约国在第六十九条规定所引起的情况下，可以与理事会达成协议，以实施该项建议。该国可以自愿担负任何此项协议所必需的一切费用。

4）理事会对设施的提供和维护。如一缔约国请求，理事会可以同意全部或部分地提供、维护和管理在该国领土内为其他缔约国国际航班安全、正常、有效和经济地经营所需要的机场及其他航行设施，包括无线电和气象服务，并提供所需的人员。

5）土地的取得或使用。经缔约国请求由理事会全部或部分提供费用的设施，如需用土地时，该国应自行供给，如愿意时可保留此项土地的所有权，或根据该国法律，按照公平合理的条件，对理事会使用此项土地给予便利。

6）技术援助和收入的利用。理事会经一缔约国的要求为其垫款或全部或部分地提供机场或其他设施时，经该国同意，可以在协议中规定在机场及其设施的管理和经营方面予以技术援助；并规定从经营机场及其他设施的收入中，支付机场及其他设施的业务开支、利息及分期偿还费用。

7）从理事会接收设备。缔约国可以随时解除其按照第七十条所担负的任何义务，偿付理事会按情况认为合理的款额，以接收理事会根据第七十一条和第七十二条规定在其领土内设置的机场和其他设施。如该国认为理事会所定的数额不合理时，可以对理事会的决定向大会申诉，大会可以确认或修改理事会的决定。

（3）联营组织和合营航班。

（四）最后条款

1. 其他航空协定和协议

缔约各国承认本公约废除了彼此间所有与本公约条款相抵触的义务和谅解，并承允不再承担任何此类义务和达成任何此类谅解。

2. 争端和违约

（1）争端的解决。如两个或两个以上缔约国对本公约及其附件的解释或适用发生争议，而不能协商解决时，经任何与争议有关的一国申请，应由理事会裁决。理事会成员国如为争端的一方，在理事会审议时，不得参加表决。

（2）仲裁程序。对理事会的裁决上诉时，如争端任何一方的缔约国，未接受常设国际法院的规约，而争端各方的缔约国又不能在仲裁庭的选择方面达成协议，争端各方缔约国应各指定一仲裁员，再由仲裁员指定一仲裁长。

（3）上诉。除非理事会另有决定，理事会对一国际空运企业的经营是否符合本公约规定的任何裁决，未经上诉撤销，应仍保持有效。关于任何其他事件，理事会的裁决一经上诉，在上诉裁决以前应暂停有效。

三、《国际民用航空公约》附件

《国际民用航空公约》共有19个附件，具体情况参见表2-1。

表2-1 《国际民用航空公约》附件

附件1	人员执照的颁发	附件11	空中交通服务
附件2	空中规则	附件12	搜寻与救援
附件3	国际空中航行气象服务	附件13	航空器事故和事故征候调查
附件4	航图	附件14	机场
附件5	空中和地面运行中所使用的计量单位	附件15	航空情报服务
附件6	航空器的运行	附件16	环境保护
附件7	航空器国籍和登记标志	附件17	安保：保护国际民用航空免遭非法干扰行为
附件8	航空器适航性	附件18	危险品的安全航空运输
附件9	简化手续	附件19	安全管理
附件10	航空电信		

（一）附件1：人员执照的颁发

由于航空安全的特殊性，核心安全从业人员需要具有民航局颁发的执照。飞行员、乘务员、航空安保人员、机务维修人员、飞行签派员、空中交通管制员需要具有相应的从业经历，经过考核，获得民航局颁发的执照。这是民航的特殊性之一，这些航空从业人员不仅仅受到公司的管理，作为行政许可的获得者，他们也受到政府的行政管理。当这些人员的身体状况或技术水平不能满足持照的要求，民航局就要收回或暂停执照的有效性，以确保航空安全。国际民航组织的主要任务是掌握并促进各国各专业执照获取方面的差异和先进经验，研究制定国际专业执照颁发标准的可行性。

在最近一次附件1的修订中，明确了关于实施电子人员执照颁发系统的标准和建议措施。中国民航用了6年时间推动电子人员执照这一中国方案“走出去”，实现了中国民航深度参与国际民航规则制定和民航技术标准国际化的重大突破。智慧民航建设是“十四五”时期中国民航发展的主线，而航空器驾驶员电子执照的开发应用正是全面贯彻智慧民航建设主线的生动实践。同时，中国民航在制定实施相关国内规章标准过程中，就已充分考虑面向国际推广的需要，有效统筹国内国际两种场景制定、使用、推广，推动构建了电子证照全球互通互认的制度框架。此次附件1修订推动了民航技术标准国际化与全球航空器驾驶员资质管理的数字化进程，国际民航证照无纸化的“云时代”由此开启。这是首个由中国民航主导的《国际民用航空公约》附件修订项目，中国民航在证照数字化应用这一具有优势的领域率先领跑。同时，此次修订工作也拓展了中国民航参与国际民航治理的广度、深度，向世界积极贡献中国智慧和中国方案，形成了可复制、可推广的《国际民用航空公约》附件修订全流程经验和模式。

（二）附件2：空中规则

国际民航组织需要制定一套国际通用的空中的飞行规则以确保航空飞行的安全和高效。这些规则分为一般飞行规则、目视飞行规则和仪表飞行规则。目视飞行时，驾驶员主要依靠视觉来判断和发现其他飞行物或地面障碍。目视飞行规则的基础就是飞机能“看见”和“被看见”。也就是飞机之间、飞机和地面管制员之间能相互看见，用以保证飞行安全。目视飞行规则对能见度和天气情况做出了严格的规定，规定了目视飞行气象条件标准。如果天气状况达不到这些标准，飞机就不能被放飞。小型低高度的飞机大多采用目视飞行；大型飞机在气象条件允许时，有时也采用目视飞行。在空中管制工作中，目视飞行只占其工作量的一小部分。

仪表飞行规则是专门为使用无线电仪表导航的飞机制定的。它规定了靠仪表飞行时的气象条件。在仪表飞行时驾驶员仅靠仪表观测和管制员的指示飞行即可，不需要看到其他飞机和地面情况，因此仪表飞行的气象条件要宽于目视飞行。仪表飞行大大降低了天气对飞行可能造成的影响。仪表飞行规则要求飞机上必须配置齐规定的飞行仪表和无线电通信设备；相应地，驾驶员也必须具备熟练使用这些仪表和设备的能力。驾驶员只有在取得仪表飞行等级的驾驶员执照后才能进行仪表飞行。现在空中飞行的绝大多数航班都采用仪表飞行。

（三）附件3：国际空中航行气象服务

气象服务是飞行安全和正常的重要保障，飞行中向飞行机组、空中交通管制单位、救援单位、机场管理部门等提供必要的气象信息。机场气象室报告的信息包括地面风、能见度、跑道视程、云况、温度等，定时发布更新。飞行需要预先、准确的气象信息，以便确定风向和最佳油耗的航路。国际民航组织实施的世界区域预报系统（WAFS）向全球航空用户提供标准化的气象预报，包括高空温度、湿度、风速和重要天气。WAFS以两个世界区域预报中心为基础，使用最新的计算机和卫星通信，以数字形式进行全球预报。

附件3中引入了一系列航空气象产品的数字交换，作为构建支持全球空中交通管理的未来全系统信息管理（SWIM）环境气象部分的前期步骤，还将更多飞行高度层和气象参数引入世界区域预报系统。经改进的世界区域预报系统信息将增强用户的态势感知，并进一步帮助规避危险气象条件。更灵活地交换和使用数字气象情报将进一步增强运行环境中有关安全数据的显示。

（四）附件4：航图

国际民航组织在附件4中对航图的覆盖范围、格式、识别和内容做了统一规定和要求。国际民航组织航图目前包括21种类型，每种类型的航图针对特殊的用途。对飞行计划和目视导航有三种系列的航图，每种航图有不同的比例尺。

（1）航空领航图：ICAO小比例尺航图，在规定尺寸的纸页上覆盖了最广阔的区域。

（2）世界航图：ICAO 1∶1000000比例尺，提供了完整的世界覆盖，按照固定比例尺以统一格式列出数据。

（3）航空图：ICAO 1∶500000比例尺，提供了更多的细节，为驾驶和领航培训使用。适用于低速、短程或中程的航空器在低空和中间高度的飞行。

绝大多数航班的导航是根据仪表飞行规则飞行的，要求飞行遵守空中交通管制程序。

ICAO在航路图上标出了仪表飞行规则下的空中交通服务系统、无线电导航设施和其他航行资料，便于在航空器的驾驶舱空间进行操作，资料的格式编排需要便于阅读。当飞行跨越浩瀚的洋区和人烟稀少的地区时，需要使用作业图，它是ICAO为保障连续不断地记录航空器的飞行位置提供的一个手段。此外，飞机在接近目的地，降落或起飞时，还需要使用区域图、标准仪表离场图、标准仪表进场图等。飞机降落到机场后，可以参考机场图和航空器停放图，确认飞机滑行和停放位置等。

（五）附件5：空中和地面运行中所使用的计量单位

实现计量单位的标准化不是一件容易的事情，国际民航组织采用了国际单位制（SI），作为民用航空中使用的基本标准化制度。除了SI单位外，国际民航组织承认可以使用多个非SI单位，包括升、摄氏度、海里、节、英尺等。完全实现计量单位的标准化还需要较长一段时间，但是通过附件5的多次修订，已经实现了民用航空与其他科学和工程界的很大程度标准化。

（六）附件6：航空器的运行

附件6分为三部分，第Ⅰ部分——国际商业航空运输-定翼飞机，第Ⅱ部分——国际通用航空-定翼飞机，第Ⅲ部分——国际运行-直升机。从事国际航空运输的航空器必须尽可能地实现标准化，以确保最高程度的安全和效率。对于执行航班的多种航空器只制定一套国际化的运行规则和规章是不现实的。国际民航组织制定的是最低标准，各国家可以制定更高的标准。附件6中强调人为因素的重要性，体现了机长的责任和义务，规定了机组的执勤期，以保持不产生危及安全的疲劳，使得机组保持警觉，可以处理技术问题和紧急情况。

（七）附件7：航空器国籍和登记标志

附件7中规定了国籍和登记标志中所使用的字母、数字和其他图形符号使用的标准，并明确说明了这些字符用在不同类型飞行器具的位置。附件7还要求对航空器予以登记，并为国际民航组织缔约国使用而提供了证书的样本。航空器必须随时携带证书，并且必须有一块至少刻有航空器国籍或共用标志和登记标志的标识牌，固定在航空器主舱门的显著地方。

（八）附件8：航空器适航性

附件8包括一系列广泛的标准，供国家适航当局使用。这些标准就他国航空器进入或越过本国领土的飞行，规定了国家承认适航证的最低基础。附件8承认国际民航组织的标准不应取代国家规定，而且国家适航性规定是必需的，其中应包含个别国家认为必要的、范围广泛且详尽的细节，作为其审定每架航空器的适航性的基础。国家适航标准应该等于或高于国际民航组织推荐的适航标准。每个国家可自由地制定其本国的综合和详尽的适航规定或选择、采用或接受另一缔约国所制定的综合和详尽的规定。针对劫机和机上恐怖行为，在航空器的设计中包括了一些特别的安保特点以改进对航空器的保护。其中包括在航空器系统中融入特殊功能，查明危险最小的放置炸弹的位置，加固驾驶舱门、客舱舱底和舱顶等。

（九）附件9：简化手续

最初，附件9的主要宗旨包括努力减少书面工作、将国家之间交通运输携带的文件国际标准化以及简化航空器、旅客和货物放行所必要的程序。2004年初在开罗召开的简化手续第十二次专业会议的主题是："对安保挑战进行管理以便利航空运输运营"。对简化手续措施在提高安保方面发挥实质性作用的讨论得以使本届专业会议对以下领域提出了建议：旅行文件的安全和边境管制程序、对航空货物运输的简化手续和安保规定加以更新、对旅行文件作弊和非法移民进行管制，以及国际卫生条例和航空卫生和卫生设施等。全新的第五章是针对不得获准入境人员和被遣返人员等日益增长的问题。

（十）附件10：航空电信

附件10共包含5卷：

（1）第Ⅰ卷——无线电导航设施；

（2）第Ⅱ卷——通信程序（包括具有PANS地位的程序）；

（3）第Ⅲ卷——通信系统（第1部分——数字数据通信系统，第2部分——话音通信系统）；

（4）第Ⅳ卷——监视雷达和避撞系统；

（5）第Ⅴ卷——航空无线电频率分配。

这五卷包含了与航空通信、导航和监视系统有关的标准和建议措施（SARPs）、航行服务程序（PANS）和指导材料。

包含北斗卫星导航系统（以下简称"北斗系统"）标准和建议措施的《国际民用航空公约》附件10最新修订版已正式生效。这标志着北斗系统正式加入国际民航组织（ICAO）标准，成为全球民航通用的卫星导航系统。

北斗系统是中国着眼于国家安全和经济社会发展需要，自主建设、独立运行的卫星导航系统，也是联合国认可的四大全球卫星导航系统之一，已服务全球200多个国家和地区用户。北斗系统民航国际标准化工作是其全球民航应用的基础。ICAO需对北斗系统建设过程中所能达到的功能和性能进行验证，确认北斗系统满足提供全球民航应用的要求，以及与其他卫星导航系统的兼容互操作性等要求，最终根据验证结果，在其现有标准文件中加入北斗系统相关技术标准和建议措施。

中国民用航空局于2010年在ICAO第37届大会上正式提交了北斗系统进入ICAO标准的申请，并与中国卫星导航系统管理办公室共同组织北京航空航天大学空地一体新航行系统技术全国重点实验室等产学研用单位组成工作团队系统推进相关工作，十余年间历经28次工作会议、50余次技术讨论、提交百余份技术文件、答复问题2000余项，经过ICAO技术专家组审查、空中航行委员会审查及理事会审议，最终成功推动北斗系统标准和建议措施加入ICAO标准。北斗系统成功通过ICAO相关技术验证，也充分证明了其提供全球各行业导航服务的能力。

（十一）附件11：空中交通服务

根据附件11的规定，空中交通服务的首要目的是防止航空器相撞，不管是在机动区域内滑行、起飞、着陆、处于航路上还是在目的地机场的空中等待状态下。附件11同时还处理加速并维持空中交通有序流动的方式，并为进行安全和高效的飞行提供建议和情报，以及为遇险中的航空器提供告警服务。为了达到这些目的，国际民航组织的规定呼吁建立飞行情报中心和空中交通管制单位。附件11有一项重要要求，即国家须实施系统的和适当的空中交通服务（ATS）安全管理计划，以保证维持在空域内和机场上提供ATS的安全。安全管理系统和计划将对确保国际民用航空安全作出重要贡献。

（十二）附件 12：搜寻与救援

组织搜寻与援救服务是为了解救明显遇险和需要帮助的人。由于需要迅速找到和援救航空器事故的幸存者，在附件 12 中纳入了一套国际上协商一致的标准和建议措施。这一附件规定了国际民航组织缔约国在其领土之内和公海上的搜寻与援救服务的设立、维持和运作。

紧急情况分为三个不同阶段，第一个是“情况不明阶段”，通常是在与航空器失去无线电联络且不能再次取得联络或航空器未能到达目的地点时宣布。在这一阶段，可启动有关的援救协调中心（RCC）。该 RCC 收集并分析与所涉航空器有关的报告和资料。根据具体情况，情况不明阶段可发展为“告警阶段”，这时 RCC 将向有关的搜救单位告警并开始采取进一步行动。在可合理地认定航空器已遇险的情况下，将宣布“遇险阶段”。在这一阶段，RCC 负责采取行动援救航空器并尽快确定其位置。将按照事先确定的一套程序通知航空器经营人、登记国、有关的空中交通服务单位、毗邻的 RCC 和有关的事故调查当局；制定开展搜寻与援救工作的计划并协调其实施。

（十三）附件 13：航空器事故和事故征候调查

附件 13 分为 8 章，为航空器事故和事故征候的调查规定了国际要求。进行调查的责任属于事故或事故征候发生地所在国。通常由该国进行调查，但是该国可将全部或部分调查工作委托给另一国进行。如果在任何国家的领土之外出事，登记国具有进行调查的责任。调查的过程包括收集、记录和分析所有的相关资料，查明原因，制定适当的安全建议和完成最后报告。调查形成的预防措施成为在全世界范围内减少事故和严重事故征候数量的安全管理系统的一部分。

（十四）附件 14：机场

第Ⅰ卷——机场的设计和运行，第Ⅱ卷——直升机场。

附件 14 包含的范围广泛，从机场和直升机场的规划到具体的细节，如辅助电源的切换时间；从土木工程到照明设计；从提供复杂的救援和消防设备到保持机场驱除鸟类的要求。新的航空器机型、增长的航空器运行、低能见度条件下的运行以及机场设备的技术进步，使得附件 14 成为变化最快的附件之一。

（十五）附件 15：航空情报服务

航空情报服务（AIS）是支持国际民用航空最鲜为人知但又最重要的服务之一。航空情报服务的目标是保证国际空中航行的安全、正常和效率所必要的资料的流通。附件 15 明确地规定了航空情报服务如何接收和签发、整理或汇总、编辑、编排、出版、储存和分发详细的航空情报/数据，其目的是实现按照统一和一致的方式提供国际民用航空运行使用所需要的航空情报/数据。国际民用航空的全部活动中，提供和维持航空情报服务或许不能排在最引人注目的地位，事实上，提供给依赖于数据的机载导航系统的情报的复杂性对用户而言可能是透明的，但如果没有这些服务，驾驶员将飞入一个未知世界。

（十六）附件 16：环境保护

附件 16 的内容是保护环境免受航空器噪声和航空器发动机排放的影响，这两个问题在《芝加哥公约》签署时几乎未做任何考虑。在组建国际民航组织的年代，航空器噪声已引起人们的关注，但当时仅限于由螺旋桨引起的噪声，因为螺旋桨的末端旋转时其速度接近音速。随着 20 世纪 60 年代初期第 1 代喷气式飞机的引入，这一关切日益增强，并因越来越多的喷气航空器用于国际运行而加剧。附件 16 的第Ⅰ卷包括与航空器噪声有关的规定，航空器的不同分类构成噪声合格审定的基础。第Ⅱ卷包括与航空器发动机排放有关的规定，有些标准禁止 1982 年 2 月 18 日之后制造的所有涡轮发动机航空器有意向大气中排放原油。在最新的附件 16 中，新增了第Ⅲ卷——飞机二氧化碳排放要求和第Ⅳ卷——国际航空碳削减计划。

（十七）附件 17：安保——保护国际民用航空免遭非法干扰行为

该附件为国际民航组织民用航空安保方案以及为寻求防止对民用航空及其设施进行非法干扰行为奠定了基础。国际民航组织在世界范围为防止和打击对民用航空的非法干扰行为所采取的措施，对民用航空以及广泛的国际社会的未来都是至关重要的。虽然国际民航组织主要是在多边安排中建立一个国际框架，但也做了很多工作以鼓励各国在双边的基础上进行互相帮助。附件 17 鼓励各国在其航空运输协议中纳入安保条款，并且提供了示范条款。从 2002 年晚些时候起，国际民航组织普遍安保审计计划便开始就附件 17 规定的执行情况对各缔约国进行审计。除通过查明缺陷并提供适当建议来帮助各国改善其航空安保系统外，还希望通过审计对附件 17 的规定提供有用的反馈意见。国际民航组织及其理事会将继续把航空安保作为头等大事。但是，非法干扰行为仍在继续严重威胁着民用航空的安全。国际民航组织已经制定并将继续更新法律和技术规章及程序，以防止和打击非法干扰行为。由于附件 17 是制定安保措施的主要指导性文件，因此，对其规定的统一贯彻执行是航空安保系统取得成功的关键。

（十八）附件 18：危险品的安全航空运输

附件 18 规定了需要遵守的广泛标准和建议措施，以便安全承运危险品。该附件制定了很多相当稳定的规定，多年来并未进行大幅修改。该附件还使技术指南的各项规定对各缔约国具有约束力，其中包含了正确处理危险品的非常具体和必要的大量指南。随着化学、生产以及包装工业的发展，它们需要频繁更新，理事会制定了一项专门程序，以便定期修订并重新发布技术指南，使其与新产品和技术进步同步。9 个危险品类别是由联合国专家委员会确定的，并且用于所有运输类型。第 1 类包括所有类型的爆炸物，例如运动弹药、烟火和信号弹。第 2 类包括可能同时有毒或易燃的压缩或液化气体，例如氧气瓶和冷冻液化氮。第 3 类物质是易燃液体，包括汽油、漆类、油漆稀料等。第 4 类包括易燃固体、易于自燃的物质以及遇水放出易燃气体的物质（如一些金属粉末、纤维类型薄膜和碳）。第 5 类包含氧化材料，包括溴酸盐、氯酸盐或硝酸盐；这一类别还包含有机过氧化物，既含氧又非常易燃。第 6 类包括有毒或毒性物质，如杀虫剂、汞的化合物等，以及为了诊断和预防目的有时必须交运的传染性物质。放射性材料在第 7 类，主要是需要用于医疗或研究目的的放射性同位素，但有时包含在已经生产的物品当中，如心脏起搏器或烟感器。对人体组织可能构成威胁或对航空器结构构成危害的腐蚀性物质在第 8 类（如苛性钠、电池液、油漆消除剂）。第 9 类是在航空运输中有潜在危害的其他材料的杂项类，如可能影响航空器导航系统的磁化材料。

（十九）附件 19：安全管理

2012 年 2 月，ICAO 安全管理专家组开始编制《国际民用航空公约》附件 19《安全管理》，并于 2013 年 11 月正式发布实施。附件 19 要求各国从规章层面完善管理制度，制定与其航空活动规模和复杂性相一致的国家安全方案（SSP），建立和实施有效的安全管理体系（SMS）和安全监管制度，以保证民用航空安全绩效达到可接受的安全水平，同时，附件19明确提出了航空器型号设计和制造单位建立SMS的要求。

第二节 民航规章体系

一、民航规章体系的作用

依法治国是国家管理的基本手段，民航活动是国家公众活动的一种。依法治理民航，是民航管理的基本手段。依法治理民航的目的正是要保证民航从业人员有共同的规范和行为准则，保证参与民航活动所有人员的个人利益和公众利益的统一，确保民用航空活动的安全有序。由于航空活动安全的特殊性，必须通过完备的规章体系进行管理。在《中华人民共和国民用航空法》总则中，第一条中规定："为了维护国家的领空主权和民用航空权利，保障民用航空活动安全和有秩序地进行，保护民用航空活动当事人各方的合法权益，促进民用航空事业的发展，制定本法。"第三条中规定："国务院民用航空主管部门对全国民用航空活动实施统一监督管理；根据法律和国务院的决定，在本部门的权限内，发布有关民用航空活动的规定、决定。"从国家法律层面规定了民用航空活动必须使用法律体系进行管理，由政府进行监督管理。在欧美国家，对于民用航空的管理也是通过法律规章体系进行管理，并由民航局进行监督管理。

民航规章体系的作用主要体现在以下几个方面：

（1）实现民航高质量发展，确保民航发展符合国家战略方向。党的二十大报告强调，中国共产党的中心任务是团结带领全国各族人民全面建成社会主义现代化强国、实现第二个百年奋斗目标，以中国式现代化推进中华民族的伟大复兴。民航作为国家交通的重要战略性产业，必须实现高质量发展，为中国式现代化贡献力量。民航的高质量发展需要以具有中国特色、符合中国国情的法律法规体系作为管理标准。国际民航组织通过《国际民用航空公约》建立了一套完善的规章体系架构和基本规则。中国作为国际民航组织成员需要满足基本规则用于国际航空运输发展。在制定中国民航规章时，一方面要考虑到《国际民用航空公约》的要求，另一方面也要考虑到中国民航所处的发展阶段、中国民航的重点工作以及发展规划。安全类规章、运行类规章、适航审定类规章、经营类规章的制定都需要总体评估中国民航各单位发展的实际情况。例如在安全管理方面，中国民航的规章既要满足国家安全生产法律法规的要求，也要采用国际民航组织要求的安全管理体系等方法。

（2）规范航空活动，对航空器生产制造、维护的各个环节，对飞行、空中交通管制、飞机签派放行等各种专业活动进行规范性管理。航空活动的特殊性和复杂性决定了必须构建一套规范的规章体系实现系统管理。航空活动是一条复杂系统链条，需要具有资质的飞行人员、维修人员、空中指挥人员等紧密配合。从人类飞翔蓝天那一天起，就面临着各种挑战和选择。航空的规章的背后是无数次血泪的经验，通过构建规章体系实现了航空活动整个链条的专业化管理。

（3）从系统观点出发，不断优化民航管理方式和管理重点，实现航空运行的持续安全。一方面民航规章随着世界航空业的发展不断优化，为各国的民航安全提供规范性管理。另一方面随着各国经济发展的差异化，通过修订规章实现安全与发展的平衡，确保航空运行的持续安全。以安全管理体系为例，中国民航将安全生产法的要求落实到安全管理体系实施细则中，实现了安全责任体系、安全风险管控和隐患排查治理双重预防机制、安全作风建设等在行业的落地。通过逐步建立中国特色的安全管理理论，实现了以高水平航空安全保障民航高质量发展。

（4）规范和协调民航各单位的协同关系，确保整个行业的健康、有序发展。民航业的安全和运行是一个整体，安全管理越来越强调协同的重要性。规章体系不仅是对生产运行主体的规范性管理，也是对各单位之间协同关系的管理。通过制定规章体系规范委托工作的责任关系和管理要求，对具有专业资质的工作建立行业准入标准，有利于整个民航业的健康、有序发展。

二、民航规章体系的构成

中国民航的规章体系与时俱进，持续完善，形成了法律—行政法规—民航规章—规范性文件等多层级的规章体系，还有多部门行业标准和技术标准规范。

（一）法律层级

《中华人民共和国民用航空法》于1995年10月30日通过，次年3月1日正式实施。《中华人民共和国民用航空法》的内容全面，涉及总则、民用航空器国籍、民用航空器权利、民用航空器适航管理、航空人员、民用机场、空中航行、公共航空运输企业、公共航空运输、通用航空、搜寻救援和事故调查、对地面第三人损害的赔偿责任，以及对外国民用航空器的特别规定、涉外关系的法律适用、法律责任和附则等内容。《中华人民共和国民用航空法》是我国第一部规范民用航空活动的法律，其作用广泛而深远。《中华人民共和国民用航空法》在维护国家权益、保障民航安全、保护当事人权益以及推动民航事业发展等方面都发挥了重要作用，是我国民航事业发展的重要法律保障。

民用航空法与《国际民用航空公约》之间有着密切的关系。首先，《国际民用航空公约》为国际民用航空活动提供了一套基本的、全球性的法律框架。而各国的民用航空法，则在国际公约的基础上，结合本国的具体情况进行制定和实施。因此，可以说民用航空法是《国际民用航空公约》在国内的具体体现和应用。其次，《国际民用航空公约》的制定和修订，往往会对各国的民用航空法产生影响。当《国际民用航空公约》的内容发生变化时，各国通常需要对其国内的民用航空法进行相应的调整，以确保与国际公约保持一致。此外，《国际民用航空公约》和民用航空法都致力于维护民用航空活动的安全和秩序，保障各方当事人的合法权益，并推动民用航空事业的健康发展。尽管它们在法律效力和适用范围上有所不同，但两者的目标是一致的，都是为了确保民用航空活动的顺利进行。民用航空法与《国际民用航空公约》是相互补充、相互影响的。它们共同构成了民用航空领域的法律基础，为民用航空活动的安全、有序和健康发展提供了有力的法律保障。关于《中华人民共和国民用航空法》的内容在本书第四章第一节中进行详细介绍。

（二）行政法规层级

民航行政法规是国务院对民航某一领域做出的专门性规定，是民航法律规范体系的重要组成部分。它细化了民用航空法等上位法的规定，为民航活动提供了更加具体、详细的操作规范。民航行政法规的制定和实施，有助于保障民航活动的安全、有序进行。通过对民航领域的各个环节进行规范，它可以确保航空器运行的安全，维护乘客和机组人员的生命财产安全，同时促进民航事业的健康发展。民航行政法规还具有重要的社会意义。它有助于提升公众对民航活动的认知和信任度，维护社会稳定和公共利益。通过规范民航活动，它可以保障广大乘客的合法权益，提升民航服务的质量和水平。

中国民航的行政法规主要包括：

（1）民用航空器适航管理：《中华人民共和国民用航空器适航管理条例》。

（2）民用航空器权利：《中华人民共和国民用航空器权利登记条例》。

（3）民用航空器国籍登记：《中华人民共和国民用航空器国籍登记条例》。

（4）空中航行：《中华人民共和国飞行基本规则》。

（5）民用机场：《民用机场管理条例》。

（6）搜寻援救和事故调查：《中华人民共和国搜寻援救民用航空器规定》。

关于以上民航行政法规的内容在本书第六章中进行详细介绍。

（三）民航规章

民航规章是民航行政法规的具体细化，属于执行上位法民航法律法规的具体规范。它是在民航行政法规的基础上，针对特定领域或特定问题制定的更加详细、具体的规定。规章的制定和实施有助于进一步规范民航活动，确保各项规定得到切实执行。民航行政法规为民航活动提供了宏观的法律指导，而民航规章则在此基础上进行细化，为实际操作提供了更加具体、明确的规范。

民航规章在保护民用航空安全、提高飞行效率、推动行业法治化进程等方面发挥着重要作用。

（1）民航规章是民航行业监管和运行的重要依据。它确保了民用航空活动的安全、有序和高效进行。通过制定详细而规范的规章，可以降低技术细节上的隐患，及时制止危害民用航空安全的行为，从而减少灾害的发生。

（2）民航规章中包含了对于航空器、航空人员、空中交通管理、运行审定、机场等方面的详细规定，这些规定有助于减少飞行过程中的潜在风险，提高飞行的安全性。

（3）民航规章还有助于提高飞行效率。规章限制了飞行人员在飞行线路、飞行高度以及飞行速度上的行为，使得飞行更加规范，有助于高效可靠地完成运输任务。在航空运输作为世界上最高效的运输方式之一的情况下，规章的制定和执行对于提高整个行业的效率至关重要。

（4）民航规章的制定和实施还体现了行业的法治化进程。各运行单位依据行业规章标准建立运行手册和岗位手册，作为员工开展工作的直接依据和标准。这种“规章意识、手册文化”已经成为中国民航法治建设的重要支撑和鲜明特征，有助于提升行业的整体形象和信誉。

中国民航规章体系的主要框架结构见表2-2。

表2-2　中国民航规章体系

第一编：行政程序规则（1～20部）	第五编：民用航空企业合格审定及运行（121～139部）
第二编：航空器（21～59部）	
第三编：航空人员（60～70部）	第六编：学校、非航空人员及其他单位的合格审定及运行（140～149部）
第四编：空域、导航设施、空中交通规则和一般运行规则（71～120部）	第七编：民用机场建设和管理（150～179部）

续表 2-2

第八编：委派代表规则（180 ~ 189 部）	第十二编：航空运输规则（271 ~ 325 部）
第九编：航空保险（190 ~ 199 部）	第十三编：航空安保（326 ~ 355 部）
第十编：综合调控规则（201 ~ 250 部）	第十四编：科技和计量标准（356 ~ 390 部）
第十一编：航空基金（251 ~ 270 部）	第十五编：航空器搜寻救援和事故调查（391 ~ 400 部）

其中，安全相关的民航主要规章介绍如下。

1. 航空器

（1）《民用航空产品和零部件合格审定规定》（CCAR-21），主要内容包括对民用航空产品和零部件的合格审定程序、标准和要求，以及相关的申请、审查和批准流程。它确保了民用航空产品和零部件的设计、制造和使用都符合适航标准，从而保障航空器的安全性和可靠性。CCAR-21 规定了申请人需要提交的资料、审定的程序和流程、审定的标准和要求，以及审定结果的通知和公布等内容。同时，它还明确了适航当局在审定过程中的职责和权力，以及对违规行为的处罚措施。

（2）《运输类飞机适航标准》（CCAR-25）是民航局针对运输类飞机的适航标准的重要文件，对于确保飞机的安全性和适航性具有重要意义。该标准主要包含了飞机设计、材料选用、结构强度、动力系统、操纵特性、航电系统、燃油系统等方面的详细规定，确保飞机在飞行过程中的安全性、可靠性和舒适性，从而满足运输需求。在设计方面，CCAR-25 明确了飞机机身结构、翼展、机翼形状等方面的参数，并规定了飞机燃油系统的设计，以确保飞机在各种飞行条件下都能够稳定飞行，同时在长时间飞行过程中有足够的燃料供应；在结构强度方面，CCAR-25 涵盖了机身、机翼、垂直尾翼等重要构件，以及连接件和固定件等的设计和材料要求，以确保飞机在正常运行和极端情况下的结构安全性；在动力系统方面，CCAR-25 对这些系统的设计、性能和可靠性都进行了详细的要求，包括发动机、螺旋桨、传动系统等，以确保飞机的航行安全。CCAR-25 还规定了飞行特性要求，这是指飞机在各种操作条件下的飞行性能要求，包括起飞、着陆、巡航、高空飞行以及特殊情况下的飞行要求，如冷天飞行、高温飞行等。这些要求确保了飞机在各种操作条件下的安全性和可靠性。CCAR-25 也规定了飞机的性能参数和性能限制，包括最大起飞重量、巡航速度、爬升率、航程等，这些都是飞机性能评估的重要指标。

（3）《民用航空器国籍登记规定》（CCAR-45），为民用航空器的国籍登记提供了明确的指导和规范，确保了航空器的合法性和安全性。该规定明确了航空器和民用航空器的定义，规定详细阐述了民用航空器国籍登记的程序和要求。所有在中华人民共和国领域内飞行的民用航空器，必须按照规定的程序和要求进行国籍登记，并取得相应的国籍标志和登记标志。这些标志不仅是航空器身份的象征，也是其国籍和归属的标识。规定还明确了民用航空器国籍登记的主管机关，规定了民用航空器国籍标志和登记标志的字体、大小、位置等，以确保其清晰可见、易于识别。这不仅有助于提升航空器的安全性，也有助于维护空中交通秩序。对于从境外租赁的民用航空器，规定也明确了其申请登记中华人民共和国国籍的条件和程序，确保了这类航空器在符合规定的情况下也能够进行国籍登记。规定还强调了民用航空器国籍登记的法律效力。一旦完成国籍登记，民用航空器将取得中华人民共和国国籍，并受到中华人民共和国法律的管辖和保护。同时，其国籍标志和登记标志也成为其在国际航行中的重要身份标识。

2. 航空人员

人员管理的民航规章主要涉及民航特殊专业人员的管理要求，针对飞行员、乘务员、机务维修人员、空保人员、签派员、管制员等。

（1）《民用航空器驾驶员合格审定规则》（CCAR-61），旨在为民用航空器驾驶员的合格审定提供明确的规范和指导。该规章详细规定了飞行执照的种类、申请条件、考试要求、执照的颁发、管理以及更新等方面的内容，旨在确保飞行员具备必要的技能、知识和经验，以保障航空安全。

（2）《民用航空器维修人员执照管理规则》（CCAR-66），主要规定了维修人员执照的种类、颁发条件、申请程序、使用和管理等要求。维修人员执照的种类包括飞机、航空发动机和航空机载设备维修人员执照。这些执照根据所从事的维修工作性质分为基础执照和专业执照。维修人员执照的颁发条件包括年龄、身体条件、学历、工作经历等方面的要求。维修人员执照的申请程序包括报名、考试、审核等环节。申请人需要按照规定的时间和程序进行报名，并参加相应的考试。考试合格后，还需要经过审核才能获得维修人员执照。维修人员执照的使用和管理包括执照的有效期、使用范围、注销等方面的规定。维修人员必须在规定的范围内使用执照，并在执照失效前进行更新或重新考核。如果维修人员违反规定或者出现违法行为，其执照将被注销或者吊销。

3. 空域、导航设施、空中交通规则和一般运行规则

（1）《民用航空使用空域办法》（CCAR-71），该办法详细规定了不同类型空域（如A类、B类、C类等）的使用规则、限制条件和飞行要求，以确保各类航空器在不同空域内的安全、有序飞行。同时，办法也强调了对空域使用的监管和管理，包括对飞行活动的监控、协调和应急处置等方面的要求。

（2）《一般运行和飞行规则》（CCAR-91），规定了规则的适用范围和术语解释，确保各方对规则的理解和执行一致。规则对航空器及其相关设施提出了要求。航空器及其相关设施需要符合国家有关强制性适航要求，并取得有效的适航许可。规则还规定了航空器的维修和保养要求，以确保其处于良好的适航状态。在飞行和运行方面，规则对飞行员和其他人员的资格提出了明确要求。飞行员和其他人员需要取得相应的执照或证书，并在规定的范围内从事民用航空活动。同时，规则也规定了飞行活动应当遵守的基本原则和程序，包括空中交通管制、起飞和着陆、飞行高度和速度等方面的规定。规则还强调了飞行的安全要求。为了确保空中交通安全，飞行员需要将航空器始终置于空中交通管制的控制下，并始终在安全的高度和速度飞行。飞行员还需要及时向当地空中交通管制员报告航空器的位置、速度、高度等信息，并采取必要措施防范和缓解可能发生的空中紧急情况。在航空器活动场所，飞行员需要遵守当地空中交通管制员的指令进行飞行活动，尊重其他航空器的权利，确保飞行的有序和高效。

（3）《民用航空空中交通管理规则》（CCAR-93TM），是组织实施民用航空空中交通管理的依据。空中交通管理的组成部分包括空中交通服务、空中交通流量管理和空域管理。空中交通服务包括空中交通管制服务、飞行情报服务和告警服务。其中，空中交通管制服务旨在防止航空器与航空器相撞及在机动区内航空器与障碍物相撞，维护和加快空中交通的有序流动；飞行情报服务则向飞行中的航空器提供有助于安全和有效地实施飞行的

建议和情报；告警服务则是向有关组织发出需要搜寻援救航空器的通知，并根据需要协助该组织或者协调该项工作的进行。

4. 民用航空企业合格审定及运行

（1）《大型飞机公共航空运输承运人运行合格审定规则》（CCAR-121），适用于在中华人民共和国境内依法设立的航空运营人实施的下列公共航空运输运行：

1）使用最大起飞全重超过5700 kg的多发飞机实施的定期载客运输飞行；

2）使用旅客座位数超过30座或者最大商载超过3400 kg的多发飞机实施的不定期载客运输飞行；

3）使用最大商载超过3400 kg的多发飞机实施的全货物运输飞行。

（2）《外国公共航空运输承运人运行合格审定规则》（CCAR-129），主要内容包括运行条件、特定情况下的运行要求、监督检查以及豁免申请程序等方面的规定。这些规定旨在确保外国承运人在中华人民共和国境内的运行安全，并维护国家航空运输秩序。规则明确了外国承运人在中华人民共和国境内的运行条件。外国承运人必须获得其所在国民用航空管理当局颁发的航空运营人合格证和运行规范，以证明其具备在中华人民共和国境内安全飞行的能力。同时，外国承运人在境内运行时，必须遵守中国的相关法规和规章，包括飞行基本规则、运行管理、安全管理和空中交通管制等方面的规定。规则也规定了外国承运人在特定情况下的运行要求。例如，任意连续12个日历月内在中华人民共和国境内总飞行班次不超过10次，或者在特定时期内从事紧急医疗救护、救灾、特殊人员物资转移等具有特殊性质的运输任务。规则还要求外国承运人在中华人民共和国境内运行时，接受中国民用航空局或民航地区管理局及其派出机构对其民用航空器和人员实施的监督检查。这是为了确保外国承运人遵守相关法规和规章，维护航空安全。

（3）《运输机场使用许可规定》（CCAR-139），主要内容包括了规定的目的、适用范围、使用许可制度、管理机构的职责以及申请条件等多个方面，为运输机场的使用许可工作提供了全面、细致的规定。规定适用于运输机场（包括军民合用机场的民用部分）的使用许可及其相关活动的管理。这涵盖了机场使用许可的各个方面，确保所有相关活动都在规定的框架内进行。规定实施了机场使用许可制度。机场管理机构在取得机场使用许可证后，机场方可开放使用。机场管理机构是指依法组建或受委托的负责机场安全和运营管理的具有法人资格的机构。这些机构需按照机场使用许可证规定的范围使用机场，并确保机场在未被吊销、撤销、注销等情况下持续有效。规定还明确了中国民用航空局的相关职责。民航局负责对全国范围内的机场使用许可及其相关活动实施统一监督管理，并负责飞行区使用许可审批工作。同时，民航地区管理局也承担了重要职责，包括对所辖区域内的机场使用许可及其相关活动实施监督管理，组织对取得使用许可证的机场进行年度适用性检查和每五年一次的符合性评价等。规定还详细列出了申请机场使用许可证的机场应当具备的条件，确保只有符合条件的机场才能获得使用许可。

5. 学校、非航空人员及其他单位的合格审定及运行

（1）《运输机场运行安全管理规定》（CCAR-140），规定明确了机场管理机构对机场运行安全的统一管理责任，以及航空运输企业和其他驻场单位在维护机场运行安全方面的职责。机场管理机构负责组织协调机场的安全和正常运行，而航空运输企业和其他驻场单位则依据各自的职责共同维护机场的运行安全。规定要求机场管理机构、航空运输企业及

其他驻场单位必须依据国家相关的法律法规、涉及民航管理的规章和标准，对各自负责的有关机场运行安全的设施设备及时进行维护，保持设施设备的持续适用。这有助于确保机场运行安全所需的基础设施处于良好状态。规定还强调了在机场范围内的任何单位和个人都必须遵守有关机场管理的法律法规、规章以及机场管理机构为保障飞行安全和机场正常运行所制定的各项管理规定。这有助于维护机场的秩序和安全，防止违规行为的发生。规定还要求机场管理机构应当组织成立机场安全管理委员会，该委员会由机场管理机构、航空运输企业或其代理人以及其他驻场单位主要负责人组成，定期召开会议，共同研究和解决机场运行安全中的重大问题。

（2）《民用航空器维修单位合格审定规则》（CCAR-145），旨在确保民用航空器维修单位具备必要的条件和能力，以保障民用航空器的持续适航和飞行安全。通过加强监督管理，规范维修单位的运行管理，提高维修质量，确保航空器的安全性能。规则明确了其立法目的和依据，即为规范民用航空器维修许可证的颁发和管理，保障民用航空器持续适航和飞行安全。规则明确了适用范围，包括独立的维修单位和航空器运营人的维修单位，同时涵盖了国内维修单位和国外维修单位。规则还详细规定了管理机构及其职责，明确了中国民用航空局统一负责维修许可证管理，并负责国外维修单位的合格审定和监督管理。中国民用航空地区管理局受民航局委托，负责主要办公地点和维修设施在本辖区内的航空器运营人的维修单位、国内维修单位的合格审定和监督管理。在维修单位的合格审定方面，规则规定了维修单位的基本条件和管理要求，包括开展维修活动必需的厂房设施、设备器材、人员配置、技术文件、维修单位手册等具体事项。规则还明确了维修放行人员的能力要求，与《民用航空器维修人员执照管理规则》关于维修人员的要求相衔接。规定了维修单位应当向局方提供的年度报告内容，以及局方结合维修单位有关情况变化开展监督检查工作的要求。同时，对于有多个维修地点的维修单位，规则要求其建立统一管理和手册体系。规则对维修单位不能持续合规、不满足技术性要求、不如实报告信息等确有必要设定处罚措施的情形，明确了相应的法律责任。

6. 航空器搜寻救援和事故调查

（1）《民用航空器事件技术调查规定》（CCAR-395），旨在规范民用航空器事件的调查工作，确保调查工作的科学、客观和公正，以预防类似事件的再次发生，保障航空安全。规定的主要内容涵盖了民用航空器事件的调查范围、定义、目的、原则以及事故等级分类等方面。规定适用于中国民用航空局和地区管理局负责组织的，在我国境内发生的民用航空器事件的技术调查，包括委托事发民航生产经营单位开展的调查。规定中详细定义了民用航空器事件，包括民用航空器事故、民用航空器征候以及民用航空器一般事件。规定还明确了事件调查的唯一目的是预防类似事件再次发生，而非追究责任。调查应遵循客观原则，并与以追究责任为目的的其他调查分开进行。该规定还划分了事故等级，包括特别重大事故、重大事故、较大事故和一般事故，具体划分按照有关规定执行，征候分类及等级的具体划分也按照民航局有关规定执行。

（2）《民用航空安全信息管理规定》（CCAR-396），为民用航空安全信息管理提供了全面、系统的指导，有助于提升航空安全水平，保障人民群众的生命财产安全。规定明确了民用航空安全信息的定义和范围，包括事件信息、安全监察信息和综合安全信息等。规定确立了民用航空安全信息工作的基本原则，即统一管理、分级负责。这意味着在收集、分析和发布安全信息时，需要遵循一定的层级结构和责任分工。规定还详细阐述了安全信息管理的具体环节和要求，包括安全信息的收集和报告、处理和分析、发布和应用等。这些环节相互衔接，共同构成了一个完整的安全信息管理流程。规定还强调了安全信息管理的法律责任和违规处罚，以确保各相关单位和个人能够严格遵守规定，履行安全信息管理职责。

(3)《中国民用航空应急管理规定》(CCAR-397)，为民用航空应急工作提供了明确的法律依据和操作指南，有助于提升民航应急工作的效率和水平，确保民用航空活动的安全和有序进行。规定的主要内容涵盖了民用航空应急工作的各个方面，以加强和规范民航应急工作，保障民用航空活动安全和有秩序地进行。规定明确了民航应急工作的责任主体，包括中国民用航空局、民航地区管理局以及企事业单位。这些责任主体需要履行预防与应急准备、预测与预警、应急处置、善后处理等民航应急工作的职责。规定强调了防范突发事件对民用航空活动的威胁与危害，要求控制、减轻和消除突发事件对民用航空活动的危害。同时，也重视防止民用航空活动本身发生或引发突发事件，并采取相应的措施控制、减轻和消除其潜在危害。为了更有效地应对突发事件，规定建立了应对突发事件的分级响应制度。规定还涉及了应急管理的组织机构与职责、应急预案的制定与实施、应急资源的保障与调配、应急培训与演练、应急处置的协调与配合、信息发布与舆情应对等方面，为民航应急工作提供了全面、系统的指导。

(4)《民用航空安全管理规定》(CCAR-398)，适用于中华人民共和国领域内民用航空生产经营活动的安全管理。规定强调了民用航空安全管理的基本方针，即安全第一、预防为主、综合治理。规定还明确了民航行政机关的职责，包括中国民用航空局对全国民用航空安全实施统一监督管理，以及中国民用航空地区管理局对辖区内的民用航空安全进行监督管理。在安全管理方面，规定详细规定了安全管理体系的组成部分，包括安全政策和目标、安全风险管理、安全保证和安全促进等四个部分，并明确了这些部分的具体内容和要求。同时，规定还明确了安全管理体系应当具备的功能，如查明危险源及评估相关风险、制定并实施预防和纠正措施等。

(5)《民用航空器飞行事故应急反应和家属援助规定》(CCAR-399)，为民用航空器飞行事故的应急处理和家属援助提供了全面、系统的指导和规范，有助于保障人民群众的生命财产安全和维护社会稳定。规定旨在提高对民用航空器飞行事故的应急反应能力，减轻事故危害，并为事故中的罹难者、幸存者、失踪者及其家属提供必要的援助。规定适用于发生在中华人民共和国领域内（不含香港特别行政区、澳门特别行政区和台湾地区）的，由国务院民用航空主管部门组织调查的重大事故，以及国务院授权组织调查的特别重大民用航空器飞行事故。规定详细阐述了应急反应的相关内容。包括事故处理协调小组的设立和职责，该小组负责在发生飞行事故时，协调公共航空运输企业、受害者及其家属以及其他政府部门和机构之间的关系，确保信息的准确传递和及时援助的提供。规定还涉及了家属援助的方面。它要求为受害者家属提供必要的援助，包括信息的及时通报、家属的接待和安抚、协助家属处理善后事宜等。同时，规定还强调了保护家属的合法权益，确保他们在处理事故后续事宜时得到公正对待。规定要求中国民用航空局负责民用航空器飞行事故应急反应和家属援助的监督检查工作，并督促相关单位履行其职责。对于违反规定的行为，将依法追究相关责任人的法律责任。

关于以上民航规章的相关内容在本书第七章中进行详细介绍。

（四）规范性文件

规范性文件是在民航规章的基础上，为了进一步细化、补充和完善规章内容而制定的。规范性文件旨在更好地指导航空器合格证申请人、航空器承运人、民用机场等解读和应用民航规章，确保其在实际运行中能够准确理解和遵守相关要求。因此，规范性文件通常具有更强的操作性和针对性，为航空企业提供了更为具体的指导。规范性文件还起到了落实法律法规、民航局规章和政策的作用。它们是根据民航规章和政策的有关规定，在相关职能部门的职责范围内制定的，因此与规章保持高度一致。规范性文件的制定和发布，有助于确保民航规章得到有效执行，同时也为民航行业的健康发展提供了有力保障。

1. 民航规范性文件的作用

民航规范性文件在保障航空安全、提升服务质量、促进民航事业健康发展等方面发挥着不可替代的作用。这些文件是由中国民用航空局机关各专业司局制定，旨在落实法律法规、民航局规章和政策的相关规定。它们的主要作用具体包括：

（1）明确行业行为准则：规范性文件为民航行业的各个参与方提供了明确的行为准则，确保航空运输市场的公正、公平和透明，从而维护行业的健康有序发展。

（2）规范企业职责与义务：文件明确了航空运输企业的职责和义务，推动企业诚信经营，保障乘客和货主的权益，同时也提升了企业的形象和信誉。

（3）提高服务质量：通过规范航空运输服务的各个环节，规范性文件有助于提高航空运输服务质量，满足乘客和货主的需求，增强其对民航行业的信任感和满意度。

（4）加强空中交通管制和空域管理：规范性文件还涉及空中交通管制和空域管理的相关规定，有助于提升空中交通安全水平，减少航空事故的发生。

（5）指导实际操作：这些文件不仅为民航行业的从业人员提供了操作指南，还为他们在实际工作中遇到问题时提供了解决依据，确保了飞行运行、飞行训练和技术管理工作的顺利进行。

2. 民航规范性文件的政策变化

相比于法律、行政法规和规章，规范性文件的制修订周期更短，可以更灵活地为行政机关所用。然而，各行各业的规范性文件不同程度地出现过滥发、乱发和违法制定的情况，如违反上位法要求、违法增设行政处罚、侵犯公民基本权利等。为从源头纠正违法和不当的行政行为，重视规范性文件制发过程的合法性审核工作，实现“源头治理”，国务院办公厅于2018—2019年先后发布多份文件，要求开展规范性文件的治理工作。

为落实国务院的工作要求，民航局于2018年起草行政规范性文件合法性审核管理规定，并提出废止《中国民用航空总局职能部门规范性文件制定程序规定》（民航总局令第187号）。同时，民航局针对各司局制发的“五类规范性文件”开展清理工作。2019年7月1日，《民航局行政规范性文件合法性审核管理规定》（民航发〔2019〕38号）和《民航地区管理局行政规范性文件备案管理规定》（民航发〔2019〕30号）正式施行。前者结合民航局工作实际，就民航局行政规范性文件管理的基本要求、分类审核、起草自查、合法性审核、报备等多方面提出要求；后者主要涉及民航局对各地区管理局行政规范性文件的备案工作。2019年10月21日，交通运输部发布关于废止《中国民用航空总局职能部门规范性文件制定程序规定》的决定（交通运输部令2019年第27号）。至此，民航局

“五类规范性文件”——管理程序（AP）、咨询通告（AC）、管理文件（MD）、工作手册（WM）、信息通告（IB）的制发依据被废止。民航局行政规范性文件有关政策的出台，并不意味着民航局现行有效各类红头文件即刻被废止或失效。但是，这些现行有效的红头文件一旦需要进行修订，就必须由民航局结合行政规范性文件的定义对其内容进行判断：如果该文件涉及公民、法人和其他组织权利义务、具有普遍约束力，并在一定期限内反复适用，则应按民航局行政规范性文件的要求和程序进行制定，接受相应合法性审核。民航局行政规范性文件的定义就像一张滤网，将现行有效红头文件中符合民航局行政规范性文件内容要求、关系到行政相对人权利义务的文件筛选出来，以便后续开展相应的管理和合法性审核工作。

3. 民航局行政规范性文件的定义

根据《民航局行政规范性文件合法性审核管理规定》，民航局行政规范性文件是指除国务院的行政法规、决定、命令以及部门规章外，由民航局依照法定权限、程序制定并公开发布，涉及公民、法人和其他组织的权利义务，具有普遍约束力，在一定期限内反复适用的公文。行政规范性文件译为 administrative regulatory document，简称为 ARD。

（1）“民航局”：民航局行政规范性文件的制定主体为民航局，这显著区别于由民航局各司局制发的红头文件。

（2）“法定权限”：民航局行政规范性文件依照民航局法定权限制定，该法定权限是指民航局作为行政机关的事权范围，同时，民航局行政规范性文件的内容应符合上位法要求。

（3）“程序”：民航局行政规范性文件的制定应遵循制定程序，包括评估论证、征求意见、合法性审核、集体审议、发布和报备等。

（4）“公开发布”：民航局行政规范性文件应面向社会公开发布，否则无法作为行政执法的依据。这里也说明其并非涉密文件。

（5）“涉及公民、法人和其他组织权利义务”：从内容上看，民航局行政规范性文件涉及公民、法人和其他组织权利义务，也可理解为行政相对人的权利义务，因而直接关系到公众权益，是国家在对红头文件进行“源头治理”时重点关注的一类文件。由此可见，民航局行政规范性文件属于外部规范，而非行政机关的内部规范。例如，行政机关内部的人事任免、机构编制、工作制度和工作方案等文件，以及行政机关之间的行文等，不符合行政规范性文件的定义。

（6）“具有普遍约束力”：民航局行政规范性文件的范围效力具有普遍约束力，体现抽象行政行为，而非针对具体对象的具体行为。例如，针对具体业务工作进行部署安排、对具体事项作出的行政处理（且不直接涉及不特定公民、法人或其他组织权利义务）的文件，不符合行政规范性文件的定义。

（7）“在一定期限内反复适用”：民航局行政规范性文件的时间效力为在一定期限内反复适用。这并不取决于文件有效期的长短，例如一份有效期仅一年的试行程序，也可能在一定期限内反复适用的范畴之内。

（8）“公文”：民航局行政规范性文件属于一种公文。

4. 民航规范性文件发布流程

民航规范性文件目前主要以民航［规］的文件形式进行发布。民航［规］文件的发布流程通常涉及多个环节，确保规章制度的制定既符合法律法规要求，又能有效指导民航行业的实践活动。以下是民航［规］文件发布的一般流程：

（1）立项与起草：民航局或其职能部门根据行业发展的需要和法律法规的要求，确定需要制定的规章项目，并着手起草规章草案。

（2）征求意见与修订：规章草案初步形成后，会向相关单位、专家和公众征求意见。根据反馈意见，起草单位会对草案进行修订和完善。

（3）审查与决策：修订后的规章草案会提交民航局法制机构进行审查。法制机构会对规章的合法性、合理性、协调性等进行全面审查，并提出审查意见。最终，民航局会根据审查意见和实际情况，作出是否发布规章的决策。

（4）发布与公布：经过决策后，民航［规］文件会以民航局令的形式正式发布。发布后，会通过各种渠道（如官方网站、行业媒体等）向公众公布，确保相关单位和个人能够及时了解并遵守。

（5）实施与监督：规章发布后，会设定一定的实施期限。在此期间，民航局及其职能部门会对规章的实施情况进行监督和检查，确保规章得到有效执行。

民航规范性文件的专业性较强，民航企业需要根据自身性质和业务范围评估适用的规范性文件。以航空公司的维修部门为例，不仅要评估 CCAR-121 中维修要求相关的规范性文件，也要评估 CCAR-145 相关的规范性文件。CCAR-121 和 CCAR-145 中涉及维修专业的主要规范性文件见表 2-3。

表 2-3　中国民航适航维修主要规范性文件

飞机地面勤务（AC-121-FS-057）
维修计划和控制（AC-121-66）
航空器适航与维修相关的信息报告和调查（AC-120-FS-060）
合格的航材（AC-120-FS-058）
质量管理系统（AC-121-64）
维修工程管理手册编写指南（AC-121-51）
民用航空器维修方案（AC-121/135-53）
可靠性方案（AC-121-54）
公共运输航空运营人维修系统的设置（AC-121-FS-075）
航空人员的维修差错管理（AC-121-7）
航空器主最低设备清单的制定和批准（AC-91-037）
维修系统培训大纲（AC-135/121-56）
航空器的修理和改装（AC-121-55）
航空器投入运行和年度适航状态检查（AC-121-FS-052）
航空器推迟维修项目的管理（AC-120-FS-049）
飞机维修记录和档案（AC-121-FS-2018-59）
国内维修单位的申请和批准（AC-145-FS-001）
国外维修单位的申请和批准（AC-145-FS-002）
民用航空器维修单位批准清单（AC-145-3）

续表 2-3

维修记录与报告表格填写指南（AC-145-04）
维修单位手册编写指南（AC-145-05）
航空器航线维修（AC-145-FS-006）
航空器及其部件维修技术文件（AC-145-FS-008）
国家标准和行业标准的采用（AC-145-09）
维修单位的自制工具设备（AC-145-10）
民用航空器维修人员技能培训大纲（AC-145-13）
维修工时管理（AC-145-14）
维修单位的质量安全管理体系（AC-145-FS-015）
多地点维修单位和异地维修（AC-145-FS-016）
航空器拆解（AC-145-FS-2019-017）
民航维修电子记录和电子手册使用规范（MD-MAT-FS-005）

关于民航安全管理类规范性文件在本书第八章中进行详细介绍。

三、民航规章体系的相关性

民航规章体系的相关性体现在多个方面，这些方面相互交织、相互影响，共同构成了一个复杂而精细的系统。这一系统通过法律法规、规章制度、跨部门协作以及与国际民航组织的关系等多个层面的规范与协作，确保了民航行业的安全和稳定，促进了民航事业的持续健康发展。

（一）法律法规层面的相关性

法律法规是民航规章体系的基础，为整个行业提供了明确的指导原则和行为规范。例如，《中华人民共和国民用航空法》等基础性法律，不仅为民航行业设立了基本原则，也为其他规章制度的制定提供了法律依据。这些法律与其他相关法规相互补充，共同构成了一个完整的法律框架，确保了民航活动的合规性。

（二）规章制度层面的相关性

民航规章体系包含众多具体的规章制度，这些规章制度在内容上相互关联，形成了紧密的逻辑关系。例如，飞行规章不仅规定了飞行员的资质要求、飞行程序等，还与航空器管理规章、机场管理规章等相互衔接，共同确保飞行安全。同样，维护规章、培训规章等也与其他规章制度紧密相连，共同构成了民航行业的完整管理体系。

（三）跨部门协作的相关性

民航规章体系的实施涉及多个部门和机构的协作。例如，飞行安全的保障需要航空公司、机场、空管等多个部门的共同配合。这些部门在各自的职责范围内执行相应的规章制度，同时也需要与其他部门保持密切沟通，确保信息的及时传递和问题的有效解决。这种跨部门协作的相关性确保了民航规章体系的有效执行。

（四）与国际民航组织的关系

我国民航规章体系在制定和实施过程中，也与国际民航组织（ICAO）的相关规定和标准保持高度一致。这不仅体现了我国民航行业对国际标准和最佳实践的认可，也确保了我国民航规章体系在国际上的认可度和适用性。通过与国际民航组织的合作与交流，我国民航规章体系不断完善，以适应国际民航发展的新形势和新要求。

四、民航规章体系的贯穿性

民航规章的贯穿性是其体系构建的重要特性，它确保了民航行业的各项活动都受到规章的严格指导和规范。这种贯穿性不仅体现在规章的层次结构上，还体现在内容的全面性和实施的广泛性上，并且与国际民航组织的规定保持着紧密的联系。

（1）从层次结构上看，民航规章的贯穿性体现在从上至下的逐层细化与落实。国家层面的法律法规为整个民航行业提供了基本的法律框架和指导原则。在此基础上，民航局和相关部门制定的规章制度进一步细化了各项规定，明确了行业标准和操作规范。而各运营单位则根据这些规章制度，结合自身的实际情况，制定具体的管理规定和操作流程。这种层次分明的规章体系确保了各项规定能够逐级落实，从上至下贯穿整个行业。

（2）民航规章的贯穿性还体现在内容的全面性和实施的广泛性上。民航规章涵盖了飞行安全、航空器管理、机场运营、人员资质、培训管理、应急管理等多个方面，几乎涉及了民航行业的每一个角落。这些规章内容相互关联、相互补充，形成了一个完整的规范体系。无论是航空公司、机场、空管等运营单位，还是飞行员、空乘、地勤等从业人员，都需要遵守这些规章的规定。这种全面的覆盖和广泛的实施确保了民航行业的各项活动都能够在规章的引导下有序进行。

（3）民航规章的贯穿性还体现在与国际民航组织的接轨上。随着国际民航领域的不断发展，我国民航规章也在不断更新和完善。在制定和实施过程中，我国积极借鉴国际民航组织的先进经验和做法，与国际民航标准保持一致。这种接轨不仅有助于提升我国民航行业的国际竞争力，还有利于促进国际民航领域的交流与合作。

（4）民航规章的贯穿性还体现在其对行业发展的持续推动上。随着民航技术的不断进步和市场的不断变化，民航规章也需要不断更新和完善。通过及时修订和补充规章内容，可以确保民航行业始终保持在规范、安全、高效的轨道上发展。

五、民航局对于规章体系的要求

安全是民航业的生命线，事关国家战略安全，事关人民生命安全。党的十八大以来，习近平总书记对民航安全工作作出一系列重要指示批示，为做好民航安全工作指明了方向，提供了根本遵循。全行业认真贯彻落实习近平总书记系列重要论述和指示批示精神，行业安全治理取得了积极成效。同时也要看到，当前和今后一个时期，我国民航业仍处于生产经营规模不断扩大、安全运行环境日趋复杂、存量和增量风险交织叠加、安全责任主体日益多元的发展阶段，部分单位安全发展理念不牢固、安全责任落实不力、安全保障能力不强，行业总体安全基础依然薄弱。为进一步加强民航安全管理工作，不断提升行业安全运行水平，持续巩固安全基础，确保航空运行绝对安全，确保人民生命绝对安全，民航局下发了《中国民用航空局关于贯彻落实习近平总书记重要指示批示精神 进一步加强民航安全管理工作的指导意见》（民航发〔2024〕1号），以下简称《意见》。文件中对民航规章体系的建设提出了最新要求。

（1）规章标准建设需要与时俱进。随着科技进步和民航事业快速发展，大量新技术、新模式、新业态的广泛应用，对民航规章标准建设的科学性、有效性提出了更高要求。因此，民航规章体系需要不断更新和完善，以适应新技术和新模式的发展，确保规章标准的科学性和先进性。《意见》中要求："持续推进法治建设。大力推进《中华人民共和国民用航空法》《民用机场管理条例》《民用航空安全管理规定》《民用航空处罚实施办法》等法律法规和规章标准的修订。"

（2）规章标准建设要为充分发挥航空技术装备性能提供空间。规章标准需要与时俱进，与新技术推广同步推进，及时清理那些已被现代科学技术突破、已有民航成功实践证明的不科学的、束缚性能的、影响运行效率的规章规定要求，确保规章标准成为充分发挥现代化技术装备性能的有力支撑。《意见》中要求："结合新形势新业态和国际民航安全规则，及时做好飞行、机务、运控、适航、机场、空管以及通航等领域规章标准的立改废释，强化法治保障。加强安全相关法规标准一致性审查，确保各种制度顺畅衔接、系统协调。积极参与国际民航安全规则和标准制定，推广中国民航安全监管先进经验和做法，提升我国在国际民航安全管理事务治理中的话语权和影响力。"

（3）规章标准建设还需要为民航产业模式多元化发展提供通道。为了满足广大人民群众的需求，增强行业服务大众的能力，民航必须走多元化、差异化发展之路，而规章体系则需要为此提供支持和引导。《意见》中要求："做好《无人驾驶航空器飞行管理暂行条例》《民用无人驾驶航空器运行安全管理规则》等法规规章宣贯落实。"

（4）规章标准的执行需要令行禁止。健全的民航法规体系对航空安全水平的提升起到了至关重要的作用，而规章制度的严格执行则是民航高质量发展的根本保证。因此，民航规章体系不仅需要制定科学的规章标准，还需要确保这些标准得到严格的执行，以维护民航行业的安全和稳定。《意见》中要求："严格执行法规规章标准。不断完善制度、量化标准、严格程序、规范流程，准确将法规规章标准转化为手册程序和行为规范，为从业人员遵章守纪提供基本依据和守则。加强对法规规章标准和工作手册程序的学习和理解，熟练掌握规章制度要求，不断提高从业人员依法依规、遵章守纪、按章操作的思想自觉和行动自觉。严格依照各类法规规章标准组织安全生产、强化安全管理，严格按规章制度办事、按手册程序操作，确保合法合规运行。"

第三章　中华人民共和国安全生产法

第一节　安全生产法的立法目的、适用范围和主要变化

一、立法目的

《中华人民共和国安全生产法》（以下简称《安全生产法》）于2002年6月29日第九届全国人民代表大会常务委员会第二十八次会议审议通过，自当年11月1日起施行。该法的实施，对加强安全生产监督管理，规范生产经营单位安全生产行为，防止和减少生产安全事故，实现全国安全生产状况持续好转，发挥了重要作用。自《安全生产法》实施以来，我国生产安全事故死亡人数从历史最高峰2002年的约14万人，降至2020年的2.71万人，下降80.6%；每年重特大事故起数从最多时2001年的140起下降到2020年的16起，下降88.6%。以上数据充分说明依法加强安全生产工作的必要性。但是，《安全生产法》在施行中也遇到一些新情况、新问题，需要通过修法予以解决。自2002年11月1日实施《安全生产法》以来，根据经济社会形势和安全生产工作的发展需要，全国人民代表大会常务委员会对《安全生产法》共进行了三次修改，最新一次是2021年对《安全生产法》进行的修改。

2021年修改《安全生产法》主要有以下4个方面的原因：

（1）贯彻落实党中央、国务院关于安全生产工作重大决策部署的迫切需要。安全生产是关系人民群众生命财产安全的大事，是经济社会高质量发展的重要标志，是党和政府对人民利益高度负责的重要体现。党中央、国务院高度重视安全生产工作。习近平总书记多次作出重要指示，强调各级党委政府务必把安全生产摆到重要位置，统筹发展和安全，坚持人民至上、生命至上，树牢安全发展理念，严格落实安全生产责任制，强化风险防控，从根本上消除事故隐患，切实把确保人民生命安全放在第一位落到实处。李克强总理多次作出重要批示，要求压实各层级各环节责任，严格安全监管执法，强化安全风险防控和隐患排查治理，加强安全基础能力建设，坚决防范遏制重特大安全事故，保障人民群众生命财产安全。2016年12月，中共中央、国务院印发《关于推进安全生产领域改革发展的意见》，对安全生产工作的指导思想、基本原则、制度措施等作出新的重大部署，需要通过修法进一步贯彻落实。

（2）近年来，我国安全生产工作和安全生产形势发生较大变化，全国生产安全事故总体上虽呈现下降趋势，但开始进入一个瓶颈期，传统行业领域存在的安全生产隐患尚未根本遏制，新兴行业领域的安全生产风险不断出现，新发展阶段、新发展理念、新发展格局对安全生产提出了更高要求，我国安全生产仍处于爬坡过坎期，过去长期积累的隐患集中暴露，新的风险不断涌现，需要通过修法进一步压实各方安全生产责任，有效防范化解重大安全风险。

（3）根据2018年深化党和国家机构改革方案，原国家安全监管总局的职责划入应急管理部，其他有关部门和职责也作了调整，需要通过修法对原来的法定职责进行修改。

（4）2021年3月，十三届全国人大四次会议通过的《国民经济和社会发展第十四个五年规划和2035年远景目标纲要》明确要求完善和落实安全生产责任制，建立公共安全隐患排查和安全预防控制体系；建立企业全员安全生产责任制度，压实企业安全生产主体责任等。在这种背景下，2021年6月10日第十三届全国人民代表大会常务委员会第二十九次会议通过《关于修改〈中华人民共和国安全生产法〉的决定》，对《安全生产法》进行了第三次修改。

二、适用范围

《安全生产法》是对所有生产经营单位的安全生产普遍适用的基础性、综合性的法律。

（一）空间的适用

《安全生产法》第二条规定“在中华人民共和国领域内从事生产经营活动的单位（以下统称生产经营单位）的安全生产，适用本法”。按照《安全生产法》第一百一十九条的规定，自2002年11月1日起，所有在中华人民共和国陆地、海域和领空的范围内从事生产经营活动的生产经营单位，必须依照《安全生产法》的规定进行生产经营活动。根据《全国人民代表大会常务委员会关于修改〈中华人民共和国安全生产法〉的决定》，本决定自2021年9月1日起施行。自2021年9月1日起，生产经营单位必须依照修订后的《安全生产法》从事生产经营活动，违反规定的，追究相应的法律责任。

（二）主体和行为的适用

法律所谓的“生产经营单位”，指从事生产经营活动的基本单元，即一切从事生产经营活动的企业、事业单位、个体经济组织和其他组织，既包括企业法人，也包括不具有企业法人资格的单位、事业单位、个人合伙组织等其他生产经营主体。《安全生产法》之所以称为我国安全生产的基本法律，是指它在安全生产领域内具有适用范围的广泛性、法律制度的基本性、法律规范的概括性，主要解决安全生产领域中普遍存在的基本法律问题。除消防安全和道路交通安全、铁路交通安全、水上交通安全、民用航空安全以及核与辐射安全、特种设备安全适用有关法律、行政法规有特殊规定以外的所有生产经营单位的安全生产，都要适用《安全生产法》。排除适用的上述有关法律、行政法规，今后制定新法或者修订旧法时，仍要依照《安全生产法》的基本法律规范，不能与《安全生产法》确立的基本方针、基本原则和基本法律制度相悖。

（三）排除适用

《安全生产法》第二条规定：“在中华人民共和国领域内从事生产经营活动的单位（以下统称生产经营单位）的安全生产，适用本法；有关法律、行政法规对消防安全和道路交通安全、铁路交通安全、水上交通安全、民用航空安全以及核与辐射安全、特种设备安全另有规定的，适用其规定。”对这种排除适用的特殊规定，应当从下列4个方面理解：

（1）《安全生产法》确定的安全生产领域基本的方针、原则、法律制度和新的法律规定，普遍适用于消防安全和道路交通安全、铁路交通安全、水上交通安全、民用航空安全以及核与辐射安全、特种设备安全。

（2）消防安全和道路交通安全、铁路交通安全、水上交通安全、民用航空安全以及核与辐射安全、特种设备等有关法律、行政法规是专门解决消防、交通领域以及核与辐射安全、特种设备安全特殊问题的单行立法即特别法。涉及这些领域的安全生产问题，应当首先考虑和优先适用特别法的规定。《安全生产法》正是根据这个原则，充分考虑和界定了它与相关特别法的衔接和关系，在其普遍适用的前提下对特别法的适用作出了除外规定。

（3）有关法律、行政法规对消防安全和道路交通安全、铁路交通安全、水上交通安全、民用航空安全以及核与辐射安全、特种设备安全没有规定的，适用《安全生产法》。《安全生产法》的大部分法律规定，都是上述特别法所没有的。也就是说，现行的消防安全和道路交通安全、铁路交通安全、水上交通安全、民用航空安全以及核与辐射安全、特种设备安全的法律、行政法规对有关安全生产问题没有规定的，应当依照《安全生产法》的有关规定执行。

（4）今后制定和修订有关消防安全和道路交通安全、铁路交通安全、水上交通安全、民用航空安全以及核与辐射安全、特种设备安全的法律、行政法规时，也要符合《安全生产法》确定的基本方针原则、法律制度和法律规范，不应抵触。

《安全生产法》是我国第一部安全生产领域的基本法律。只有科学地认识《安全生产法》的法律性质及其法律地位，才能处理好《安全生产法》与其他安全生产法律法规的关系，使这部法律得以完整地、准确地贯彻实施。

三、本次修订的主要内容

（一）进一步完善安全生产工作的原则要求

为加强党对安全生产工作的领导，落实习近平总书记提出的“三个必须”原则，对有关内容作了修改完善，规定安全生产工作应当坚持中国共产党的领导，以人为本，坚持人民至上、生命至上，把保护人民生命安全摆在首位，树牢安全发展理念，坚持安全第一，预防为主、综合治理的方针，从源头上防范化解重大安全风险，实行管行业必须管安全、管业务必须管安全、管生产经营必须管安全，对新兴行业、领域的安全生产监督管理职责不明确的，由县级以上地方各级人民政府按照业务相近的原则确定监督管理部门。

（二）进一步强化和落实生产经营单位的主体责任

（1）确保生产经营单位的安全生产责任制落实到位，规定生产经营单位应当建立健全全员安全生产责任制和安全生产规章制度，加大投入保障力度，改善安全生产条件，加强标准化建设，构建安全风险分级管控和隐患排查治理双重预防体系，健全风险防范化解机制。

（2）明确生产经营单位的主要负责人是本单位安全生产第一责任人，其他负责人对职责范围内的安全生产工作负责。

（3）强化预防措施，规定生产经营单位应当建立安全风险分级管控制度，按安全风险分级采取相应管控措施；重大事故隐患排查治理情况应当及时向有关部门报告。

（4）加大对从业人员心理疏导、精神慰藉等人文关怀和保护力度，防范行为异常导致事故发生。

（5）发挥市场机制的推动作用，要求属于国家规定的高危行业、领域的生产经营单位应当投保安全生产责任保险。

（6）明确新兴行业、领域生产经营单位的安全生产责任，规定平台经济等新兴行业、领域的生产经营单位应当根据本行业、领域的特点，建立健全并落实全员安全生产责任制，加强从业人员安全生产教育和培训，履行本法和其他法律法规规定的有关安全生产义务。

（7）针对餐饮等行业的生产经营单位使用燃气存在的安全隐患，以及矿山、金属冶炼、危险物品等建设项目施工单位施工安全管理、非法转让施工资质、违法转包和分包等突出问题，作出专门规定。

（三）进一步明确地方政府和有关部门的安全生产监督管理职责

（1）强化领导责任，规定各级人民政府应当加强安全生产基础设施和能力建设，所需经费列入本级预算；乡、镇人民政府和街道办事处，以及开发区、港区、风景区等应当明确负责安全监管的机构及其职责，加强监管力量建设，建立完善安全风险评估与论证机制，实施重大安全风险联防联控。

（2）厘清有关部门在安全生产强制性国家标准方面的职责，规定国务院有关部门分工负责安全生产强制性国家标准的有关工作，依据法定职责对强制性国家标准的实施进行监督检查。

（3）提升安全生产监管的信息化、智能化水平，监管部门之间应当对重大危险源及有关安全和应急措施备案信息实现信息共享。有关部门应当将重大事故隐患纳入相关信息系统，建立健全治理督办制度，督促消除重大事故隐患。国务院应急管理部门牵头建立全国统一的生产安全事故应急救援信息系统，有关部门和县级以上地方人民政府建立健全相关行业、领域、地区的事故应急救援信息系统，实现互联互通、信息共享，提升监管的精准化、智能化水平。

（4）明确规定县级以上各级人民政府应当组织负有安全生产监督管理职责的部门依法编制安全生产权力和责任清单，公开并接受社会监督。

（5）完善事故调查后的评估制度，要求负责事故调查处理的国务院有关部门和地方人民政府应当在批复事故调查报告后一年内，组织有关部门对事故整改和防范措施落实情况进行评估，并及时向社会公开评估结果；对不履行职责导致事故整改和防范措施没有落实的有关单位和人员，应当按照有关规定追究责任。

（6）增加公益诉讼制度，赋予人民检察院提起安全生产民事公益诉讼和行政公益诉讼的权力。

（四）进一步加大对生产经营单位及其负责人安全生产违法行为的处罚力度

（1）在现行《安全生产法》规定的基础上，普遍提高了对违法行为的罚款数额。

（2）增加生产经营单位被责令改正且受到罚款处罚拒不改正的，监管部门可以按日连续处罚。

（3）针对安全生产领域“屡禁不止、屡罚不改”等问题，加大对违法行为恶劣的生产经营单位关闭力度，依法吊销有关证照，对主要负责人实施职业禁入。

（4）加大对违法失信行为的联合惩戒和公开力度，规定监管部门发现生产经营单位未按规定履行公示义务的，予以联合惩戒；有关部门和机构对存在失信行为的单位及人员采取联合惩戒措施，并向社会公示。

第二节 安全生产法的基本规定

一、安全生产工作的指导思想

（一）安全生产工作坚持中国共产党的领导

中国特色社会主义最本质的特征是中国共产党领导，中国特色社会主义制度的最大优势是中国共产党领导。党是各项事业的领导核心。我国之所以实现安全生产形势的根本好转，根本的一条就是始终坚持中国共产党领导。《安全生产法》第三条第一款明确规定“安全生产工作坚持中国共产党的领导。”当前，我国工业化、城镇化持续推进，生产经营规模不断扩大，传统和新型生产经营方式并存，各类事故隐患和安全风险交织叠加，生产安全事故易发多发的特点仍然比较明显。针对这些新情况和新问题，党中央总揽全局、协调各方，持续推动安全生产领域改革发展取得新进展，特别是2016年12月印发的《关于推进安全生产领域改革发展的意见》，作为新中国成立以来第一个以党中央、国务院名义出台的安全生产工作的纲领性文件，对新时代我国安全生产领域改革发展的指导思想、基本原则、目标任务和具体措施提出了明确要求。《关于推进安全生产领域改革发展的意见》提出，地方各级党委要认真贯彻执行党的安全生产方针，在统揽本地区经济社会发展全局中同步推进安全生产工作，定期研究决定安全生产重大问题。从这些年的实践看，坚持党的领导，是我国安全生产形势持续向好的决定性因素。此次修改安全生产法，贯彻落实党的十九届五中全会和《关于推进安全生产领域改革发展的意见》精神，增加规定安全生产工作坚持中国共产党的领导，有利于统筹推进安全生产系统治理，大力提升我国安全生产整体水平。

（二）安全生产工作的基本理念

中国特色社会主义进入新时代，安全生产工作的理念不断发展、丰富和完善。党的十九届五中全会提出，坚持人民至上、生命至上，把保护人民生命安全摆在首位，全面提高公共安全保障能力。此次修改安全生产法，贯彻落实党中央要求，结合近年来安全生产理念的发展，对有关规定做了进一步完善。

（1）安全生产工作应当以人为本，坚持人民至上、生命至上，把保护人民生命安全摆在首位。以人为本，就是要以人的生命和健康为本。作为生产经营单位，在生产经营活动中，要做到以人为本，就要以尊重职工、爱护职工、维护职工的人身安全为出发点，以消灭生产经营活动中的潜在隐患为主要目的。要关心职工人身安全和身体健康，不断改善劳动环境和工作条件。真正做到干工作为了人，干工作依靠人，绝不能以牺牲人的生命为代价发展经济。具体来讲就是，当人的生命健康与生产经营单位经济效益、财产保护面临冲突时，首先应当考虑人的生命健康，而不是考虑经济效益和财产利益。

（2）树牢安全发展理念。坚持以人民为中心的发展思想，就是既要让人民富起来，又要让人民的安全和健康得到切实保障。发展是安全的基础和保障，安全是发展的前提和条件。血的教训表明，诸多事故都是“重发展轻安全、重效益轻安全”种下的苦果。发展理念上的失向、失序、失衡，往往是最大的风险隐患。2020年4月，习近平就安全生产工作作出重要指示强调，各级党委和政府务必把安全生产摆到重要位置，树牢安全发展理念，绝不能只重发展不顾安全。安全发展理念要求在安全生产工作中坚持统筹兼顾，协调发展，正确处理安全生产与经济社会发展、安全生产与速度质量效益的关系，坚持把安全生产放在重要位置，促进区域、行业领域的科学、安全、可持续发展，绝不能以牺牲人的生命健康换取一时的发展。要自觉坚持安全发展，使经济社会发展切实建立在安全保障能力不断增强、劳动者生命安全和身体健康得到切实保障的基础上，确保人民群众平安幸福地享有经济发展和社会进步的成果。要大力实施安全发展战略，坚持依法依规，综合治理。健全完善安全生产法律法规、制度标准体系，严格安全生产执法，严厉打击非法违法行为，综合运用法律、行政、经济等手段，推动安全生产工作规范、有序、高效开展。

二、安全生产工作的方针

根据《安全生产法》第三条的规定，安全生产方针是“安全第一、预防为主、综合治理”。

（一）安全第一

在生产经营活动中，在处理保证安全与实现生产经营活动的其他各项目标的关系上，要始终把安全特别是从业人员、其他人员的人身安全放在首要位置，实行“安全优先”的原则。在确保安全的前提下，努力实现生产经营的其他目标。当安全工作与其他活动发生冲突与矛盾时，其他活动要服从安全，绝不能以牺牲人的生命、健康为代价换取发展和效益。安全第一，体现了以人民为中心的发展思想，是预防为主，综合治理的统帅，没有安全第一的思想，预防为主就失去了思想支撑，综合治理就失去了整治依据。

（二）预防为主

预防为主，是安全生产工作的重要任务和价值所在，是实现安全生产的根本途径。所谓预防为主，就是要把预防生产安全事故的发生放在安全生产工作的首位。对安全生产的管理，主要不是在发生事故后去组织抢救，进行事故调查，找原因、追责任、堵漏洞，而是要谋事在先，尊重科学，探索规律，采取有效的事前控制措施，千方百计预防事故的发生，做到防患未然，将事故消灭在萌芽状态。只要思想重视，预防措施得当，绝大部分事故特别是重大事故是可以避免的。只有把安全生产的重点放在建立事故隐患预防体系上，超前防范，才能有效避免和减少事故，实现安全第一。

（三）综合治理

将综合治理纳入安全生产工作方针，标志着对安全生产的认识上升到一个新的高度，是贯彻落实新发展理念的具体体现。所谓综合治理，就是要综合运用法律、经济、行政等手段，从发展规划、行业管理、安全投入、科技进步、经济政策、教育培训、安全文化以及责任追究等方面着手，建立安全生产长效机制。综合治理，是一种新的安全管理模式，它是保证“安全第一，预防为主”的安全管理目标实现的重要手段和方法，只有不断健全和完善综合治理工作机制，才能有效贯彻安全生产方针。

（四）从源头上防范化解重大安全风险

2019 年 11 月 29 日，习近平总书记在主持中央政治局第十九次集体学习时讲话指出，要健全风险防范化解机制，坚持从源头上防范化解重大安全风险，真正把问题解决在萌芽之时、成灾之前。这一重要论述是对安全生产基本方针的进一步提炼和升华，对安全生产具有很强的指导意义。实践一再表明，许多事故的发生，都经历了从无到有、从小到大、从量变到质变的动态发展过程。因此，从以事故处置为主的被动反应模式向以风险预防为主的主动管控模式转变，是一种更经济、更安全、更有效的应急管理策略。

三、安全生产工作的基本原则

根据《安全生产法》的规定，安全生产工作应当实行管行业必须管安全、管业务必须管安全、管生产经营必须管安全。“三个必须”原则明确了政府部门的安全监管职责。管行业必须管安全，明确了负有安全监管职责的各个部门，要在各自的职责范围内，对所负责行业、领域的安全生产工作实施监督管理。同时，“三个必须”原则也明确了生产经营单位的决策层和管理层的安全管理职责。管业务必须管安全，管生产经营必须管安全，具体到生产经营单位中，就是主要负责人是安全生产的第一责任人，其他负责人都要根据分管的业务，对安全生产工作承担一定的职责，负担一定的责任。

四、生产经营单位主体责任与政府监管责任

（一）生产经营单位主体责任

生产经营单位是生产经营活动的主体，也是安全生产工作责任的直接承担主体。生产经营单位安全生产主体责任是指生产经营单位依照法律法规规定，应当履行的安全生产法定职责和义务。生产经营单位承担的安全生产主体责任是指生产经营单位在生产经营活动全过程中必须按照本法和有关法律法规的规定履行义务、承担责任。比如，应当按要求设置安全生产管理机构或者配备安全生产管理人员，保障安全生产条件所必需的资金投入，对从业人员进行安全生产教育和培训，建设工程项目的安全设施必须与主体工程同时设计、同时施工、同时投入生产和使用等。

生产经营单位既是社会经济活动中的建设者又是受益者，是安全生产中不容置疑的责任主体，在社会生产中负有不可推卸的社会责任。生产经营单位必须认识到安全生产既是坚持新发展理念的内在要求，也是生产经营单位生存与发展的必然选择。增强安全生产主体责任，实现安全生产，是生产经营单位追求利益最大化的最终目的，是实现物质利益和社会效益的最佳结合。强化和落实生产经营单位的主体责任，是保障经济社会协调发展的必然要求，是实现企业可持续发展的客观要求。因此，本条明确规定了要强化和落实生产经营单位的主体责任。

（二）政府监管责任

政府监管责任是与生产经营单位主体责任联系十分紧密的责任。按照“三个必须”和谁主管谁负责的原则，政府有关部门对安全生产负有监督管理的职责。应急管理部门负责安全生产法规标准和政策规划制定修订、执法监督、事故调查处理、应急救援管理、统计分析、宣传教育培训等综合性工作，承担职责范围内行业领域安全生产监管执法职责。负有安全生产监督管理职责的有关部门依法依规履行相关行业领域安全生产监管职责，强化监管执法，严厉查处违法违规行为。其他行业领域主管部门负有安全生产管理责任，要将安全生产工作作为行业领域管理的重要内容，从行业规划、产业政策、法规标准、行政许可等方面加强行业安全生产工作，指导督促企事业单位加强安全管理。

五、安全生产工作的机制

根据《安全生产法》第三条的规定，我国安全生产的工作机制是“生产经营单位负责、职工参与、政府监管、行业自律和社会监督”。它是一个从内部到外部，从生产经营单位到政府、社会、行业参与安全生产的全方位工作格局。在这个格局中，核心是生产经营单位和职工，主要是生产经营单位，外部监督包括政府、社会和行业。安全生产工作要建立生产经营单位负责、职工参与、政府监管、行业自律和社会监督的机制。建立这一工作机制的主要目的，是形成安全生产齐抓共管的工作格局。生产经营单位负责，就要求落实生产经营单位的安全生产主体责任；职工参与，就是通过安全生产教育，增强广大职工的自我保护意识和安全生产意识，职工有权对本单位的安全生产工作提出建议；政府监管，就是要切实履行监管部门安全生产管理和监督职责；行业自律，主要是指行业协会等行业组织要自我约束；社会监督，就是要充分发挥社会监督的作用，任何单位和个人有权对违反安全生产的行为进行检举和控告。

六、生产经营单位的安全生产基本义务

（一）遵守法律法规

根据本条的规定，生产经营单位必须遵守本法和其他有关安全生产的法律法规。安全生产管理，必须坚持依法治理的原则。遵守安全生产法律法规，是所有生产经营单位必须履行的义务。本法是安全生产的专门法律，确立了有关安全生产的各项基本法律制度，是生产经营单位在安全生产方面必须遵守的行为规范；其他有关安全生产的法律，包括矿山安全法、建筑法、煤炭法等法律，以及特种设备安全法等专门领域的法律。

（二）加强安全生产管理

安全生产管理是企业管理的重要内容。生产经营单位必须严格遵守安全生产法律法规，依法依规加强安全生产，要依法设置安全生产管理机构、配备安全生产管理人员，建立健全本单位安全生产的各项规章制度并组织实施，保持安全设备设施完好有效。生产经营单位的主要负责人、实际控制人要切实承担起安全生产第一责任人的责任，带头执行现场带班等制度，加强现场安全管理。做好对从业人员的安全生产教育和培训，企业主要负责人、安全管理人员、特种作业人员一律经严格考核，持证上岗，职工必须全部经培训合格后才能上岗，坚持不安全不生产，搞好生产作业场所、设备、设施的安全管理等。

（三）建立健全全员安全生产责任制和安全生产规章制度

（1）全员安全生产责任制，是根据我国的安全生产方针“安全第一、预防为主、综合治理”和安全生产法规建立的生产经营单位各级领导、职能部门、工程技术人员、岗位操作人员在劳动生产过程中对安全生产层层负责的制度。全员安全生产责任制是生产经营单位岗位责任制的细化，是生产经营单位中最基本的一项安全制度，也是生产经营单位安全生产、劳动保护管理制度的核心。全员安全生产责任制综合各种安全生产管理、安全操作制度，对生产经营单位及其各级领导、各职能部门、有关工程技术人员和生产工人在生产中应负的安全责任予以明确，主要包括各岗位的责任人员、责任范围和考核标准等内容。在全员安全生产责任制中，主要负责人应对本单位的安全生产工作全面负责，其他各级管理人员、职能部门、技术人员和各岗位操作人员，应当根据各自的工作任务、岗位特

点，确定其在安全生产方面应做的工作和应负的责任，并与奖惩制度挂钩。

（2）安全生产规章制度，是以全员安全生产责任制为核心制定的，指引和约束人们在安全生产方面行为的制度，是安全生产的行为准则。其作用是明确各岗位安全职责，规范安全生产行为，建立和维护安全生产秩序。安全生产规章制度包括全员安全生产责任制、安全操作规程和基本的安全生产管理制度，是生产经营单位制定的组织生产过程和进行生产管理的规则和制度的总和，也称为内部劳动规则，是生产经营单位内部的“法律”。

（四）加大对安全生产的投入保障力度，改善安全生产条件

安全生产投入是生产经营单位实现安全发展的前提，是做好安全生产工作的基础，安全生产投入总体上包括资金、物资、技术、人员等方面的投入。安全生产条件，是指生产经营单位在安全生产中的设施、设备、场所、环境等“硬件”方面的条件，这些条件是与安全生产责任制度相配套的。生产经营单位必须加大投入保障力度，保障安全生产的各项物质技术条件，其作业场所和各项生产经营的设施、设备、器材和从业人员防护用品等方面，都必须符合保障安全生产的要求。安全生产投入也包括教育、培训、沟通交流等“软件”方面的投入。

（五）加强安全生产标准化、信息化建设

（1）安全生产标准化建设。安全生产标准化体现了“安全第一、预防为主、综合治理”的方针，强调生产经营单位安全生产工作的规范化、科学化、系统化和法制化，强化风险管控和过程控制，注重绩效管理和持续改进，符合安全管理的基本规律，代表了现代安全管理的发展方向，是现代安全管理思想与我国传统安全管理方法、生产经营单位具体实际的有机结合，能有效提高企业安全生产水平，从而推动我国安全生产状况的持续稳定好转。

（2）安全生产信息化建设。加强信息化建设是提高安全生产管理水平的重要手段，是增强安全生产各项管理工作时效性的重要保障。安全生产信息化建设是安全生产的一项基础性工作，为各项安全管理提供技术保障。随着经济社会发展和科技进步，生产经营管理模式多样化，安全设施设备日益复杂，相关数据信息急剧增加，在这些因素作用下，安全管理工作任务变得日益繁重。

（六）构建安全风险双重预防机制

按照《关于推进安全生产领域改革发展的意见》要求，企业要定期开展风险评估和危害辨识，针对高危工艺、设备、物品、场所和岗位，建立分级管控制度，制定生产安全事故隐患分级和排查治理标准。构建安全风险分级管控和隐患排查治理双重预防机制，健全风险防范化解机制的主要要求包括：一是坚持关口前移，超前辨识预判岗位、企业、区域安全风险，对辨识出的安全风险进行分类梳理，采取相应的风险评估方法确定安全风险等级，通过实施制度、技术、工程、管理等措施，有效管控各类安全风险；二是强化隐患排查治理，加强过程管控，完善技术支撑、智能化管控、第三方专业化服务的保障措施，通过构建隐患排查治理体系和闭环管理制度，强化监管执法，及时发现和消除各类事故隐患，防患未然；三是强化事后处置，及时、科学、有效应对各类重特大事故，最大限度减少事故伤亡人数、降低损害程度。

（七）平台经济等新兴行业、领域的生产经营单位的义务

新兴行业领域的生产经营活动涉及多专业、多领域交叉，部分行业领域涉及新工艺、新技术、新材料、新模式。此次修改增加规定“平台经济等新兴行业、领域的生产经营单位应当根据本行业、领域的特点，建立健全并落实全员安全生产责任制，加强从业人员安全生产教育和培训，履行本法和其他法律法规规定的有关安全生产义务”，就是要督促平台企业等生产经营单位统筹发展与安全，履行安全生产法定义务，从全员安全生产责任制、规章制度、安全培训、安全投入等方面进行规范，牢固树立安全“红线”意识，始终把从业人员生命安全放在首位。

七、生产经营单位主要负责人和其他负责人责任

（一）生产经营单位的主要负责人和其他负责人

本条所称的生产经营单位的主要负责人，对企业而言，不同组织形式的企业有所不同。根据《关于推进安全生产领域改革发展的意见》的规定，生产经营单位的法定代表人和实际控制人同为安全生产的第一责任人。法定代表人，是指依法律或法人章程规定代表法人行使职权的负责人。我国法律实行单一法定代表人制，一般认为法人的正职行政负责人为其唯一法定代表人。对于公司制的企业，按照公司法的规定，有限责任公司（包括国有独资公司）和股份有限公司的董事长是公司的法定代表人，经理负责“主持公司的生产经营管理工作”。

（二）主要负责人对本单位的安全生产工作全面负责

安全生产工作是生产经营单位管理工作中的重要内容，涉及生产经营活动的各个方面，必须由“一把手”统一领导，统筹协调，负全面责任。此次修改《安全生产法》，增加规定生产经营单位的主要负责人是本单位安全生产的第一责任人，就是要突出和强调主要负责人的责任。生产经营单位可以安排其他负责人协助主要负责人分管安全生产工作，但不能因此减轻或免除主要负责人对本单位安全生产工作所负的全面责任。主要负责人因不履行职责或者履职不到位，导致发生生产安全事故的，应当承担相应的法律责任。

（三）其他负责人对职责范围内的安全生产工作负责

除主要负责人外，生产经营单位的其他负责人对职责范围内的安全生产工作负责，很多企业都有管生产的副总经理，但是副总经理不能只抓生产，不顾安全，应在抓生产的同时抓好安全，否则发生生产安全事故后也要承担相应的责任。

八、生产经营单位从业人员安全生产方面的权利义务

（一）从业人员安全生产保障方面的权利

生产经营单位的从业人员有依法获得安全生产保障的权利。对从业人员的安全生产保障，关系到从业人员的生命安全和身体健康，是劳动者应享有的基本人权。各国和有关国际组织对此都给予高度重视，通过立法予以保障。本法作为安全生产的专门法，在有关条款中，对从业人员获得安全生产保障的权利作了具体规定。生产经营单位不得因从业人员行使上述权利，而对从业人员进行处分或者作出其他不利于从业人员的决定。

（二）从业人员安全生产方面的义务

根据本条的规定，生产经营单位的从业人员应当依法履行安全生产方面的义务。从业

人员在享有获得安全生产保障权利的同时，也负有以自己的行为保证安全生产的义务。实践中，许多生产安全事故发生，都是由于从业人员违章操作，或者不遵守规章制度造成的。因此，从业人员认真履行安全生产义务，是生产经营单位能够真正实现安全生产的非常重要的因素。

九、工会在安全生产方面的职责

（一）工会对安全生产工作的监督

工会的基本职责是维护劳动者的合法权益，因此对生产经营单位事关职工人身安全的安全生产工作有权进行监督。按照工会法的规定，工会组织有权监督有关劳动安全卫生法律法规和政策措施的落实，督促企业认真执行国家有关劳动保护的法律和政策，落实安全生产责任制，不断改善职工的劳动安全卫生条件。根据本法的规定，工会负责对安全生产工作情况进行监督。

（二）组织职工参加本单位安全生产民主管理

生产经营单位的工会依法组织职工参加本单位安全生产工作的民主管理和民主监督。由于生产经营单位的安全生产工作直接涉及职工的人身安全，因此职工有权参加对本单位工作的民主管理和民主监督。

（三）维护职工在安全生产方面的合法权益

工会是劳动者利益的代表，是职工利益的表达者和维护者。表达职工合理诉求、维护职工合法权益，是工会的基本职责，是工会一切工作的出发点和落脚点。依照本法和工会法、劳动法等法律的规定，工会在维护职工安全生产方面权益的主要职责与工会的监督职责基本是一致的。各级工会组织应当依照法律的规定，在安全生产方面替职工说话，为职工办事，认真履行在保障职工生产安全方面的合法权益的职责。

（四）对生产经营单位制定安全生产规章制度的参与权

工会作为职工维权的第一知情人、第一责任人和第一实施人，用人单位制定或者修改有关安全生产方面的规章制度，应当听取工会的意见。生产经营单位制定或者修改上述规章制度时，应当听取工会的意见。

十、安全生产监督管理体制

（一）应急管理部门的安全生产监督管理职责

为适应政府机构改革和职能转变的需要，安全生产法中承担安全生产综合监督管理职责的部门的表述经过了变化发展的过程。根据 2018 年 3 月十三届全国人大一次会议决定批准的《国务院机构改革方案》，将国家安全生产监督管理总局的职责，国务院办公厅的应急管理职责以及其他有关部门的职责整合，组建应急管理部，作为国务院组成部门，不再保留国家安全生产监督管理总局。为适应这一改革需要，此次修改把安全生产法中的“安全生产监督管理部门”修改为“应急管理部门”。

依据本法规定以及应急管理部门的“三定”方案，国务院应急管理部门和县级以上地方各级人民政府应急管理部门负责安全生产综合监督管理和工矿商贸行业安全生产监督管理等职能。

（二）其他有关部门的安全生产监督管理职责

除应急管理部门外，国务院有关部门和县级以上人民政府有关部门依照法律、行政法规、地方性法规以及本部门“三定”方案，对有关行业、领域的安全生产工作实施监督管理。如民航部门负责管理民用航空安全，组织调查处理民用航空飞行事故、地面事故和飞行事故征候及其他不安全事件，负责民用航空安全信息的收集、分析和发布等。此次修改安全生产法，在原法规定国务院有关部门的基础上，突出强调了交通运输、住房和城乡建设、水利、民航部门，主要是考虑到这些部门负责监管的安全生产工作具有较强的行业特征，长期以来形成了较为完整和成熟的监督管理体系。

（三）新兴行业、领域监管职责不明确时的处理原则

修改后的《安全生产法》规定：对新兴行业、领域的安全生产监督管理职责不明确的，由县级以上地方各级人民政府按照业务相近的原则确定监督管理部门。按照业务相近的原则，需要人民政府组织对这些行业、领域涉及的安全问题进行分析和判断，对应到现有的最为接近的行业、领域，并归口到相应的部门进行监督管理。

（四）负有安全生产监督管理职责的部门加强合作

此次修改，增加规定了负有安全生产监督管理职责的部门之间工作机制和要求，即应当相互配合、齐抓共管、信息共享、资源共用，依法加强安全生产监督管理工作。

十一、安全生产国家标准

（一）国务院有关部门应当及时制定有关国家标准或者行业标准

我国对于安全生产标准的制定工作十分重视。根据安委会相关成员单位的职责规定，成员单位的职责中多数都有制定相关标准的内容。国务院有关部门应当按照保障安全生产的要求，依法及时制定有关的国家标准或者行业标准。标准化法规定，对满足基础通用、与强制性国家标准配套、对各有关行业起引领作用等需要的技术要求，可以制定推荐性国家标准；对没有推荐性国家标准，需要在全国某个行业范围内统一的技术要求，可以制定行业标准。

（二）安全生产的国家标准或者行业标准应当适时修订

随着科学技术的进步，人们对安全生产规律的认识不断深化，对生产安全事故的防范措施和手段不断完善和进步。国务院标准化行政主管部门和有关部门应当根据新情况和新问题，及时制定新的标准或对原有的标准进行修订，以适应保障安全生产的要求。标准化法对标准的修订和废止工作提出了要求，标准的复审周期一般不超过五年。

（三）生产经营单位必须执行保障安全生产的国家标准或者行业标准

标准化法对标准进行了分类，包括国家标准、行业标准、地方标准和团体标准、企业标准；国家标准分为强制性标准、推荐性标准，行业标准、地方标准是推荐性标准。强制性标准必须执行，国家鼓励采用推荐性标准。

十二、安全生产宣传教育

（一）安全生产宣传形式

根据近些年安全生产规划要求，各级人民政府及有关部门鼓励主流媒体开办安全生产节目、栏目，加大安全生产公益宣传、知识技能培训、案例警示教育等工作力度；加强微

博、微信和客户端建设，形成新媒体传播模式；推动传统媒体与新兴媒体融合发展，构建以“传媒云集市、信息高速路、卫星互联网”为标志的安全生产新闻宣传渠道；开展“安全生产月”“安全生产万里行”等宣传活动；制定实施安全生产新闻宣传专业人才成长规划。

（二）安全生产宣传的内容和目的

加强对有关安全生产的法律法规和安全生产知识的宣传的主要目的，是增强全社会的安全生产意识。通过宣传和教育，充分发挥职工和公众的监督作用，对政府及其有关部门在安全生产工作方面依法行政的情况，对生产经营单位贯彻执行安全生产法律法规的情况进行监督，保证有关安全生产的法律法规真正落到实处，充分发挥社会监督、舆论监督和群众监督的作用。

十三、生产安全事故责任追究

（一）行政责任

行政责任是指违反有关行政管理的法律法规的规定所依法应当承担的法律后果。行政责任包括政务处分和行政处罚。政务处分是对公务员、参公管理人员和法律法规授权或者受国家机关依法委托管理公共事务的组织中从事公务的人员、国有企业管理人员等人员违法违纪行为给予的制裁性处理。按照行政处罚法的规定，行政处罚的种类包括：警告、通报批评；罚款、没收违法所得、没收非法财物；暂扣许可证件、降低资质等级、吊销许可证件；限制开展生产经营活动、责令停产停业、责令关闭、限制从业；行政拘留；法律、行政法规规定的其他行政处罚。

（二）民事责任

依照民法典的有关规定，因生产安全事故造成人员、他人财产损失的，生产事故责任单位和责任人员应当承担赔偿责任。赔偿责任主要包括造成人身和财产损害两方面的责任。侵害他人造成人身损害的，应当赔偿医疗费、护理费、交通费等为治疗和康复支出的合理费用，以及因误工减少的收入。造成残疾的，还应当赔偿残疾生活辅助费和残疾赔偿金。造成死亡的，还应当赔偿丧葬费和死亡赔偿金。侵害他人财产的，财产损失按照损失发生时的市场价格或者其他方式计算。

（三）刑事责任

刑事责任是指依照刑法规定构成犯罪的严重违法行为所应承担的法律后果。刑法在“危害公共安全罪”一章中规定了重大责任事故罪、重大劳动安全事故罪、危险物品肇事罪、工程重大安全事故罪、危险作业罪等重大责任事故犯罪的刑事责任。本法“法律责任”一章对生产安全事故造成严重事故后果的，明确依照刑法追究刑事责任。2010 年，国务院发布了《关于进一步加强企业安全生产工作的通知》，进一步强化了安全事故的责任追究制度，明确发生特别重大生产安全事故的，要根据情节轻重，追究地市级分管领导或主要领导的责任；后果特别严重、影响特别恶劣的，要按规定追究省部级相关领导的责任。

十四、安全生产科技进步

（一）国家鼓励和支持安全生产科学技术研究

提升安全生产水平需要针对各行业生产经营活动的特点，加强对安全高效的设备、工具、工艺方法和有效的安全防护用品的研究开发，加快安全生产关键技术装备的换代升级。政府及政府有关部门应当从资金、税收、人才等多方面采取优惠措施，鼓励和支持安全生产科学技术研究的工作。加强安全生产理论和政策研究，运用大数据技术开展安全生产规律性、关联性特征分析，提高安全生产决策科学化水平。

（二）国家鼓励和支持安全生产先进技术的推广应用

生产经营单位应当以高度负责的态度，努力采用保障生产安全的先进技术；政府及有关部门应当采取有效的措施，鼓励和支持安全生产技术的推广应用。国家要大力推广保障安全生产的新工艺、新设备、新材料等的应用以及信息化建设，努力提高生产经营单位的安全防护水平。

十五、安全生产奖励

（一）奖励的情形

根据本条规定，在以下三个方面的安全生产工作中取得显著成绩的，由国家给予奖励：一是在改善安全生产条件方面取得显著成绩的；二是在防止生产安全事故方面取得显著成绩的；三是参加抢险救护取得显著成绩的。

（二）奖励的范围

给予奖励的主体可以是各级人民政府，也可以是政府有关部门、行业组织或者生产经营单位。受奖励的主体，可以是单位，也可以是个人。

（三）奖励的方式

奖励的方式可以是荣誉奖励，比如授予安全生产先进单位或者先进工作者等荣誉称号，颁发奖状、奖旗，记功、通令嘉奖等；也可以是物质奖励，如发给奖金，奖励住房等实物；也可以采取对相关人员提职、晋级奖励等方式。

第三节　生产经营单位的安全生产保障

为了保证生产经营单位依法从事生产经营活动，防止和减少生产安全事故，《安全生产法》确立了生产经营单位的安全保障制度，对生产经营活动安全实施全面的法律调整，其内容最为丰富。

一、从事生产经营活动应当具备的安全条件

（一）具备法律、行政法规规定的安全生产条件

（1）本法和其他有关法律、行政法规对生产经营单位必须具备的安全生产条件作了规定。例如本法规定：生产经营单位新建、改建、扩建工程项目的安全设施，必须与主体工程同时设计、同时施工、同时投入生产和使用。生产经营单位应当建立健全并落实生产安全事故隐患排查治理制度，采取技术、管理措施，及时发现并消除事故隐患。生产经营单位应当安排用于配备劳动防护用品、进行安全生产培训的经费。

（2）其他法律、行政法规也针对不同行业、领域安全生产的特点，对生产经营单位应当具备的安全生产条件作出了相应规定。例如《危险化学品安全管理条例》规定，生产、储存危险化学品的单位，应当对其铺设的危险化学品管道设置明显标志，并对危险化

学品管道定期检查、检测。

（二）具备国家标准或者行业标准规定的安全生产条件

本法规定的安全生产国家标准或者行业标准，是指依法制定的与安全生产有关的、对生产经营活动中的设计、施工、作业、制造、检测等技术事项所做的一系列统一规定。目前，我国安全生产的国家标准或者行业标准主要包括安全生产技术、管理方面的标准，生产设备、工具的安全标准，生产工艺的安全标准，劳动防护用品标准等。为了进一步强调安全生产条件对于保障安全生产的重要性，本条又从禁止性的角度，规定不具备安全生产条件的生产经营单位不得从事生产经营活动。

二、生产经营单位主要负责人的安全生产职责

（一）建立健全并落实本单位全员安全生产责任制、加强安全生产标准化建设

贯彻中央文件有关规定，将“安全生产责任制”修改为“全员安全生产责任制”，是本次修改的内容之一。生产经营单位需要根据业务要求和岗位实际，不断建立健全本单位全员安全生产责任制，更要注重将相关制度落到实处。推进安全生产标准化建设，是加强安全生产工作的一项带有基础性、长期性、根本性的工作，是落实企业主体责任、建立安全生产长效机制的有效途径。企业在具体实践中，要通过落实安全生产主体责任，全员全过程参与，建立并保持安全生产管理体系，全面管控生产经营活动各环节的安全生产与职业卫生工作，实现安全健康管理系统化、岗位操作行为规范化、设备设施本质安全化、作业环境器具定置化，并持续改进。

（二）组织制定并实施本单位安全生产规章制度和操作规程

生产经营单位的安全生产规章制度和操作规程是根据其自身生产经营范围、危险程度、工作性质及具体工作内容，依照国家有关法律、行政法规、规章和标准的要求，有针对性规定的、具有可操作性的、保障安全生产的工作运转制度及工作方式、方法和操作程序。安全生产规章制度是一个单位规章制度的重要组成部分，是保证生产经营活动安全、顺利进行的重要手段。安全操作规程是指在生产经营活动中，为消除能导致人身伤亡或者造成设备、财产破坏以及危害环境的因素而制定的具体技术要求和实施程序的统一规定。生产经营单位的主要负责人应当组织制定本单位的安全生产规章制度和操作规程，并保证其有效实施。

（三）组织制定并实施本单位安全生产教育和培训计划

生产经营单位的安全生产教育和培训计划是根据本单位安全生产状况、岗位特点、人员结构组成，有针对性地规定单位负责人、职能部门负责人、车间主任、班组长、安全生产管理人员、特种作业人员以及其他从业人员的安全生产教育和培训的统筹安排。安全生产教育和培训工作是一项系统工程，涉及本单位主管人事培训、财务劳资、安全管理、业务主管等多个部门以及人、财、物的安排。因此，主要负责人有职责义务，组织有关人事培训、财务劳资、安全管理、业务主管等部门认真制定好本单位的安全生产教育和培训计划，并保证计划的落实。

（四）保证本单位的安全生产投入有效实施

生产经营单位为了具备法律、行政法规以及国家标准或者行业标准规定的安全生产条件，需要一定的资金投入，用于安全设施设备建设、安全防护用品配备等。安全生产投入

是保障生产经营单位具备安全生产条件的必要物质基础。生产经营单位的主要负责人应当保证本单位有安全生产投入，并保证这项投入真正用于本单位的安全生产工作，在经济效益与安全生产方面找到最佳结合点，促进安全的生产经营。

（五）组织建立并落实安全风险分级管控和隐患排查治理双重预防工作机制

“安全风险”是事故发生可能性和后果严重程度的综合。风险是客观存在的，针对不同的风险应当采取不同的管控手段进行控制，确保风险不会演变为事故，应当对风险进行分级，以便选择最优管控手段。“事故隐患”是指生产经营单位在生产设施、设备以及安全管理制度等方面存在的可能引发事故的各种自然或者人为因素，包括物的不安全状态、人的不安全行为以及管理上缺陷等。生产经营单位的主要负责人应当经常性地对本单位的安全生产工作进行督促、检查，对检查中发现的问题及时解决，对存在的生产安全事故隐患及时予以排除。

（六）组织制定并实施本单位的生产安全事故应急救援预案

生产安全事故应急救援预案，是指生产经营单位根据本单位的实际，针对可能发生的事故的类别、性质、特点和范围等情况制定的事故发生时组织、技术措施和其他应急措施。它是一个涉及多方面工作的系统工程，需要生产经营单位主要负责人组织制定和实施，一旦发生事故也要亲自指挥、调度。

（七）及时、如实报告生产安全事故

生产经营单位的主要负责人应当按照本法和其他有关法律、行政法规、规章的规定，及时、如实报告生产安全事故，不得隐瞒不报、谎报或者迟报。

三、全员安全生产责任制的制定

（一）全员安全生产责任制的主要内容

《安全生产法》第四条规定，生产经营单位应当建立健全全员安全生产责任制。全员安全生产责任制应当内容全面、要求清晰、操作方便，各岗位的责任人员、责任范围及相关考核标准一目了然。当管理架构发生变化、岗位设置调整、从业人员变动时，生产经营单位应当及时对全员安全生产责任制内容作出相应修改，以适应安全生产工作的需要。

（二）全员安全生产责任制的落实

生产经营单位根据本单位实际，建立由本单位主要负责人牵头，相关负责人、安全生产管理机构负责人以及人事、财务等相关职能部门人员组成的全员安全生产责任制监督考核领导机构，协调处理全员安全生产责任制执行中的问题。主要负责人对全员安全生产责任制落实情况全面负责，安全生产管理机构负责全员安全生产责任制的监督和考核工作。全员安全生产责任制的落实情况应当与生产经营单位的安全生产奖惩措施挂钩。充分发挥工会的作用，鼓励从业人员对全员安全生产责任制落实情况进行监督。

（三）民航安全责任的落实

为落实《安全生产法》的要求，民航局下发了《关于落实民航安全责任的管理办法》（民航规〔2023〕51 号）（以下简称《管理办法》）。《管理办法》对民航安全责任的定义、分类、落实、责任追究及相关样例清单进行了说明。民航安全责任主要分为民航生产经营单位安全责任和民航行政机关安全责任两个方面。《管理办法》定义了安全责任的 4 种类型：主体责任、监管责任、领导责任和岗位责任。民航生产经营单位需要构建全员安全生产责任制，有效履行主体责任、领导责任和岗位责任。民航生产经营单位内部安全管理中的监管责任属于其主体责任的一部分。民航行政机关需要履行监管责任之外，也要履行领导责任和岗位责任。《管理办法》的内容将在本书第八章第五节进行详细介绍。

四、安全生产资金投入的规定

（一）具备安全生产条件所必需的资金投入

安全生产资金投入，是生产经营单位生产经营活动安全进行、防止和减少生产安全事故的重要前提和物质保障。生产经营单位从事生产经营活动必须具备本法和有关法律、行政法规和国家标准或者行业标准规定的安全生产条件。生产经营单位要达到以上要求，必须有一定的资金保证，用于安全设施的建设、安全设备的购置、为从业人员配备劳动防护用品、对安全设备进行检测、维护、保养等。因此，本法规定生产经营单位必须保证本单位的安全生产资金投入。

（二）资金投入不足的责任承担

生产经营单位的决策机构、主要负责人或者个人经营的投资人应当对由于安全生产所必需的资金投入不足导致的后果承担责任。该规定明确了安全生产资金投入的保证主体与法律责任之间的关系。因安全生产所必需的资金投入不足导致生产安全事故发生，造成人员伤亡和财产损失的，生产经营单位的决策机构、主要负责人或者个人经营的投资人应当对后果负责。

（三）安全生产费用的提取、使用和监督管理

生产经营单位应当按照规定提取和使用安全生产费用，专门用于改善安全生产条件。为保证生产经营单位按照规定提取和使用安全生产费用，并专项用于改善安全生产条件，授权规定安全生产费用提取、使用和监督管理的具体办法由国务院财政部门会同国务院应急管理部门征求国务院有关部门意见后制定。为了建立企业安全生产投入长效机制，加强安全生产费用管理，保障企业安全生产资金投入，维护企业、职工以及社会公共利益。

（四）民航生产经营单位的安全资金投入管理

民航局制定了CCAR-246《民航企业安全保障财务考核办法》，每年对民航企业的安全保障的财务情况进行考核。考核的范围包括获得民航行政机关颁发的经营许可证和运行合格证，并且能够独立核算的公共航空运输企业即航空公司；获得民航行政机关颁发的民用运输机场使用许可证，并且能够独立核算的民用运输机场即民用机场。按照CCAR-246，考核满分为十分。考核按照综合得分将等级分为优秀、良好、合格和不合格。综合得分低于六分的企业评定为不合格，综合得分六分（含）以上至八分的企业评定为合格，综合得分八分（含）以上至九分的企业评定为良好，综合得分九分及以上的企业评定为优秀。考核不合格的企业应在接到整改通知后一个月内制定整改方案，在规定时间内完成整改，并将整改情况报民航地区管理局。民航地区管理局对考核不合格企业整改后情况进行复核，并将复核情况上报民航局。

五、安全生产管理机构和安全生产管理人员的要求

（一）安全生产管理机构和安全生产管理人员的配置

生产经营单位从事生产经营活动的特点、规模千差万别，安全生产管理的要求也不

同。为此，《安全生产法》第二十四条规定："矿山、金属冶炼、建筑施工、运输单位和危险物品的生产、经营、储存、装卸单位，应当设置安全生产管理机构或者配备专职安全生产管理人员。前款规定以外的其他生产经营单位，从业人员超过一百人的，应当设置安全生产管理机构或者配备专职安全生产管理人员；从业人员在一百人以下的，应当配备专职或者兼职的安全生产管理人员。"

（二）安全生产管理机构以及安全生产管理人员的职责

为了发挥安全生产管理机构以及安全生产管理人员的作用，保证其依法履行职责，《安全生产法》第二十五条明确了安全生产管理机构以及安全生产管理人员的职责。主要内容如下：

（1）组织或者参与拟订本单位安全生产规章制度、操作规程和生产安全事故应急救援预案。安全生产管理机构作为本单位具体负责安全生产管理事务的部门，具有职责和义务根据主要负责人的安排，负责组织或者参与拟订本单位安全生产规章制度和操作规程、生产安全事故应急救援预案，以确保相关制度、规程和预案符合本单位安全生产的实际，起到应有的作用。

（2）组织或者参与本单位安全生产教育和培训，如实记录安全生产教育和培训情况。安全生产管理机构有职责和义务，根据主要负责人的安排，负责组织拟订本单位的安全生产教育和培训计划，或者积极参与人事培训部门组织拟定本单位的安全生产教育和培训工作，以保证教育和培训计划符合本单位安全生产的实际，起到应有的作用。

（3）组织开展危险源辨识和评估，督促落实本单位重大危险源的安全管理措施。作为专门从事安全生产管理的机构和人员，安全生产管理机构和安全生产管理人员有责任组织开展危险源辨识和评估，督促落实重大危险源的安全管理措施。重大危险源是危险物品大量聚集的地方，具有较大的危险性，而且一旦发生生产安全事故，将会对从业人员及相关人员的人身安全和财产造成比较大的损害。重大危险源安全管理的专业性较强，管理人员需要有相应的专业知识背景。因此，安全生产管理机构以及安全生产管理人员进行现场检查中发现重大危险源未按照有关规定进行管理的，应当要求相应的业务部门进行整改。

（4）组织或参与本单位应急救援演练。生产经营单位应当定期开展应急救援演练，及时修订应急预案，切实增强应急预案的有效性、针对性和操作性。安全生产管理机构应当根据本单位的安排，积极组织本单位的应急演练，制定详细的工作方案，精心组织实施，确保应急演练取得效果。

（5）检查本单位的安全生产状况，及时排查生产安全事故隐患，提出改进安全生产管理的建议。安全生产管理机构应当根据本单位生产经营特点、风险分布、危害因素的种类和危害程度等情况，制订检查工作计划，明确检查对象、任务和频次。

（6）制止和纠正违章指挥、强令冒险作业、违反操作规程的行为。为了促进从业人员遵章守纪，安全生产管理机构还应当将从业人员的违规记录纳入安全生产奖惩的内容，对违规者严肃处理；对于经常违规的人员，重新安排进行安全生产教育和培训；必要时，建议本单位主要负责人及相关负责人、有关职能部门、人事部门将其调离原工作岗位；情节严重的，建议本单位予以开除。

（7）督促落实本单位安全生产整改措施。按照"管生产经营必须管安全"的原则，落实安全生产整改措施应当由相关业务部门负责。安全生产管理机构以及安全生产管理人员应当督促有关业务主管部门认真落实安全生产整改措施，对不按照规定落实安全生产整改措施的，应当及时向本单位主要负责人报告。

六、从业人员安全生产教育和培训的规定

（一）对生产经营单位开展安全生产教育和培训的要求

安全生产教育和培训的内容，主要包括以下几个方面：

（1）安全生产的方针、政策、法律法规以及安全生产规章制度的教育和培训；

（2）安全操作技能的教育和培训，我国目前一般实行入厂教育、车间教育和现场教育的三级教育和培训；

（3）安全技术知识教育和培训，包括一般性安全技术知识，如单位生产过程中不安全因素及规律、预防事故的基本知识、个人防护用品的佩戴使用、事故报告程序等，以及专业性的安全技术知识，如防火、防爆、防毒等知识；

（4）发生生产安全事故时的应急处理措施，以及相关的安全防护知识；

（5）从业人员在生产过程中的相关权利和义务；

（6）特殊作业岗位的安全生产知识和操作要求等。

生产经营单位应当按照本单位安全生产教育和培训计划的总体要求，结合各个工作岗位的特点，科学、合理安排教育和培训工作。采取多种形式开展教育和培训，包括组织专门的安全教育培训班、作业现场模拟操作培训、召开事故现场分析会等，确保取得实效。通过安全生产教育和培训，生产经营单位要保证从业人员具备从事本职工作所应当具备的安全生产知识，熟悉有关的安全生产规章制度和安全操作规程，掌握本岗位的安全操作技能，了解事故应急处理措施，知悉自身在安全生产方面的权利和义务。对于没有经过安全生产教育和培训，包括培训不合格的从业人员，生产经营单位不得安排其上岗作业。

（二）对安全生产教育和培训档案管理的要求

生产经营单位应当指定专人负责本单位的安全生产教育和培训档案。档案的范围应当包括本单位的主要负责人、有关负责人、安全生产管理人员、特种作业人员、职能部门工作人员、班组长以及其他从业人员。档案的内容应当详细记录每位从业人员参加安全生产教育和培训的时间、内容、考核结果以及复训情况等，包括按照规定参加政府组织的安全培训的主要负责人、安全生产管理人员和特种作业人员的情况。

（三）民航安全培训的要求

民航安全培训主要是安全综合类培训和专业培训。由于民航安全的重要性和特殊性，按照安全生产法和民航法要求，对于飞行员、乘务员、维修人员、管制人员等特业人员实施执照准入的专业化管理。由获得批准的培训机构进行培训，由民航局颁发执照。安全综合培训方面，民航的管理也越来越规范化、体系化。对于企业负责人、安全管理人员、安全信息员、安全调查员、审核员等，民航局也借鉴民航特业人员的考核和管理模式，采用考培分离的方式，由获得培训资质的专业机构进行培训，使用民航局的系统进行考核。考核通过的人员可以申请获得民航局颁发的资质证书。关于安全培训相关内容详见本书第八章第一节和第二节。

七、安全设备管理规定

（一）安全设备应符合国家标准或者行业标准

安全设备主要是指为了保护从业人员等生产经营活动参与者的安全，防止生产安全事故发生以及在发生生产安全事故时用于救援而安装使用的机械设备和器械。标准化法规定，工业产品的安全要求及其生产、储存、运输过程中的安全要求，以及建设工程的安全要求应当制定标准，制定标准应当有利于保障安全和人民的身体健康。为了防止事故的发生，需要对安全设备进行全方位、全过程的管理，要实现管理目的，就要通过制定标准，使生产经营单位有章可循。

（二）安全设备的维护、保养和定期检测

安全设备发挥效用主要在于安装后投入使用的环节。安全设备在使用过程中，可能出现各种各样的问题，因此，使用安全设备的生产经营单位必须对其进行经常性维护、保养，并定期检测，保证安全设备正常运转并处于良好的状态，发挥保证安全的效用。通过经常性维护、保养和定期检测，可以及时发现并处理安全设备存在的问题，这是使用单位的义务，也是提高安全设备使用年限的重要途径。

（三）对生产安全的设备、设施及数据、信息的规定

这次安全生产法修改审议期间，有的全国人大常委会委员提出，应在监督管理上做好安全生产法与刑法修正案（十一）关于危险作业罪规定的衔接。为此，增加规定生产经营单位不得关闭、破坏直接关系生产安全的监控、报警、防护、救生设备、设施，或者篡改、隐瞒、销毁其相关数据、信息。与生产安全存在直接关系的监控、报警、防护、救生设备、设施及相关数据、信息，是有效防止生产安全事故发生的重要保障。

八、重大危险源管理

（一）重大危险源的概念

根据本法第 117 条的规定，重大危险源是指长期地或者临时地生产、搬运、使用或者储存危险物品，且危险物品的数量等于或者超过临界量的单元（包括场所和设施）。我国已经颁布了国家标准《危险化学品重大危险源辨识》（GB 18218—2018），对各种危险化学品的临界量作了明确规定，依据这些临界量，可以辨识某一危险品的聚集场所或设施是否构成重大危险源。

（二）重大危险源的管理措施

依据本条规定，生产经营单位对重大危险源的管理措施主要有以下几个方面：

（1）登记建档。登记建档是为了对重大危险源的情况有一个总体的掌握，做到心中有数，便于采取进一步的措施。重大危险源档案应当包括的文件、资料有：辨识、分级记录；重大危险源基本特征表；涉及的所有化学品安全技术说明书；区域位置图、平面布置图、工艺流程图和主要设备一览表；重大危险源安全管理规章制度及安全操作规程；安全监测监控系统，措施说明，检测、检验结果；重大危险源事故应急预案、评审意见、演练计划和评估报告；安全评估报告或者安全评价报告；重大危险源关键装置、重点部位的责任人、责任机构名称；重大危险源场所安全警示标志的设置情况；其他文件、资料。

（2）定期检测、评估、监控。检测是指通过一定的技术手段，利用仪器工具对重大

危险源的一些具体指标、参数进行测量。评估是指对重大危险源的各种情况进行综合分析、判断，掌握其危险程度。生产经营单位应当将对重大危险源的检测、评估、监控作为一项经常性的工作定期进行。检测、评估、监控工作可以由本单位的有关人员进行，也可以委托具有相应资质的中介机构进行。

(3) 制定应急预案。应急预案是关于发生紧急情况或者生产安全事故时的应对措施、处理办法、程序等的事先安排和计划。生产经营单位应当根据本单位重大危险源的实际情况，依法制定重大危险源事故应急预案，建立应急救援组织或者配备应急救援人员，配备必要的防护装备及应急救援器材、设备、物资，并保障其完好和方便使用；配合地方人民政府应急管理部门制定所在地区涉及本单位的危险化学品事故应急预案。

(4) 告知应急措施。生产经营单位应当告知从业人员和相关人员在紧急情况下应当采取的应急措施。这是生产经营单位的一项法定义务。

(三) 关于重大危险源安全措施和应急措施的备案

生产经营单位应当按照国家有关规定将本单位重大危险源及有关安全措施、应急措施报有关地方人民政府应急管理部门和有关部门备案。应急管理部门和有关部门应当建立、完善有关备案的工作制度和程序，方便有关生产经营单位进行备案，管理好报备的有关材料，并做好对生产经营单位的监督工作。

根据有关规定，生产经营单位在完成重大危险源安全评估报告或者安全评价报告后一定时间内，应当填写重大危险源备案申请表，连同重大危险源档案材料，报送所在地县级人民政府应急管理部门备案，应急管理部门应当每季度将辖区内的一级、二级重大危险源备案材料报送至设区的市级人民政府应急管理部门。设区的市级人民政府应急管理部门应当每半年将辖区内的一级重大危险源备案材料报送至省级人民政府应急管理部门。重大危险源出现重新辨识、评估和定级后，生产经营单位应当及时更新档案，并向所在地县级人民政府应急管理部门重新备案。

(四) 关于重大危险源信息共享

应当构建国家、省、市、县四级重大危险源信息管理体系，对重点行业、重点区域、重点企业实行风险预警控制。地方政府应急管理部门和其他有关部门通过相关信息系统整合各方资源，实现重大危险源信息共享共用，有助于对重大危险源进行严格控制和管理，防范和减少生产安全事故的发生。

九、风险分级管控和隐患排查治理双重预防机制

(一) 安全风险分级管控制度

旨在防范化解重大安全风险，生产经营单位可以通过定期组织开展全过程、全方位的危害辨识、风险评估，严格落实管控措施。安全生产风险，是指生产经营单位在生产经营活动中可能造成生产安全事故的可能性，与随之引发的人身伤害或者财产损失严重性的组合。由于生产技术的快速发展，生产经营活动呈现出日益复杂化、多样化趋势，生产经营单位应当对生产活动中各系统、各环节可能存在的安全风险进行辨识评估，对辨识评估出的安全风险采取分级管控的管理措施。

(二) 事故隐患排查治理和“双报告”制度

生产安全事故隐患是指生产经营单位违反安全生产法律法规、规章、标准、规程和安

全生产管理制度的规定，或者因其他因素在生产经营活动中存在可能导致事故发生的物的危险状态、人的不安全行为和管理上的缺陷。事故隐患是导致事故发生的主要根源之一。隐患主要有 3 个方面：人的不安全行为、物的不安全状态和管理上的缺陷。生产经营单位在事故隐患排查和治理过程中，应当将排查治理情况如实记录，并通过职工大会或者职工代表大会、信息公示栏等方式向从业人员通报，确保从业人员的知情权。此外，本次法律修改还增加了“双报告”制度，即对于重大事故隐患排查治理情况，要求生产经营单位既要及时向负有安全生产监督管理职责的部门报告，又要向职工大会或者职工代表大会报告。

（三）重大事故隐患督办制度

重大事故隐患的危害大、整改难度大，一旦引发事故将造成严重后果。加强重大事故隐患的治理，是防范和遏制重特大生产安全事故的重要措施。为此，本条规定，县级以上地方人民政府负有安全生产监督管理职责的部门应当将重大事故隐患纳入相关信息系统，建立健全重大事故隐患治理督办制度，督促生产经营单位消除重大事故隐患。通过相关信息系统，能够帮助相关监管执法部门及时掌握企业隐患排查治理情况、加强对企业重大事故隐患治理情况的监督检查。重大隐患督办的方式，可以采取下达督办指令或网上公示等。对于未按期消除重大事故隐患的生产经营单位，又没有其他客观原因的，负有安全生产监督管理职责的部门应当依法责令其停产整顿，直至提请县级以上人民政府予以关闭。

（四）民航安全风险分级管控和隐患排查治理双重预防机制

《民航安全风险分级管控和隐患排查治理双重预防工作机制管理规定》（民航规〔2022〕32 号）明确了民航的危险源、重大危险源、风险、重大风险、安全隐患、重大安全隐患的定义，对民航的风险管理和隐患排查治理提出了指导意见。管理规定是将安全生产法双重预防机制的要求落实到民航安全生产过程中。民航安全风险分级管控和隐患排查治理工作坚持依法合规、务实高效、闭环管理的原则，围绕事前预防，推动从源头上防范风险、从根本上消除安全隐患。双重预防机制是民航安全管理体系的核心内容，建设和实施过程中应当遵循有机融合、一体化运行的原则。民航安全风险分级管控和隐患排查治理双重预防机制详见本书第八章第三节。

（五）民航重大安全隐患排查治理

针对安全生产法中重大安全隐患的要求，民航局下发了《民航重大安全隐患判定标准》，对于航空公司、机场、维修单位、空管单位的重大安全隐患制定了样例标准。民航重大安全隐患分为 3 类：

（1）组织原因严重违规违章、超能力运行等安全管理缺陷。

（2）关键设备、设施状况严重违规违章等不安全状态。

（3）关键岗位人员严重违规违章等不安全行为。

针对各企业都适用的综合安全管理类重大安全隐患包括：

（1）未建立全员安全生产责任制。

（2）未依法配备安全生产管理机构或专/兼职安全生产管理人员。

（3）未保证安全生产投入，致使该单位被局方评估为不具备安全生产条件。

（4）未建立安全管理体系或等效安全管理机制。

（5）未对承包单位、承租单位的安全生产工作统一协调、管理。

（6）未制定本单位生产安全事故应急救援预案。

（7）未取得安全生产行政许可及相关证照，或弄虚作假、骗取、冒用安全生产相关证照从事生产经营活动。

（8）被依法责令停产停业整顿、吊销证照、关闭的生产经营单位，继续从事生产经营活动。

（9）关闭、破坏直接关系生产安全的监控、报警、防护、救生设备、设施，或篡改、隐瞒、销毁其相关数据、信息。

（10）在本单位发生事故时，主要负责人不立即组织抢救或者在调查处理期间擅离职守或者逃匿，或隐瞒不报、谎报，或在调查中做伪证或者指使他人做伪证。

十、对从业人员安全管理的义务

（一）督促从业人员执行规章制度和安全操作规程

安全生产规章制度是一个单位规章制度的重要组成部分，是保证生产经营活动安全、顺利进行的重要手段。生产经营单位的安全生产规章制度主要包括两个方面的内容：一是安全生产管理方面的规章制度；二是安全技术方面的规章制度。安全生产规章制度和安全操作规程，是保证生产经营活动安全进行的重要制度保障，从业人员在进行作业时必须严格执行。

（二）保障从业人员的安全生产知情权

对于可能造成本人人身伤害的职业危害及其避免遭受危害的知情权的实现，是保护劳动者自身生命健康权的重要前提。向从业人员告知作业场所和工作岗位的危险因素、防范措施以及事故应急措施，是保障从业人员知情权的重要内容。把这一告知义务规定为生产经营单位强制性的法定义务，生产经营单位必须遵守。

（三）关注从业人员的身体、心理状况和行为习惯

为汲取实践有关事故的经验教训，规定生产经营单位除了应当督促从业人员执行规章制度和安全操作规程，以及保障从业人员的安全生产知情权外，还应当关注从业人员的身体、心理状况和行为习惯，加强对从业人员的心理疏导、精神慰藉，严格落实岗位安全生产责任，防范和避免因从业人员行为异常从而导致事故发生的情况。

2020 年 7 月 7 日贵州安顺市公交车坠湖事故的起因，是公交车司机因生活不如意和对拆除其承租公房不满，针对不特定人群实施的危害公共安全犯罪，造成 21 人死亡，15 人受伤，公共财产遭受重大损失。因此，本条要求生产经营单位关注从业人员身体、心理状况，就是为了确保从业人员的身体、心理状况和行为习惯符合岗位的安全生产要求。本条还要求生产经营单位要加强对从业人员的心理疏导和精神慰藉，重视对从业人员进行心理上的关注和安慰，并及时对从业人员的情绪问题或发展困惑进行疏导和引导，防范从业人员的行为异常，避免事故发生。

十一、生产经营项目、场所、设备发包或出租

（一）不得发包或者出租给不具备安全生产条件或者相应资质的单位或者个人

根据本法相关规定，生产经营单位应当具备法律、行政法规和国家标准或者行业标准规定的安全生产条件，不具备安全生产条件的，不得从事生产经营活动。如果生产经营单

位不具备上述安全生产条件而从事生产经营活动，则安全生产就无法得到保证。因此，生产经营单位不得将生产经营项目、场所、设备发包或者出租给不具备安全生产条件的单位或者个人。

（二）发包或者出租给其他单位的安全生产责任

本法专门作出规定，生产经营项目、场所有多个承包单位、承租单位的，生产经营单位应当与承包单位、承租单位对安全生产管理方面的问题予以约定。生产经营单位与承包单位、承租单位在安全生产管理方面的约定，只对约定双方有约束力，不具有对外效力。也就是说，生产经营单位不能因为有了约定而减轻自己在安全生产方面的责任，生产经营单位应对该项目、场所的安全生产全面负责。如果该生产经营项目、场所有违反本法或有关法律、行政法规关于安全生产的管理规定的行为，应由生产经营单位承担相应的责任；如果发生了生产安全事故，生产经营单位应承担相应的责任。生产经营单位在承担了相应的责任后，可以根据安全生产管理协议的约定，追究承包单位、承租单位的责任。

（三）矿山、金属冶炼建设项目和用于生产、储存、装卸危险物品的建设项目的施工单位的特殊规定

矿山、金属冶炼、危险物品等建设项目专业性强、建设要求高，如果管理不规范极易导致重特大事故发生。近年来，一些生产经营单位为了谋取不正当利益，不惜铤而走险，倒卖、出租、出借、挂靠或者以其他形式非法转让施工资质，以及非法转包、支解分包的现象屡禁不止，一些施工项目管理混乱，特别是在矿山、金属冶炼建设项目和用于生产、储存、装卸危险物品等特殊行业领域违法转包、支解发包工程项目，因管理混乱造成安全生产事故。例如，2021 年 1 月山东栖霞笏山金矿重大爆炸事故和 2021 年 2 月山东招远曹家洼金矿较大火灾事故等暴露出企业在项目管理、工程发包等方面的问题，教训极其深刻。因此，本次安全修改新增对矿山、金属冶炼建设项目和用于生产、储存、装卸危险物品的建设项目的施工单位的特殊规定，目的是督促引导企业加强上述项目安全管理，严把入口关，确保建设项目施工安全和质量。

十二、工伤保险和安全生产责任保险

（一）安全生产责任保险的含义

安全生产责任保险是保险机构对投保单位发生生产安全事故造成的人员伤亡和有关经济损失等予以赔偿，并且为投保单位提供生产安全事故预防服务的商业保险。安全生产责任保险的首要功能是事故预防，保险机构要充分发挥帮助投保单位防控安全风险的作用，实现安保互动，有效防范和减少生产安全事故，这是实施安全生产责任保险制度的根本目的。

（二）安全生产责任保险的特点

在政策上，安全生产责任保险是一种带有公益性质的强制性商业保险，国家规定的高危行业领域的生产经营单位必须投保，同时在保险费率、保险条款、预防服务等方面必须加以严格规范。在功能上，安全生产责任保险的保障范围不仅包括企业从业人员，还包括第三者的人员伤亡和财产损失，以及相关救援救护、事故鉴定和法律诉讼等费用。最重要的是安全生产责任保险具有事故预防功能，保险机构必须为投保单位提供事故预防服务，帮助企业查找风险隐患，提高安全管理水平，从而有效防止生产安全事故的发生。安全生

产责任保险与工伤保险及其他相关险种相比，覆盖群体范围更广、保障更加充分、赔偿更加及时、预防服务更加到位。

（三）安全生产责任保险强制实施范围

属于国家规定的高危行业、领域的生产经营单位，应当投保安全生产责任保险。主要考虑有三点：一是《关于推进安全生产领域改革发展的意见》要求，在矿山、危险化学品、烟花爆竹、交通运输、建筑施工、民用爆炸物品、金属冶炼、渔业生产等高危行业领域强制实施安全生产责任保险制度。此外，原国家安全生产监督管理总局、原保监会、财政部2017年联合印发的《安全生产责任保险实施办法》，也明确了在上述八大行业领域强制实施的规定。二是通过分析近年来发生的事故情况，绝大多数较大以上生产安全事故都集中在这八大行业领域中。三是做好安全生产工作，要充分发挥社会机构的作用。在八大行业领域中强制实施的一个最基本的目的，就是要以安全生产责任保险为纽带发挥社会专业机构作用，有效防范、化解安全风险，实现安全生产形势的持续稳定好转。

（四）安全生产责任保险与工伤保险等的衔接

将安全生产其他的相关险种调整为安全生产责任保险，需要保险机构做好以下工作：一是要做好安全生产责任保险方案设计，充分体现安全生产责任保险相对于其他商业保险在保障范围、价格、服务等方面的优势，使安全生产责任保险完全覆盖其他险种功能，一站式解决企业需求并避免增加成本。二是要切实做好事故预防服务，真正推动投保单位提高安全保障能力，降低事故风险，使其认可服务质量、看到服务效果。

（五）安全生产责任保险具体范围和实施办法的授权规定

此次修改在增加规定高危行业、领域的生产经营单位应当投保安全生产责任保险的同时，明确授权具体范围和实施办法由国务院应急管理部门会同国务院财政部门、国务院保险监督管理机构和相关行业主管部门制定。国务院应急管理部门可以会同国务院财政部门、国务院保险监督管理机构和相关行业主管部门做出进一步的修改完善。

第四节 从业人员的权利和义务

随着社会化大生产的不断发展，劳动者在生产经营活动中的地位不断提高，人的生命价值也越来越受到党和国家的重视。只有高度重视和充分发挥从业人员在生产经营活动中的主观能动性，最大限度地提高从业人员的安全素质，才能把不安全因素和事故隐患降到最低限度，预防事故，减少人身伤亡。《安全生产法》第三章对从业人员的安全生产权利义务作了全面、明确的规定，并且设定了严格的法律责任，为保障从业人员的合法权益提供了法律依据。《安全生产法》以其安全生产基本法律的地位，将从业人员的安全生产权利义务上升为一项基本法律制度，这对强化从业人员的权利意识和自我保护意识、提高从业人员的安全素质、改善生产经营条件、促使生产经营单位加强管理和追究侵犯从业人员安全生产权利行为的法律责任，都具有重要意义。

一、从业人员的人身保障权利

生产经营单位的所有制形式、规模、行业、作业条件和管理方式多种多样。《安全生产法》规定了各类从业人员必须享有的、有关安全生产和人身安全的最重要权利。这些安全生产权利，可以概括为5项。

（1）获得安全保障、工伤保险和民事赔偿的权利。《安全生产法》明确赋予了从业人员享有工伤保险和获得伤亡赔偿的权利，同时规定了生产经营单位的相关义务。《安全生产法》第五十二条规定："生产经营单位与从业人员订立的劳动合同，应当载明有关保障从业人员劳动安全、防止职业危害的事项，以及依法为从业人员办理工伤保险的事项。生产经营单位不得以任何形式与从业人员订立协议，免除或者减轻其对从业人员因生产安全事故伤亡依法应承担的责任。"第五十六条规定："因生产安全事故受到损害的从业人员，除依法享有工伤保险外，依照有关民事法律尚有获得赔偿的权利的，有权提出赔偿要求。"第五十一条规定："生产经营单位必须依法参加工伤保险，为从业人员缴纳保险费。"此外，法律还对生产经营单位与从业人员订立协议，免除或者减轻其对从业人员因生产安全事故伤亡依法应承担的责任的，规定该协议无效，并对生产经营单位主要负责人、个人经营的投资人处以二万元以上十万元以下的罚款。

（2）得知危险因素、防范措施和事故应急措施的权利。许多生产安全事故从业人员伤亡严重的教训之一，就是法律没有赋予从业人员获知危险因素以及发生事故时应当采取的应急措施的权利。《安全生产法》规定，生产经营单位从业人员有权了解其作业场所和工作岗位存在的危险因素及事故应急措施。要保证从业人员这项权利的行使，生产经营单位就有义务事前告知有关危险因素和事故应急措施。否则，生产经营单位就侵犯了从业人员的权利，并对由此产生的后果承担相应的法律责任。

（3）对本单位安全生产的批评、检举和控告的权利。从业人员是生产经营单位的主人，他们对安全生产情况尤其是安全管理中的问题和事故隐患最了解、最熟悉，具有他人不能替代的作用。只有依靠他们并且赋予必要的安全生产监督权和自我保护权，才能做到预防为主，防患于未然，才能保障他们的人身安全和健康。关注安全，就是关爱生命、关心企业。为此《安全生产法》规定从业人员有权对本单位的安全生产工作提出建议；有权对本单位安全生产工作中存在的问题提出批评、检举、控告。

（4）拒绝违章指挥和强令冒险作业的权利。在生产经营活动中经常出现企业负责人或者管理人员违章指挥和强令从业人员冒险作业的现象，由此导致事故，造成大量人员伤亡。《安全生产法》第五十四条规定："从业人员有权对本单位安全生产工作中存在的问题提出批评、检举、控告；有权拒绝违章指挥和强令冒险作业。生产经营单位不得因从业人员对本单位安全生产工作提出批评、检举、控告或者拒绝违章指挥、强令冒险作业而降低其工资、福利等待遇或者解除与其订立的劳动合同。"

（5）紧急情况下的停止作业和紧急撤离的权利。由于生产经营场所存在不可避免的自然和人为的危险因素，这些因素将会或者可能会对从业人员造成人身伤害。《安全生产法》第五十五条规定："从业人员发现直接危及人身安全的紧急情况时，有权停止作业或者在采取可能的应急措施后撤离作业场所。生产经营单位不得因从业人员在前款紧急情况下停止作业或者采取紧急撤离措施而降低其工资、福利等待遇或者解除与其订立的劳动合同。"

二、从业人员的安全生产义务

《安全生产法》不但赋予了从业人员安全生产权利，也设定了相应的法定义务。作为法律关系内容的权利与义务是对等的。从业人员依法享有权利，同时必须承担相应的法律义务。

（1）落实岗位安全责任的义务。全员安全生产责任制是保障安全生产的重要制度，其目的就是要建立健全并落实人人有责、人人尽责的制度。从业人员在作业过程中，严格落实岗位安全责任，是落实全员安全生产责任制的重要体现，也是保证安全生产的关键。为此，《安全生产法》第五十七条明确规定，从业人员在作业过程中，应当严格落实岗位安全责任。这是一条法定的义务。

（2）遵章守规、服从管理的义务。《安全生产法》第五十七条规定："从业人员在作业过程中，应当严格落实岗位安全责任，遵守本单位的安全生产规章制度和操作规程，服从管理"。根据《安全生产法》和其他有关法律法规和规章的规定，生产经营单位必须制定本单位安全生产的规章制度和操作规程。从业人员必须严格依照这些规章制度和操作规程进行生产经营作业。安全生产规章制度和操作规程是从业人员从事生产经营，确保安全的具体规范和依据。从这个意义上说，遵守规章制度和操作规程，实际上就是依法进行安全生产。依照法律规定，生产经营单位的从业人员不服从管理，违反安全生产规章制度和操作规程的，由生产经营单位给予批评教育，依照有关规章制度给予处分；造成重大事故，构成犯罪的，依照刑法有关规定追究刑事责任。

（3）正确佩戴和使用劳动防护用品的义务。按照法律法规的规定，为保障人身安全，生产经营单位必须为从业人员提供必要的、安全的劳动防护用品，以避免或者减轻作业和事故中的人身伤害。比如煤矿矿工下井作业时必须佩戴矿灯用于照明，从事高空作业的工人必须佩戴安全带以防坠落等。正确佩戴和使用劳动防护用品是从业人员必须履行的法定义务，这是保障从业人员人身安全和生产经营单位安全生产的需要。为此，《安全生产法》第五十七条规定，从业人员在作业过程中，应当正确佩戴和使用劳动防护用品。

（4）接受安全培训，掌握安全生产技能的义务。不同行业、不同生产经营单位、不同工作岗位和不同的生产经营设施、设备具有不同的安全技术特性和要求。随着生产经营领域的不断扩大和高新安全技术装备的大量使用，生产经营单位对从业人员的安全素质要求越来越高。从业人员的安全生产意识和安全技能的高低，直接关系到生产经营活动的安全可靠性。要适应生产经营活动对安全生产技术知识和能力的需要，必须对新招聘、转岗的从业人员进行专门的安全生产教育和业务培训。为了明确从业人员接受培训、提高安全素质的法定义务，《安全生产法》第五十八条规定："从业人员应当接受安全生产教育和培训，掌握本职工作所需的安全生产知识，提高安全生产技能，增强事故预防和应急处理能力。"这对提高生产经营单位从业人员的安全意识、安全技能，预防、减少事故和人员伤亡，具有积极意义。

（5）发现事故隐患或者其他不安全因素及时报告的义务。从业人员直接进行生产经营作业，他们是事故隐患和不安全因素的第一当事人。许多生产安全事故是由于从业人员在作业现场发现事故隐患和不安全因素后没有及时报告，以致延误了采取措施进行紧急处理的时机而导致。《安全生产法》第五十九条规定："从业人员发现事故隐患或者其他不安全因素，应当立即向现场安全生产管理人员或者本单位负责人报告；接到报告的人员应当及时予以处理。"这就要求从业人员必须具有高度的责任心，防微杜渐，防患于未然，及时发现事故隐患和不安全因素，预防事故发生。

三、被派遣劳动者的权利和义务

劳务派遣人员，也称被派遣劳动者。《安全生产法》第五十二条规定："生产经营单位与从业人员订立的劳动合同，应当载明有关保障从业人员劳动安全、防止职业危害的事项，以及依法为从业人员办理工伤保险的事项。生产经营单位不得以任何形式与从业人员订立协议，免除或者减轻其对从业人员因生产安全事故伤亡依法应承担的责任。"为了保障劳务派遣人员在安全生产方面的权利和义务，《安全生产法》第六十一条规定："生产经营单位使用被派遣劳动者的，被派遣劳动者享有本法规定的从业人员的权利，并应当履行本法规定的从业人员的义务。"也就是说，劳务派遣人员与生产经营单位的从业人员一样，享有从业人员的安全生产知情权等权利，同时履行相应的义务。

第五节　安全生产的监督管理

一、安全生产监督管理部门监督检查时行使的职权

为了加强日常监督管理，赋予负有安全生产监督管理职责的部门必要的监督管理手段，《安全生产法》第六十五条对应急管理部门和其他负有安全生产监督管理职责的部门依法开展安全生产行政执法工作，对生产经营单位执行有关安全生产的法律法规和国家标准或者行业标准的情况进行监督检查，赋予了4项职权。

（1）现场检查权。为了履行日常安全生产监督管理的职责，安全生产监督检查人员需要经常进入有关生产经营单位的作业现场进行实地检查，受检的生产经营单位应当服从并予以配合。《安全生产法》第六十五条规定，安全生产监督检查人员有权"进入生产经营单位进行检查，调阅有关资料，向有关单位和人员了解情况"。

（2）当场处理权。在安全生产检查中，在生产经营作业现场常会发现一些安全生产违法行为，需要当场进行处理，以免发生生产安全事故。《安全生产法》第六十五条规定："对检查中发现的安全生产违法行为，当场予以纠正或者要求限期改正；对依法应当给予行政处罚的行为，依照本法和其他有关法律、行政法规的规定作出行政处罚决定。"该规定指出，现场检查发现违法行为时，有两种情况应当分别处理：一是不需要给予行政处罚的违法行为，有权当场纠正或者限期改正。二是对比较严重、应当给予行政处罚的违法行为，依法作出行政处罚决定。

（3）紧急处置权。在安全检查中除发现一般的安全生产违法行为以外，有时会发现事故隐患，特别是重大事故隐患。此时必须采取紧急处置措施，排除隐患或者撤出作业人员，必要时需暂时停止生产经营活动。为了避免发生重大、特别重大生产安全事故，《安全生产法》第六十五条规定，安全生产监督检查人员"对检查中发现的事故隐患，应当责令立即排除；重大事故隐患排除前或者排除过程中无法保证安全的，应当责令从危险区域内撤出作业人员，责令暂时停产停业或者停止使用相关设施、设备；重大事故隐患排除后，经审查同意，方可恢复生产经营和使用"。

（4）查封扣押权。生产经营单位的安全设施、设备、器材是否符合国家标准或者行业标准，处于良好的安全状态，对于确保安全生产具有重要影响。法律授权安全生产监督

检查人员对有根据认为不符合国家标准或者行业标准的设施、设备、器材予以查封或者扣押。另外，生产、储存、使用、经营、运输的危险物品以及违法生产、储存、使用、经营危险物品的作业场所危险性较大，实践中，这些生产经营单位违法违规、违章作业，发生多起事故。针对这些情况，《安全生产法》第六十五条规定，安全生产监督检查人员“对有根据认为不符合保障安全生产的国家标准或者行业标准的设施、设备、器材以及违法生产、储存、使用、经营、运输的危险物品予以查封或者扣押，对违法生产、储存、使用、经营危险物品的作业场所予以查封，并依法作出处理决定”。

二、安全生产监督检查的要求

为了加强和规范安全生产监督检查人员依法履行职责，《安全生产法》对安全生产监督检查作出了多方面要求。

（1）执法行为的要求。《安全生产法》第六十七条规定：“安全生产监督检查人员应当忠于职守，坚持原则，秉公执法。安全生产监督检查人员执行监督检查任务时，必须出示有效的行政执法证件；对涉及被检查单位的技术秘密和业务秘密，应当为其保密。”根据法律规定，安全生产监督检查在执法中应当达到下列要求：一是坚持履行安全生产监督检查人员监管执法的行为准则，立党为公，执政为民，忠实于法律。不玩忽职守，不徇私情，不贪赃枉法。二是严格按照程序履行职责，规范执法，持证执法，保守秘密。三是监督检查不得影响被检查单位的正常生产经营活动。

（2）执法质量的要求。检查记录必须做到有据可查。有关检查记录，既可以作为实施行政处罚的证据，在发生事故的情况下又可以查清事故原因和各方人员责任。《安全生产法》第六十八条规定：“安全生产监督检查人员应当将检查的时间、地点、内容、发现的问题及其处理情况，作出书面记录，并由检查人员和被检查单位的负责人签字；被检查单位的负责人拒绝签字的，检查人员应当将情况记录在案，并向负有安全生产监督管理职责的部门报告。”

（3）相互配合的要求。依照《安全生产法》第十条的规定，目前我国对安全生产监督管理工作实行综合监管与专项监管相结合的体制。各级应急管理部门对安全生产工作实施综合监管，住房和城乡建设、交通运输、市场监督管理、能源等部门对有关行业、领域的安全生产工作实施专项监管。《安全生产法》第六十九条规定：“负有安全生产监督管理职责的部门在监督检查中，应当互相配合，实行联合检查；确需分别进行检查的，应当互通情况，发现存在的安全问题应当由其他有关部门进行处理的，应当及时移送其他有关部门并形成记录备查，接受移送的部门应当及时进行处理。”

三、安全生产违法行为举报的规定

安全生产违法行为具有隐秘性、广泛性，仅仅依靠各级人民政府负责安全生产监督管理的部门是不能全部发现和查处的，必须依靠全社会的监督举报才能及时发现和查处。对安全生产违法行为监督和查处的主要途径之一，就是建立举报制度，调动广大人民群众的积极性，协助政府查处。《安全生产法》关于安全生产违法行为举报的规定包括社会举报和举报受理两个方面。

（一）社会举报

《安全生产法》第七十四条规定："任何单位或者个人对事故隐患或者安全生产违法行为，均有权向负有安全生产监督管理职责的部门报告或者举报。"报告或者举报可以具名公开身份，也可以匿名报告或者举报，不公开身份。对具名报告的，接受报告或者举报的负有安全生产监督管理职责的部门应当为当事人保密。

（二）举报受理

事故隐患和安全生产违法行为是国家明令整改和禁止的，对人民群众的生命和财产安全危害极大，必须及时查处。县级以上负有安全生产监督管理职责的部门负责监督管理和行政执法，是法定的举报受理机关。为了强化执法力度，《安全生产法》第七十三条规定："负有安全生产监督管理职责的部门应当建立举报制度，公开举报电话、信箱或者电子邮件地址等网络举报平台，受理有关安全生产的举报；受理的举报事项经调查核实后，应当形成书面材料；需要落实整改措施的，报经有关负责人签字并督促落实。对不属于本部门职责，需要由其他有关部门进行调查处理的，转交其他有关部门处理。"

（三）涉及人员死亡举报事项的核查处理

涉及人员死亡的举报事项，情况通常比较复杂，负有安全生产监督管理职责的部门难以查明，如某人举报煤矿发生致人死亡事故的瞒报，国家矿山安全监察局或者地方应急管理部门通常难以查明。接报生产安全事故举报信息的部门要及时向当地政府报告，由当地政府组织公安、纪检监察、工会和有关安全监管监察等相关部门进行核查。《安全生产法》第七十三条规定："涉及人员死亡的举报事项，应当由县级以上人民政府组织核查处理。"

（四）对举报行为有功人员的奖励

举报是一种有利于社会公共利益的义举。发动人民群众和社会力量对安全生产违法行为进行举报，可以避免或者减少重大生产安全事故，可以使安全生产违法行为得到查处。对进行举报的有功人员给予奖励，可以弘扬正气。《安全生产法》第七十六条规定："县级以上各级人民政府及其有关部门对报告重大事故隐患或者举报安全生产违法行为的有功人员，给予奖励。具体奖励办法由国务院应急管理部门会同国务院财政部门制定。"

四、安全生产社会监督、舆论监督的规定

（一）社会监督

作为政府监督管理的补充，发挥城乡社区基层组织在安全生产监督方面的作用十分重要。遍及城市、乡村的居民委员会、村民委员会是安全生产监督的社会力量。依靠和发挥社区基层组织，及时发现和查处事故隐患和安全生产违法行为，必将对强化监督管理和行政执法起到推动作用。所以，《安全生产法》第七十五条规定："居民委员会、村民委员会发现其所在区域内的生产经营单位存在事故隐患或者安全生产违法行为时，应当向当地人民政府或者有关部门报告。"

（二）舆论监督

当今安全生产工作得到全社会的高度重视，舆论监督发挥了极大的作用。各种大众传媒在安全生产工作中占有重要的舆论宣传和导向的地位。安全文化、安全理念、安全信息的传播，离不开正面舆论的宣传引导。党和国家非常重视舆论监督对安全生产的推动作用，具体体现在有关法律之中。《安全生产法》第七十七条明确规定："新闻、出版、广

播、电影、电视等单位有进行安全生产公益宣传教育的义务，有对违反安全生产法律法规的行为进行舆论监督的权利。”

（1）安全生产公益宣传教育的义务。及时、准确、正确地进行安全生产公益宣传教育，是各种媒体义不容辞的法定义务。提升全民安全生产意识的重要举措之一，就是调动、利用传媒广泛深入、持久不懈地宣传国家有关安全生产的方针政策、法律法规和重大举措，教育公民关注安全，使自身安全、他人安全和公众安全成为全社会的安全文化理念和公民的自觉行动。

（2）安全生产舆论监督的权利。报道、揭露和抨击安全生产违法行为，对于危害社会的重大生产安全事故和违法行为具有震慑作用，对于协助各级人民政府及其负有安全生产监督管理职责的部门加大监管执法的力度，惩治违法犯罪分子，具有宣传作用。国家肯定了媒体进行舆论监督的正面的、积极的作用，法律规定舆论监督是媒体的法定权利，任何单位和个人均不得剥夺这项权利。

第六节　安全生产事故的应急救援与调查处理

一、地方政府的应急救援职责

各级人民政府全面负责领导安全生产工作，在各类重大、特别重大事故的应急救援工作中处于组织指挥的核心地位。作为一级政府要确保一方平安，必须牵头抓好事故应急救援工作。一些危险性大、波及面广的特大事故不但会对生产经营单位造成人员伤亡和财产损失，还会对周边地区造成危害。

《安全生产法》第八十条规定：“县级以上地方各级人民政府应当组织有关部门制定本行政区域内生产安全事故应急救援预案，建立应急救援体系。乡镇人民政府和街道办事处，以及开发区、工业园区、港区、风景区等应当制定相应的生产安全事故应急救援预案，协助人民政府有关部门或者按照授权依法履行生产安全事故应急救援工作职责。”事故救援体系是实施应急预案的组织保证，应当明确各级救援组织机构的建立及其领导人员，确定内部分设的专门救援组织，如维持现场秩序、疏导交通、消防急救、现场处理、提供医疗和生活物品、发布信息的组织或者部门，明确各自的岗位及其职责，形成一个能够处理突发事故的救援体系。

二、生产经营单位应急预案的规定

（一）应急预案管理要求

生产经营单位是安全生产责任主体。一旦发生生产安全事故，生产经营单位应该首先开展事故救援工作。为了提高应急救援工作的针对性、有效性，防止事故扩大、减少事故人员伤亡和财产损失，生产经营单位制定应急预案具有重要意义。《安全生产法》第八十一条规定：“生产经营单位应当制定本单位生产安全事故应急救援预案，与所在地县级以上地方人民政府组织制定的生产安全事故应急救援预案相衔接，并定期组织演练。”

生产经营单位应当结合本单位安全风险的特点，编制生产安全事故应急救援预案。如果本单位风险种类较多、可能发生多种类型事故的，应当组织编制综合应急预案。综合应急预案从总体上规定事故的应急工作原则和程序，包括应急组织机构及职责、应急预案体系、事故风险描述、预警及信息报告、应急响应、保障措施、应急预案管理等内容。如果针对某一类型事故，或者仅仅针对某一重要生产设施、重大危险源、重大活动等，可以制定专项应急预案。专项应急预案应当包括某一事故类型或者重要设施、重大危险源存在的风险分析、应急指挥机构及职责、处置程序和措施等内容。如果仅仅针对具体的工作场所、装置或设施，可以制定简单的现场处置方案。现场处置方案包括风险分析、应急指挥人员职责、处置程序和措施等内容。

（二）民航应急预案管理

《民航应急预案管理办法》对于民航管理部门和民航企事业单位的应急预案制定提出了要求。

（1）民航管理部门应急预案主要包括总体应急预案与专项应急预案。总体应急预案是各级民航管理部门开展应急处置工作的总体制度安排，由各级民航管理部门制定。专项应急预案是为应对涉及民航某一类型或几种类型的突发事件，或者协助和配合国家、地方人民政府及相关部门开展应急处置工作而预先制定的涉及多个部门职责的工作方案，由各级民航管理部门的有关职能部门牵头制定。

（2）民航企事业单位应急预案主要包括综合应急预案与专项应急预案，由各民航企事业单位制定，侧重明确应急响应责任人、风险隐患监测、信息报告、预警响应、应急处置的具体程序和措施、应急资源调用原则等，体现自救互救、信息报告和先期处置特点。

（3）民航管理部门与企事业单位应当结合本地区、本单位具体情况，编制应急预案操作手册，内容一般包括应急处置程序，应急队伍、装备物资情况和调用方案，相关单位联络人员和电话等。应急预案操作手册应当采用表格、流程图等表单化方法，以达到简明实用目的。

三、发生事故后的报告和处置规定

（一）生产经营单位发生事故后的报告和处置规定

发生生产安全事故后，生产经营单位应当立即报告和开展应急救援工作。《安全生产法》第八十三条规定："生产经营单位发生生产安全事故后，事故现场有关人员应当立即报告本单位负责人。单位负责人接到事故报告后，应当迅速采取有效措施，组织抢救，防止事故扩大，减少人员伤亡和财产损失，并按照国家有关规定立即如实报告当地负有安全生产监督管理职责的部门，不得隐瞒不报、谎报或者迟报，不得故意破坏事故现场、毁灭有关证据。"

根据法律规定，生产经营单位发生生产安全事故后，一是事故现场有关人员，包括有关管理人员以及从业人员等，应当立即向本单位负责人报告，不得拖延，更不能不报告，以便本单位负责人能及时组织抢救，并向有关部门报告。二是单位负责人接到事故报告后，应当迅速采取有效措施，组织抢救，防止事故扩大，减少人员伤亡和财产损失，并按照国家有关规定立即如实报告当地负有安全生产监督管理职责的部门，不得隐瞒不报、谎报或者迟报，不得故意破坏事故现场、毁灭有关证据。否则，就要承担相应的行政责任；构成犯罪的，还要追究其刑事责任。根据《生产安全事故报告和调查处理条例》的规定，单位负责人接到报告后，应当于1小时内向事故发生地县级以上人民政府应急管理部门和负有安全生产监督管理职责的有关部门报告。

（二）政府及负有安全生产监督管理职责的部门发生事故后的报告和处置规定

1. 事故报告的职责

《安全生产法》第八十四条规定：“负有安全生产监督管理职责的部门接到事故报告后，应当立即按照国家有关规定上报事故情况。负有安全生产监督管理职责的部门和有关地方人民政府对事故情况不得隐瞒不报、谎报或者迟报。”根据《生产安全事故报告和调查处理条例》的规定，应急管理部门和负有安全生产监督管理职责的有关部门接到事故报告后，应当依照有关规定上报事故情况，并通知公安机关、劳动保障行政部门、工会和人民检察院。

2. 组织事故救援的职责

《安全生产法》第八十五条规定：“有关地方人民政府和负有安全生产监督管理职责的部门的负责人接到生产安全事故报告后，应当按照生产安全事故应急救援预案的要求立即赶到事故现场，组织事故抢救。参与事故抢救的部门和单位应当服从统一指挥，加强协同联动，采取有效的应急救援措施，并根据事故救援的需要采取警戒、疏散等措施，防止事故扩大和次生灾害的发生，减少人员伤亡和财产损失。事故抢救过程中应当采取必要措施，避免或者减少对环境造成的危害。任何单位和个人都应当支持、配合事故抢救，并提供一切便利条件。”

根据《安全生产法》和《中华人民共和国突发事件应对法》等法律法规的规定，县级以上地方人民政府制定生产安全事故应急预案。在抢救过程中，负有安全生产监督管理职责的部门应当服从整体事故应急救援工作的统一指挥，加强协同联动，采取有效的应急救援措施，防止事故扩大，减少人员伤亡和财产损失。

四、生产安全事故调查处理规定

（一）事故调查处理的原则

根据《安全生产法》第八十六条的规定，事故调查处理应当按照科学严谨、依法依规、实事求是、注重实效的原则。科学严谨，是指调查处理生产安全事故时，应当运用科学的理论和方式指导调查工作，如事故致因理论、事故树分析法等，注重充分发挥专家和技术人员的作用，把对事故原因的查明、事故责任的分析、有关证据的认定建立在科学的基础上。依法依规，是指调查处理应当遵循法律法规、规章等程序和规则，依法开展调查处理。《生产安全事故报告和调查处理条例》对事故调查组的组成、职责、证据收集、检测检验、专家参与、调查报告的内容以及调查报告的批复、有关责任的追究及落实等做出了明确规定。实事求是，是指对生产安全事故进行调查处理，必须从实际出发，在深入调查的基础上，客观、真实地查清事故真相，明确事故责任，提出处理意见，并针对地提出事故防范措施。注重实效，是指事故调查处理工作应当提高效率，在规定时间内结案，不得无故拖延。事故调查组要及时、准确地查清事故原因，查明事故性质和责任，评估应急处置工作，总结事故教训，提出整改措施，并对事故责任单位和人员提出处理建议，出具事故调查报告。

（二）事故责任的追究

正确地确定事故有关人员的责任并依法追究，是总结事故教训和惩治有关责任人的重要措施。《安全生产法》第八十七条规定："生产经营单位发生生产安全事故，经调查确定为责任事故的，除了应当查明事故单位的责任并依法予以追究外，还应当查明对安全生产的有关事项负有审查批准和监督职责的行政部门的责任，对有失职、渎职行为的，依照本法第九十条的规定追究法律责任。"本条规定的责任主体包括生产经营单位的主要负责人、个人经营的投资人、其他负责人、安全管理人员和负有安全生产监督管理职责的部门的工作人员。如果违反法律规定应予追究责任的，将要受到法律的制裁。

（三）事故调查报告的后评估

根据《安全生产法》第八十六条规定，事故发生单位应当及时全面落实整改措施，负有安全生产监督管理职责的部门应当加强监督检查。负责事故调查处理的国务院有关部门和地方人民政府应当在批复事故调查报告后一年内，组织有关部门对事故整改和防范措施落实情况进行评估，并及时向社会公开评估结果；对不履行职责导致事故整改和防范措施没有落实的有关单位和人员，应当按照有关规定追究责任。

（四）任何单位和个人不得阻挠和干涉对事故的依法调查处理

生产安全事故发生后，有关人民政府或者有关部门和单位应当依法及时进行事故调查处理。根据《安全生产法》第八十八条规定，任何单位和个人不得阻挠和干涉对事故的依法调查处理。"任何单位和个人"包括生产经营单位及其有关人员、地方人民政府、政府部门及其工作人员以及其他任何单位和个人。

（五）事故统计和公布

加强对事故的统计分析和事故发生及其调查处理情况的公布，是强化社会监督，总结事故教训，改进安全生产工作的重要手段。为此，《安全生产法》第八十九条规定："县级以上地方各级人民政府应急管理部门应当定期统计分析本行政区域内发生生产安全事故的情况，并定期向社会公布。"按照这条规定，凡是发生生产安全事故的单位及各有关部门，都应当依照有关事故报告、统计分析的规定，及时、准确地向当地应急管理部门报告，由县级以上地方人民政府应急管理部门逐级进行汇总、统计和分析，定期通过公共传媒予以公布。

第七节　安全生产法律责任

法律责任是国家管理社会事务所采用的强制当事人依法办事的法律措施。依照《安全生产法》的规定，各类安全生产法律关系的主体必须履行各自的安全生产法律义务，保障安全生产。《安全生产法》的执法机关将依照有关法律规定，追究安全生产违法犯罪的法律责任，对有关生产经营单位给予法律制裁。

一、生产经营单位的安全生产违法行为

安全生产违法行为是指安全生产法律关系主体违反安全生产法律规定所从事的非法生产经营活动。安全生产违法行为是危害社会和公民人身安全的行为，是导致生产事故多发和人员伤亡的直接原因。安全生产违法行为，分为作为和不作为。《安全生产法》关于安全生产法律关系主体的违法行为的界定，对于规范政府部门依法行政和生产经营单位依法生产经营，追究违法者的法律责任，具有重要意义。

以下是《安全生产法》规定追究法律责任的生产经营单位的安全生产违法行为：

(1) 生产经营单位的决策机构、主要负责人或者个人经营的投资人不依照本法规定保证安全生产所必需的资金投入，致使生产经营单位不具备安全生产条件的。

(2) 未按照规定设置安全生产管理机构或者配备安全生产管理人员、注册安全工程师的。

(3) 危险物品的生产、经营、储存、装卸单位以及矿山、金属冶炼、建筑施工、运输单位的主要负责人和安全生产管理人员未按照规定经考核合格的。

(4) 未按照规定对从业人员、被派遣劳动者、实习学生进行安全生产教育和培训，或者未按照规定如实告知有关的安全生产事项的。

(5) 未如实记录安全生产教育和培训情况的。

(6) 未将事故隐患排查治理情况如实记录或者未向从业人员通报的。

(7) 未按照规定制定生产安全事故应急救援预案或者未定期组织演练的。

(8) 特种作业人员未按照规定经专门的安全作业培训并取得相应资格，上岗作业的。

(9) 未按照规定对矿山、金属冶炼建设项目或者用于生产、储存、装卸危险物品的建设项目进行安全评价的。

(10) 矿山、金属冶炼建设项目或者用于生产、储存、装卸危险物品的建设项目没有安全设施设计或者安全设施设计未按照规定报经有关部门审查同意的。

(11) 矿山、金属冶炼建设项目或者用于生产、储存、装卸危险物品的建设项目的施工单位未按照批准的安全设施设计施工的。

(12) 矿山、金属冶炼建设项目或者用于生产、储存、装卸危险物品的建设项目竣工投入生产或者使用前，安全设施未经验收合格的。

(13) 未在有较大危险因素的生产经营场所和有关设施、设备上设置明显的安全警示标志的。

(14) 安全设备的安装、使用、检测、改造和报废不符合国家标准或者行业标准的。

(15) 未对安全设备进行经常性维护、保养和定期检测的。

(16) 关闭、破坏直接关系生产安全的监控、报警、防护、救生设备、设施，或者篡改、隐瞒、销毁其相关数据、信息的。

(17) 未为从业人员提供符合国家标准或者行业标准的劳动防护用品的。

(18) 危险物品的容器、运输工具，以及涉及人身安全、危险性较大的海洋石油开采特种设备和矿山井下特种设备未经具有专业资质的机构检测、检验合格取得安全使用证或者安全标志投入使用的。

(19) 使用应当淘汰的危及生产安全的工艺、设备的。

(20) 餐饮等行业的生产经营单位使用燃气未安装可燃气体报警装置的。

(21) 未经依法批准，擅自生产、经营、运输、储存、使用危险物品或者处置废弃危险物品的。

(22) 生产、经营、运输、储存、使用危险物品或者处置废弃危险物品，未建立专门安全管理制度、未采取可靠的安全措施的。

(23) 对重大危险源未登记建档，未进行定期检测、评估、监控，未制定应急预案，或者未告知应急措施的。

（24）进行爆破、吊装、动火、临时用电以及国务院应急管理部门会同国务院有关部门规定的其他危险作业，未安排专门人员进行现场安全管理的。

（25）未建立安全风险分级管控制度或者未按照安全风险分级采取相应管控措施的。

（26）未建立事故隐患排查治理制度，或者重大事故隐患排查治理情况未按照规定报告的。

（27）生产经营单位未采取措施消除事故隐患的。

（28）生产经营单位拒不执行消除事故隐患指令的。

（29）生产经营单位将生产经营项目、场所、设备发包或者出租给不具备安全生产条件或者相应资质的单位或者个人的。

（30）生产经营单位未与承包单位、承租单位签订专门的安全生产管理协议或者未在承包合同、租赁合同中明确各自的安全生产管理职责，或者未对承包单位、承租单位的安全生产统一协调、管理的。

（31）矿山、金属冶炼建设项目和用于生产、储存、装卸危险物品的建设项目的施工单位未按照规定对施工项目进行安全管理的。

（32）矿山、金属冶炼建设项目和用于生产、储存、装卸危险物品的建设项目的施工单位倒卖、出租、出借、挂靠或者以其他形式非法转让施工资质的。

（33）两个以上生产经营单位在同一作业区域内进行可能危及对方安全生产的生产经营活动，未签订安全生产管理协议或者未指定专职安全生产管理人员进行安全检查与协调的。

（34）生产、经营、储存、使用危险物品的车间、商店、仓库与员工宿舍在同一栋建筑内，或者与员工宿舍的距离不符合安全要求的。

（35）生产经营场所和员工宿舍未设有符合紧急疏散需要、标志明显、保持畅通的出口、疏散通道，或者占用、锁闭、封堵生产经营场所或者员工宿舍出口、疏散通道的。

（36）生产经营单位与从业人员订立协议，免除或者减轻其对从业人员因生产安全事故伤亡依法应承担的责任的。

（37）生产经营单位拒绝、阻碍负有安全生产监督管理职责的部门依法实施监督检查的。

（38）高危行业、领域的生产经营单位未按照国家规定投保安全生产责任保险的。

（39）存在重大事故隐患，180 日内 3 次或者一年内 4 次受到本法规定的行政处罚的。

（40）经停产停业整顿，仍不具备法律、行政法规和国家标准或者行业标准规定的安全生产条件的。

（41）不具备法律、行政法规和国家标准或者行业标准规定的安全生产条件，导致发生重大、特别重大生产安全事故的。

（42）拒不执行负有安全生产监督管理职责的部门作出的停产停业整顿决定的。

《安全生产法》对上述安全生产违法行为设定的法律责任分别是：处以罚款、没收违法所得、责令限期改正、停产停业整顿、责令停止建设、责令停止违法行为、吊销证照、关闭的行政处罚；导致发生生产安全事故给他人造成损害或者其他违法行为造成他人损害的，承担赔偿责任或者连带赔偿责任；构成犯罪的，依法追究刑事责任。2021 年修改的《安全生产法》增加了“按日连续处罚”的规定，《安全生产法》第一百一十二条规定：

“生产经营单位违反本法规定，被责令改正且受到罚款处罚，拒不改正的，负有安全生产监督管理职责的部门可以自作出责令改正之日的次日起，按照原处罚数额按日连续处罚。”

发生生产安全事故，对负有责任的生产经营单位除要求其依法承担相应的赔偿等责任外，由应急管理部门依照下列规定处以罚款：（1）发生一般事故的，处三十万元以上一百万元以下的罚款；（2）发生较大事故的，处一百万元以上二百万元以下的罚款；（3）发生重大事故的，处二百万元以上一千万元以下的罚款；（4）发生特别重大事故的，处一千万元以上二千万元以下的罚款。发生生产安全事故，情节特别严重、影响特别恶劣的，应急管理部门可以按照前款罚款数额的二倍以上五倍以下对负有责任的生产经营单位处以罚款。

二、从业人员的安全生产违法行为

《安全生产法》规定了追究生产经营单位主要负责人、个人经营的投资人、其他负责人及其他从业人员法律责任的安全生产违法行为，涉及行政责任和刑事责任。对这些违法行为将实施降级、撤职、罚款、暂停或者撤销其与安全生产有关的资格、拘留等行政处罚；生产经营单位被关闭的，生产经营单位主要负责人五年内不得担任任何生产经营单位的主要负责人；情节严重的，终身不得担任本行业生产经营单位的主要负责人；构成犯罪的，依法追究刑事责任。

主要负责人、其他负责人和安全生产管理人员对本单位发生的生产安全事故负有责任的，应给予事故罚款。依据《安全生产法》第九十五条，生产经营单位的主要负责人未履行本法规定的安全生产管理职责，导致发生生产安全事故的，由应急管理部门依照下列规定处以罚款：

（1）发生一般事故的，处上一年年收入 40% 的罚款；

（2）发生较大事故的，处上一年年收入 60% 的罚款；

（3）发生重大事故的，处上一年年收入 80% 的罚款；

（4）发生特别重大事故的，处上一年年收入 100% 的罚款。

依据《安全生产法》第九十六条，生产经营单位的其他负责人和安全生产管理人员未履行本法规定的安全生产管理职责的，责令限期改正，处一万元以上三万元以下的罚款；导致发生生产安全事故的，暂停或者吊销其与安全生产有关的资格，并处上一年年收入 20% 以上 50% 以下的罚款；构成犯罪的，依照刑法有关规定追究刑事责任。

三、安全生产专业机构的违法行为

《安全生产法》规定的追究安全生产专业机构及其有关人员法律责任的安全生产违法行为，主要是指承担安全评价、认证、检测、检验职责的机构出具失实报告或者租借资质、挂靠、出具虚假报告，涉及行政责任、民事责任和刑事责任。

《安全生产法》第九十二条规定，承担安全评价、认证、检测、检验职责的机构出具失实报告的，责令停业整顿，并处三万元以上十万元以下的罚款；给他人造成损害的，依法承担赔偿责任。承担安全评价、认证、检测、检验职责的机构租借资质、挂靠、出具虚假报告的，没收违法所得；违法所得在十万元以上的，并处违法所得二倍以上五倍以下的罚款，没有违法所得或者违法所得不足十万元的，单处或者并处十万元以上二十万元以下的罚款；对其直接负责的主管人员和其他直接责任人员处五万元以上十万元以下的罚款；给他人造成损害的，与生产经营单位承担连带赔偿责任；构成犯罪的，依照刑法有关规定追究刑事责任。对有租借资质、挂靠、出具虚假报告违法行为的机构及其直接责任人员，吊销其相应资质和资格，五年内不得从事安全评价、认证、检测、检验等工作；情节严重的，实行终身行业和职业禁入。

四、负有安全生产监督管理职责的部门工作人员的违法行为

《安全生产法》规定追究政府及有关部门工作人员法律责任的安全生产违法行为，涉及行政责任和刑事责任。对这些违法行为将给予行政降级、撤职等行政处分；构成犯罪的，依照刑法有关规定追究刑事责任。主要有 7 种情形：

（1）对不符合法定安全生产条件的涉及安全生产的事项予以批准或者验收通过的。

（2）发现未依法取得批准、验收的单位擅自从事有关活动或者接到举报后不予取缔或者不依法予以处理的。

（3）对已经依法取得批准的单位不履行监督管理职责，发现其不再具备安全生产条件而不撤销原批准或者发现安全生产违法行为不予查处的。

（4）在监督检查中发现重大事故隐患，不依法及时处理的。

（5）负有安全生产监督管理职责的部门，要求被审查、验收的单位购买其指定的安全设备、器材或者其他产品的，在对安全生产事项的审查、验收中收取费用的。

（6）有关地方人民政府、负有安全生产监督管理职责的部门，对生产安全事故隐瞒不报、谎报或者拖延不报的。

（7）存在其他滥用职权、玩忽职守、徇私舞弊行为的。

第八节 安全生产法在民航的深化落实

安全生产法发布以来，民航各单位积极落实安全生产法要求，结合中国民航的安全生产特点和规章体系要求，正在积极探索具有中国民航特色的安全管理理论，以高水平航空安全保障民航高质量发展，为奋力谱写交通强国建设民航新篇章而努力奋斗。

一、安全生产法与安全管理体系融合的必然性

（一）安全生产法和安全管理体系都是源自高质量发展的需求

安全生产法是国家发展新形势下安全生产的法律强制要求。2021 年 9 月 1 日新《安全生产法》正式实施。此次安全生产法修订的背景之一就是我国的安全生产工作和安全生产形势发生较大变化，全国安全生产事故总体上虽呈现下降趋势，但在 2013—2015 年期间发生多起重特大安全生产事故，引起社会强烈反响和党中央高度关注。安全生产法作为国家安全层面的一部重要法律，此次修订具有重要的里程碑意义，为中国各行业的安全生产提出了法律层面的强制要求。民航作为国家重要的交通运输方式，也必须全面遵守和落实安全生产法的要求。

安全管理体系是民航发展新阶段中安全管理的有效方法。民航安全管理体系提出的原因之一也是为了提供一套有效的方法，提升民航的安全治理水平和能力。世界民航数据显示全球商用飞机的飞行事故百万架次率1959—1970年间下降较快，1971—2000年间飞行事故百万架次率缓慢下降，之后基本处于稳定状态。这意味着即使事故率保持在极低的水平，随着机队规模的扩大和交通运输量的增长，将会导致事故数量持续增加。国际民用航空组织通过探索事故率平稳的根本原因，结合安全管理理论和模型，推出了新的管理方法——SMS，即安全管理体系。目前在中国民航业的航空公司、运输机场、维修单位和空管单位等都建立了完备的安全管理体系。

（二）高水平航空安全需要中国特色的民航安全管理理论

以高水平航空安全保障民航高质量发展，必须有一套健全的法律法规体系和行之有效的管理方法。安全生产法是新时代、新形势下国家发布的具有中国安全生产特色的法律文件，安全管理体系是国际民航组织提出的科学安全管理方法。他们有着一致的基础，都是来自社会和行业的广泛数据分析和管理经验总结；他们有着共同的目标，都是为了在高质量发展过程中，降低事故率，提升安全管理水平。在民航局2024年安全工作报告中提出“持续深化安全管理体系建设，总结提炼具有中国特色的民航安全管理理论，为新形势下民航安全发展更好提供理论支撑”的工作要求。将安全生产法的要求深入落实到民航安全管理体系的建设和实施中，在顶层设计中构建中国特色的民航安全管理体系；通过安全管理体系的实施，在生产实践中落实安全生产法的要求。

二、安全生产法与安全管理体系融合的成果——民航安全责任制

（一）结合民航安全生产特点落实全员安全生产责任制要求

《安全生产法》第四条中提出“建立健全全员安全生产责任制和安全生产规章制度”的要求。民航局2023年12月15日下发了《关于落实民航安全责任的管理办法》（民航规〔2023〕51号），文件依据安全生产法的要求，详细规定了民航安全主体责任、监管责任、领导责任和岗位责任的定义、实施细则和样例标准。在法律法规层面，构建细化的责任制管理办法符合中国特色的安全管理特点，适合民航多专业、多公司、多接口、多场景的运行特点。

（二）扎实推进民航安全生产领域“四个责任”落实

一是主体责任“合约化”。生产经营单位应该通过构建安全责任制度和签订安全责任书落实公司各部门安全主体责任；通过协议的方式明确合约方的安全责任。二是监管责任“清单化”。按照《安全生产法》第十七条的要求，民航各级行政机关应当在对应的县级以上人民政府的组织下，依法编制安全生产权力和责任清单。三是领导责任“制度化”。民航生产经营单位和行政机关应在制度和手册中明确主要负责人、其他负责人以及党委负责人的职责分工，将领导责任按照法律法规要求明确落实到位。四是岗位责任“手册化”。民航生产经营单位和行政机关应将员工的岗位责任写入手册，并通过培训、宣讲等方式强化员工对岗位责任的理解和认知。

三、安全生产法与安全管理体系融合的多样性

（一）领导深入运行一线，大力提升民航双重预防机制实效

《安全生产法》第四条要求生产经营单位“构建安全风险分级管控和隐患排查治理双重预防机制，健全风险防范化解机制，提高安全生产水平，确保安全生产”。民航安全风险分级管控通过识别生产运行链条上的危险源，制定有效的风险管控措施，形成一道道“挡板”，将系统的剩余风险控制在可接受范围之内。安全隐患排查治理及时识别“挡板”上的裂痕或漏洞，并进行有效的治理。民航安全风险分级管控和隐患排查治理工作有以下几个特点：一是专业性，需要各专业技术骨干的广泛参与；二是时效性，安全木桶的“短板”必须及时补好；三是投入性，有效的管控措施往往需要一定的资源投入；四是联动性，很多风险隐患需要各单位联防联控，综合治理。因此，民航的安全风险分级管控和隐患排查治理双重预防工作需要公司和各部门领导以高度责任心，真正投入精力、人力、物力、财力，才能起到实效。

（二）规范安全培训实施，持续推进关键岗位资质能力建设

《安全生产法》第二十一条生产经营单位的主要负责人职责中要求“组织制定并实施本单位安全生产教育和培训计划”。安全管理体系中安全培训作为安全促进的关键要素，对提升人员能力起到重要作用。由于民航的特殊性，关键岗位人员的技术能力，在紧急情况下往往可以直接决定事件的后果。安全培训，需要构建完整的体系。建立培训需求分析—培训大纲制定—培训计划制定—培训资源保障—培训实施—效果评价—培训改进的全流程培训体系。安全培训，需要选拔优秀的教员。培训的教员应该具备过硬的专业技术和优秀的师德师风。安全培训，需要进行效果的评估。安全培训要做到以学员为中心，让学员学有所获、学以致用，通过培训持续推进关键岗位资质能力建设。

“安全始终是中国民航的头等大事”。新时代，我们敢作善为，勇担历史的重任和人民的重托；新气象，我们兢兢业业，深化落实安全生产法要求；新作为，我们求真务实，切实发挥安全管理体系实效，以高水平航空安全保障民航高质量发展。

第四章　安全生产单行法律

第一节　中华人民共和国民用航空法

中华人民共和国民用航空法由第八届全国人民代表大会常务委员会第十六次会议1995 年 10 月 30 日经审议通过，自 1996 年 3 月 1 日实施。当前版本于 2021 年 4 月 29 日第十三届全国人民代表大会常务委员会第二十八次会议修改。《中华人民共和国民用航空法》（以下简称《民用航空法》）立法目的是维护国家的领空主权和民用航空权利，保障民用航空活动安全和有秩序地进行，保护民用航空活动当事人各方的合法权益，促进民用航空事业的发展。《民用航空法》的主要内容如下。

一、总则

（1）明确立法目的。总则部分明确了《民用航空法》的立法目的是维护国家的领空主权和民用航空权利，保障民用航空活动安全和有秩序地进行，保护民用航空活动当事人各方的合法权益，促进民用航空事业的发展。

（2）阐述了中华人民共和国对领空的绝对主权，领空包括领陆和领水之上的空域。

（3）明确监管职责，通过法律授权民航局监督管理该地区的民用航空活动。

（4）支持民航发展。国家扶持民用航空事业的发展，鼓励和支持发展民用航空的科学研究和教育事业，提高民用航空科学技术水平。

二、民用航空器国籍

（1）明确适用范围。民用航空器，是指除用于执行军事、海关、警察飞行任务外的航空器。经中华人民共和国国务院民用航空主管部门依法进行国籍登记的民用航空器，具有中华人民共和国国籍，由国务院民用航空主管部门发给国籍登记证书。

（2）国务院民用航空主管部门设立中华人民共和国民用航空器国籍登记簿，统一记载民用航空器的国籍登记事项。

（3）需要进行国籍登记的民用航空器包括：

1）中华人民共和国国家机构的民用航空器；

2）按照中华人民共和国法律设立的企业法人的民用航空器；企业法人的注册资本中有外商出资的，其机构设置、人员组成和中方投资人的出资比例，应当符合行政法规的规定；

3）国务院民用航空主管部门准予登记的其他民用航空器。

（4）民用航空器不得具有双重国籍。未注销外国国籍的民用航空器不得在中华人民共和国申请国籍登记。

三、民用航空器权利

（一）一般规定

民用航空器的权利，包括对民用航空器构架、发动机、螺旋桨、无线电设备和其他一切为了在民用航空器上使用的，无论安装于其上或者暂时拆离的物品的权利。民用航空器权利人应当就下列权利分别向国务院民用航空主管部门办理权利登记：

（1）民用航空器所有权；

（2）通过购买行为取得并占有民用航空器的权利；

（3）根据租赁期限为六个月以上的租赁合同占有民用航空器的权利；

（4）民用航空器抵押权。

（二）民用航空器所有权和抵押权

（1）民用航空器所有权的取得、转让和消灭，应当向国务院民用航空主管部门登记；未经登记的，不得对抗第三人。民用航空器所有权的转让，应当签订书面合同。

（2）设定民用航空器抵押权，由抵押权人和抵押人共同向国务院民用航空主管部门办理抵押权登记；未经登记的，不得对抗第三人。

（3）民用航空器抵押权设定后，未经抵押权人同意，抵押人不得将被抵押民用航空器转让他人。

（三）民用航空器优先权

民用航空器优先权，是指债权人向民用航空器所有人、承租人提出赔偿请求，对产生该赔偿请求的民用航空器具有优先受偿的权利。民用航空器优先权先于民用航空器抵押权受偿。

（四）民用航空器租赁

民用航空器租赁合同，包括融资租赁合同和其他租赁合同，应当以书面形式订立。民用航空器的融资租赁，是指出租人按照承租人对供货方和民用航空器的选择，购得民用航空器，出租给承租人使用，由承租人定期交纳租金。融资租赁期间，出租人依法享有民用航空器所有权，承租人依法享有民用航空器的占有、使用、收益权。民用航空器的融资租赁和租赁期限为六个月以上的其他租赁，承租人应当就其对民用航空器的占有权向国务院民用航空主管部门办理登记；未经登记的，不得对抗第三人。

四、民用航空器适航管理

（一）型号设计的适航管理要求

设计民用航空器及其发动机、螺旋桨和民用航空器上设备，应当向国务院民用航空主管部门申请领取型号合格证书。经审查合格的，发给型号合格证书。

（二）生产制造和维修要求

生产、维修民用航空器及其发动机、螺旋桨和民用航空器上设备，应当向国务院民用航空主管部门申请领取生产许可证书、维修许可证书。经审查合格的，发给相应的证书。

（三）进口航空器和部件的适航要求

外国制造人生产的任何型号的民用航空器及其发动机、螺旋桨和民用航空器上设备，首次进口中国的，该外国制造人应当向国务院民用航空主管部门申请领取型号认可证书。

经审查合格的，发给型号认可证书。

(四) 航空器的持续适航要求

民用航空器的所有人或者承租人应当按照适航证书规定的使用范围使用民用航空器，做好民用航空器的维修保养工作，保证民用航空器处于适航状态。

五、航空人员

(一) 一般规定

(1) 航空人员，是指下列从事民用航空活动的空勤人员和地面人员：

1) 空勤人员，包括驾驶员、飞行机械人员、乘务员；

2) 地面人员，包括民用航空器维修人员、空中交通管制员、飞行签派员、航空电台通信员。

(2) 航空人员应当接受专门训练，经考核合格，取得国务院民用航空主管部门颁发的执照，方可担任其执照载明的工作。

(3) 航空人员应当接受国务院民用航空主管部门定期或者不定期的检查和考核；经检查、考核合格的，方可继续担任其执照载明的工作。空勤人员还应当参加定期的紧急程序训练。

(二) 机组

(1) 民用航空器的操作由机长负责，机长应当严格履行职责，保护民用航空器及其所载人员和财产的安全。

(2) 飞行前，机长应当对民用航空器实施必要的检查；未经检查，不得起飞。机长发现民用航空器、机场、气象条件等不符合规定，不能保证飞行安全的，有权拒绝起飞。

(3) 飞行中，遇到特殊情况时，为保证民用航空器及其所载人员的安全，机长有权对民用航空器作出处置。

(4) 民用航空器遇险时，机长有权采取一切必要措施，并指挥机组人员和航空器上其他人员采取抢救措施。在必须撤离遇险民用航空器的紧急情况下，机长必须采取措施，首先组织旅客安全离开民用航空器；未经机长允许，机组人员不得擅自离开民用航空器；机长应当最后离开民用航空器。

六、民用机场

民用机场部分详细规定了机场的建设、运营和管理要求。机场必须满足安全、高效、便捷的要求，为航空器提供优质的起降服务。此外，该部分还规定了机场管理机构的职责和权利，以及与航空公司、旅客之间的法律关系，以确保机场的正常运营和旅客的合法权益。

禁止在民用机场范围内和机场净空保护区域内从事的活动包括：

(1) 修建可能在空中排放大量烟雾、粉尘、火焰、废气而影响飞行安全的建筑物或者设施；

(2) 修建靶场、强烈爆炸物仓库等影响飞行安全的建筑物或者设施；

(3) 修建不符合机场净空要求的建筑物或者设施；

(4) 设置影响机场目视助航设施使用的灯光、标志或者物体；

（5）种植影响飞行安全或者影响机场助航设施使用的植物；

（6）饲养、放飞影响飞行安全的鸟类动物和其他物体；

（7）修建影响机场电磁环境的建筑物或者设施。

申请取得机场使用许可证，应当具备的条件包括：

（1）具备与其运营业务相适应的飞行区、航站区、工作区以及服务设施和人员；

（2）具备能够保障飞行安全的空中交通管制、通信导航、气象等设施和人员；

（3）具备符合国家规定的安全保卫条件；

（4）具备处理特殊情况的应急计划以及相应的设施和人员；

（5）具备国务院民用航空主管部门规定的其他条件。

七、空中航行

空中航行部分规定了空中航行的规则和要求，包括航线的规划、飞行计划的申报、空中交通管制等。所有在中国境内进行的飞行活动都必须遵守这些规则，以确保飞行的安全和秩序。

（一）空域管理

国家对空域实行统一管理。划分空域，应当兼顾民用航空和国防安全的需要以及公众的利益，使空域得到合理、充分、有效的利用。

（二）飞行管理

（1）民用航空器在管制空域内进行飞行活动，应当取得空中交通管制单位的许可。

（2）民用航空器应当按照空中交通管制单位指定的航路和飞行高度飞行；因故确需偏离指定的航路或者改变飞行高度飞行的，应当取得空中交通管制单位的许可。

（3）民用航空器机组人员的飞行时间、执勤时间不得超过国务院民用航空主管部门规定的时限。民用航空器机组人员受到酒类饮料、麻醉剂或者其他药物的影响，损及工作能力的，不得执行飞行任务。

（三）飞行保障

（1）空中交通管制单位应当为飞行中的民用航空器提供空中交通服务，包括空中交通管制服务、飞行情报服务和告警服务。

1）提供空中交通管制服务，旨在防止民用航空器同航空器、民用航空器同障碍物体相撞，维持并加速空中交通的有秩序地活动。

2）提供飞行情报服务，旨在提供有助于安全和有效地实施飞行的情报和建议。

3）提供告警服务，旨在当民用航空器需要搜寻援救时，通知有关部门，并根据要求协助该有关部门进行搜寻援救。

（2）国务院民用航空主管部门应当依法对民用航空无线电台和分配给民用航空系统使用的专用频率实施管理。任何单位或者个人使用的无线电台和其他仪器、装置，不得妨碍民用航空无线电专用频率的正常使用。对民用航空无线电专用频率造成有害干扰的，有关单位或者个人应当迅速排除干扰；未排除干扰前，应当停止使用该无线电台或者其他仪器、装置。

（四）飞行必备文件

从事飞行的民用航空器，应当携带下列文件：

（1）民用航空器国籍登记证书；
（2）民用航空器适航证书；
（3）机组人员相应的执照；
（4）民用航空器航行记录簿；
（5）装有无线电设备的民用航空器，其无线电台执照；
（6）载有旅客的民用航空器，其所载旅客姓名及其出发地点和目的地点的清单；
（7）载有货物的民用航空器，其所载货物的舱单和明细的申报单；
（8）根据飞行任务应当携带的其他文件。

八、公共航空运输企业

（一）公共航空运输企业的定义和条件

公共航空运输企业，是指以营利为目的，使用民用航空器运送旅客、行李、邮件或者货物的企业法人。取得公共航空运输经营许可，应当具备下列条件：

（1）有符合国家规定的适应保证飞行安全要求的民用航空器；
（2）有必需的依法取得执照的航空人员；
（3）有不少于国务院规定的最低限额的注册资本；
（4）法律、行政法规规定的其他条件。

（二）公共航空运输企业的主要职责

（1）应当以保证飞行安全和航班正常，提供良好服务为准则，采取有效措施，提高运输服务质量。

（2）旅客运输航班延误的，应当在机场内及时通告有关情况。

（3）公共航空运输企业申请经营定期航班运输的航线，暂停、终止经营航线，应当报经国务院民用航空主管部门批准。

（4）公共航空运输企业应当依照国务院制定的公共航空运输安全保卫规定，制定安全保卫方案，并报国务院民用航空主管部门备案。

（5）公共航空运输企业不得运输法律、行政法规规定的禁运物品。公共航空运输企业未经国务院民用航空主管部门批准，不得运输作战军火、作战物资。

九、公共航空运输

（一）一般规定

适用于公共航空运输企业使用民用航空器经营的旅客、行李或者货物的运输，包括公共航空运输企业使用民用航空器办理的免费运输。

（1）国内航空运输：是指根据当事人订立的航空运输合同，运输的出发地点、约定的经停地点和目的地点均在中华人民共和国境内的运输。

（2）国际航空运输：是指根据当事人订立的航空运输合同，无论运输有无间断或者有无转运，运输的出发地点、目的地点或者约定的经停地点之一不在中华人民共和国境内的运输。

（二）运输凭证

客票应当包括的内容由国务院民用航空主管部门规定，至少应当包括以下内容：

（1）出发地点和目的地点；

（2）出发地点和目的地点均在中华人民共和国境内，而在境外有一个或者数个约定的经停地点的，至少注明一个经停地点；

（3）旅客航程的最终目的地点、出发地点或者约定的经停地点之一不在中华人民共和国境内，依照所适用的国际航空运输公约的规定，应当在客票上声明此项运输适用该公约的，客票上应当载有该项声明。

航空货运单应当包括的内容由国务院民用航空主管部门规定，至少应当包括以下内容：

（1）出发地点和目的地点；

（2）出发地点和目的地点均在中华人民共和国境内，而在境外有一个或者数个约定的经停地点的，至少注明一个经停地点；

（3）货物运输的最终目的地点、出发地点或者约定的经停地点之一不在中华人民共和国境内，依照所适用的国际航空运输公约的规定，应当在货运单上声明此项运输适用该公约的，货运单上应当载有该项声明。

（三）承运人的责任

（1）因发生在民用航空器上或者在旅客上、下民用航空器过程中的事件，造成旅客人身伤亡的，承运人应当承担责任；但是，旅客的人身伤亡完全是由于旅客本人的健康状况造成的，承运人不承担责任。

（2）因发生在民用航空器上或者在旅客上、下民用航空器过程中的事件，造成旅客随身携带物品毁灭、遗失或者损坏的，承运人应当承担责任。因发生在航空运输期间的事件，造成旅客的托运行李毁灭、遗失或者损坏的，承运人应当承担责任。

十、通用航空

通用航空，是指使用民用航空器从事公共航空运输以外的民用航空活动，包括从事工业、农业、林业、渔业和建筑业的作业飞行以及医疗卫生、抢险救灾、气象探测、海洋监测、科学实验、教育训练、文化体育等方面的飞行活动。从事通用航空活动，应当具备下列条件：

（1）有与所从事的通用航空活动相适应，符合保证飞行安全要求的民用航空器；

（2）有必需的依法取得执照的航空人员；

（3）符合法律、行政法规规定的其他条件。

十一、搜寻援救和事故调查

民用航空器遇到紧急情况时，应当发送信号，并向空中交通管制单位报告，提出援救请求；空中交通管制单位应当立即通知搜寻援救协调中心。民用航空器在海上遇到紧急情况时，还应当向船舶和国家海上搜寻援救组织发送信号。

发现民用航空器遇到紧急情况或者收听到民用航空器遇到紧急情况的信号的单位或者个人，应当立即通知有关的搜寻援救协调中心、海上搜寻援救组织或者当地人民政府。收到通知的搜寻援救协调中心、地方人民政府和海上搜寻援救组织，应当立即组织搜寻援救。

十二、对地面第三人损害的赔偿责任

因飞行中的民用航空器或者从飞行中的民用航空器上落下的人或者物，造成地面上的人身伤亡或者财产损害的，受害人有权获得赔偿；但是，所受损害并非造成损害的事故的直接后果，或者所受损害仅是民用航空器依照国家有关的空中交通规则在空中通过造成的，受害人无权要求赔偿。

赔偿责任由民用航空器的经营人承担。经营人，是指损害发生时使用民用航空器的人。

十三、对外国民用航空器的特别规定

外国民用航空器根据其国籍登记国政府与中华人民共和国政府签订的协定、协议的规定，或者经中华人民共和国国务院民用航空主管部门批准或者接受，方可飞入、飞出中华人民共和国领空和在中华人民共和国境内飞行、降落。

外国民用航空器的经营人，不得经营中华人民共和国境内两点之间的航空运输。

十四、涉外关系的法律适用

中华人民共和国缔结或者参加的国际条约同本法有不同规定的，适用国际条约的规定；但是，中华人民共和国声明保留的条款除外。中华人民共和国法律和中华人民共和国缔结或者参加的国际条约没有规定的，可以适用国际惯例。

十五、法律职责

法律责任部分明确了违反民航法规定的行为将承担的法律后果。对于违反规定的行为，法律将给予相应的处罚，包括罚款、吊销执照、追究刑事责任等。这些规定旨在确保民航法的有效实施，维护民用航空活动的安全和秩序。

（一）暴力胁迫航空器

以暴力、胁迫或者其他方法劫持航空器的；对飞行中的民用航空器上的人员使用暴力，危及飞行安全的；隐匿携带炸药、雷管或者其他危险品乘坐民用航空器，或者以非危险品品名托运危险品的等情况，依照刑法有关规定追究刑事责任。

（二）航空运输企业违规

公共航空运输企业违规运输危险品的；民用航空器无适航证书而飞行的；将未取得型号合格证书、型号认可证书的民用航空器及其发动机、螺旋桨或者民用航空器上的设备投入生产的；未取得生产许可证书、维修许可证书而从事生产、维修活动等情况，依照法律进行罚款等处罚。

（三）个人违规处罚

未取得航空人员执照、体格检查合格证书而从事相应的民用航空活动的；机长未对民用航空器实施检查而起飞的；未按照空中交通管制单位指定的航路和飞行高度飞行；在执行飞行任务时，未携带执照和体格检查合格证书的；民用航空器遇险时，违反规定离开民用航空器的等情况，给予吊销执照和罚款处罚。

十六、民航法最新修订

根据《安全生产法》修订、《国际民用航空公约》修订以及更加符合中国民航发展实际情况，《民用航空法》正在组织修订。修订的民用航空法草案主要涉及以下几个方面的变化。

（一）指导思想更加明确

坚持中国共产党的领导，坚持以人民为中心，贯彻总体国家安全观，统筹发展和安全，全面服务和保障经济社会发展。

（二）国家和政府支持更加有力

国家根据民航事业发展需要设立政府性基金，具体执行期限由国务院规定。国务院民用航空主管部门会同国务院有关部门依据国民经济和社会发展规划、综合交通运输规划编制民用航空发展规划。

（三）环保要求更加严格

从事民用航空活动应当遵守生态环境保护的法律法规和国家有关规定，减少污染物和温室气体排放。

（四）责任体系更加清晰

从事民用航空业务活动的生产经营单位应当落实安全生产主体责任，建立健全安全管理规章制度，构建实施民航安全风险分级管控和隐患排查治理双重预防机制。

（五）生产运行联系更加紧密

对于航空人员的定义：本法所称航空人员，是指下列从事民用航空活动的空勤人员和地面人员：

（1）空勤人员，包括驾驶员、飞行机械员、乘务员、航空安全员；

（2）地面人员，包括民用航空器维修人员、空中交通管制员、飞行签派员、航空电信人员、航空情报员、航空气象人员。

（六）与国际公约更加接轨

增加第十一章民用航空安全保卫，对旅客、行李安检要求、公司安保方案、航空人员的安保职责、扰乱民用航空运输秩序的行为等情况进行了说明，突出了航空安全保卫的重要性。

（七）政府监管职责更加突出

新增第十六章监督管理，明确国务院民用航空主管部门应当加强对民用航空活动的监督检查，按照分类分级监督管理的要求，根据民用航空活动类别、单位信用记录和民用航空管理需要等因素，合理确定检查频次和检查方式，并明确了可以采取的措施。提出应当利用信息化手段加强监管，提高行业管理水平。

（八）法律职责更加明确

结合安全生产法的罚则和民航生产运行实际情况，对相关违规行为的处罚更加细化具体，加大违法处罚力度，如：

（1）违反本法规定，民用机场、航空运输企业不依法开展安全检查工作的，由国务院民用航空主管部门责令改正，处以十万元以上二十万元以下罚款；情节严重的，还应当对主要责任人员处以一万元以上五万元以下罚款。

（2）违反本法规定，民用机场、航空运输企业不依法开展安全检查工作的，由国务院民用航空主管部门责令改正，处以十万元以上二十万元以下罚款；情节严重的，还应当对主要责任人员处以一万元以上五万元以下罚款。

第二节 中华人民共和国特种设备安全法

2013 年 6 月 29 日第十二届全国人民代表大会常务委员会第三次会议表决通过了《中华人民共和国特种设备安全法》（以下简称《特种设备安全法》），自 2014 年 1 月 1 日起施行。《特种设备安全法》的立法目的是加强特种设备安全工作，预防特种设备事故，保障人身和财产安全，促进经济社会发展。《特种设备安全法》规定特种设备安全工作坚持安全第一、预防为主、节能环保、综合治理的原则。国家对特种设备的生产、经营、使用，实施分类的、全过程的安全监督管理。

一、一般规定

（一）责任主体与人员配备

特种设备生产、经营、使用单位及其主要负责人对特种设备安全负责，单位主要负责人对特种设备安全管理享有指挥决策权，同时也负有法定的义务。特种设备生产、经营和使用单位应按照国家规定配备安全管理人员、检测人员和作业人员，并对其进行必要的安全教育和技能培训。

特种设备安全管理人员、检测人员和作业人员应当按照国家有关规定取得相应的资格，方可从事相关工作。特种设备安全管理人员包括生产单位的生产安全管理人员，经营、使用单位的安全管理人员。检测人员包括生产、经营、使用单位从事无损检测、理化检测等人员。作业人员包括焊接人员，各类设备的安装、改造、修理、维护保养和操作人员等。

（二）自行检测、维护保养与申报

特种设备生产、经营、使用单位应当做好设备的自行检测和维护保养工作，经常性开展自行检测、自行检查和维护保养，及时发现并处理问题，保持设备正常运行。如锅炉要经常地清理水垢、清理炉胆等，电梯等需要常地上油、调整等。自行检测、自行检查、自行保养应该按照安全技术规范和设备使用维护保养说明进行，并做好记录。

对特种设备进行检验，包括生产活动中的监督检验和使用中的定期检验，是特种设备安全的一项基本制度。国家规定的检验具有强制性，也称为法定检验，生产、经营、使用特种设备的单位必须依法进行申报并接受检验。特种设备在检验合格有效期届满前 1 个月，需要向特种设备检验机构提出定期检验要求。实际工作中大型设备检验过程比较复杂，提前时间需要更长。

二、特种设备的生产

（一）生产许可与生产单位义务

特种设备生产许可是一项重要的市场准入制度，国家按照分类监督管理的原则对特种设备生产实行许可制度，特种设备生产单位应当具备法定的条件。从事特种设备生产活动的单位需要有与生产相适应的专业技术人员，设备、设施和工作场所，健全的质量保证、安全管理和岗位责任等制度。特种设备设计、制造、安装、改造、修理等环节的活动特点不同，从事相应活动应具备的条件也应不同。

特种设备的设计、制造对其安全性能有重大影响，安全性能与质量是否符合要求的判断完全依靠相关技术资料。特种设备出厂时，应当随附安全技术规范要求的设计文件、产品质量合格证明、安装及使用维护保养说明、监督检验证明等相关技术资料和文件，并在特种设备显著位置设置产品铭牌、安全警示标志及其说明。铭牌固定在产品上，可以向用户、检验机构等提供生产单位信息、产品基本技术参数、产品生产信息等内容，相当于产品的简易说明书。警示标识主要起到提醒注意安全、预防危险，维护工作环境安全等目的。

（二）安装、改造与修理

特种设备安装、改造、修理的施工单位应当在施工前将拟进行的特种设备安装、改造、修理情况书面告知直辖市或者设区的市级人民政府负责特种设备安全监督管理的部门，施工单位需要填写《特种设备安装改造修理告知书》，提交负责特种设备安全监督管理部门，施工告知不是行政许可，施工告知的目的是便于审查相关活动并获取信息。告知可以通过派人送达、挂号信、特快专递、传真、电子邮件等方式。

特种设备安装、改造、修理竣工后，安装、改造、修理的施工单位应当在验收后30日内将相关技术资料和文件移交特种设备使用单位。特种设备使用单位应当将其存入该特种设备的安全技术档案。

（三）监督检验

锅炉、压力容器、压力管道元件等特种设备的制造过程和锅炉、压力容器、压力管道、电梯、起重机械、客运索道、大型游乐设施的安装、改造、重大修理过程，应当经特种设备检验机构按照安全技术规范的要求进行监督检验；未经监督检验或者监督检验不合格的，不得出厂或者交付使用。

三、特种设备的经营

（一）销售单位的义务

销售是特种设备全过程管理中的一个重要环节。为了能够查清特种设备销售环节的来龙去脉，检查验收和销售记录是重要的凭证。特种设备销售单位应当建立特种设备检查验收和销售记录制度。检查验收记录包括设备何时从哪里购进，对设备的本体、安全附件和安全保护装置配备、随附资料和文件的检查情况及结论等。销售记录包括何时销售给哪个单位，设备本体的质量、安全保护装置和部件的检查情况，以及随附资料和文件的情况。

禁止销售未取得许可生产的特种设备，未经检验和检验不合格的特种设备，或者国家明令淘汰和已经报废的特种设备。一些不符合要求的特种设备不得制造，也不能进行销售；二手设备不符合要求的也不能进行销售；国家明令淘汰的特种设备，不得销售；已经报废的特种设备，应当按照规定进行消除功能处理，不能进行返修、翻修再销售，更不能伪造资料和文件。

（二）出租单位的义务

特种设备出租单位不得出租未取得许可生产的特种设备或者国家明令淘汰和已经报废

的特种设备，以及未按照安全技术规范的要求进行维护保养和未经检验或者检验不合格的特种设备。出租单位一般是特种设备产权者，理应负责用于出租的特种设备的使用管理和维护保养，即提供给承租人的特种设备应当能够安全使用，出租一般有两种形式，一种是出租单位只提供设备，另一种是既提供设备又提供人员进行设备操作，特种设备在出租期间的使用管理和维护保养义务由特种设备出租单位承担，法律另有规定或者当事人另有约定的除外。

四、特种设备的使用

（一）特种设备安全管理

特种设备使用单位使用取得许可生产并经检验合格的特种设备是保证特种设备安全运行的最基本条件。特种设备使用单位应当使用取得许可生产并经检验合格的特种设备。

特种设备使用单位应当在特种设备投入使用前或者投入使用后30日内，向负责特种设备安全监督管理的部门办理使用登记，取得使用登记证书。登记标志应当置于该特种设备的显著位置。通过登记，可以防止非法设计、非法制造、非法安装的特种设备投入使用，并且可以建立特种设备信息数据库，便于安全监管。登记标志应该置于设备的显著位置，包括设备本体、附近或者操作间，气瓶可以在瓶体上加登记标签，移动式压力容器采用在罐体上喷涂登记证编号的方式。

特种设备使用单位应当建立岗位责任、隐患治理、应急救援等安全管理制度，制定操作规程，保证特种设备安全运行。岗位责任制是指特种设备使用单位根据各个工作岗位的性质和所承担活动的特点，明确规定有关单位及其人员的职责、权限，并且按照规定的标准进行考核及奖惩而建立起来的制度，通常包括岗位责任制度、交接班制度、巡回检查制度等。

特种设备使用单位应当建立特种设备安全技术档案。因为特种设备在使用过程中，需要不断地维护保养、修理，定期进行检验，部分特种设备还需要进行能效状况评估，有些还可能需要改造。这些都要依据特种设备的设计、制造、安装等原始文件资料和使用过程中的历次改造、制造、安装等原始文件资料。

特种设备的使用应当具有规定的安全距离、安全防护措施。与特种设备安全相关的建筑物、附属设施，应当符合有关法律、行政法规的规定。安全距离的作用是减轻可预见的偶然性事故的影响，防止小事故逐步上升为大事故。例如防火间距可以防止着火建筑的辐射热在一定时间内引燃相邻建筑，且便于消防扑救。同时，安全距离也为特种设备提供保护，防止来自外部的可预见的损害（如道路行车、火焰）或者运行操作行为以外的其他行为的干扰（如装置的边界围栏）。安全防护是指通过设置防护设备设施或利用空间距离等手段做好准备和保护，以应对或者避免人、设备或环境受害。

（二）维护保养与定期检验

特种设备使用单位应当对其使用的特种设备进行经常性维护保养和定期自行检查，并做出记录。特种设备使用单位应当对其使用的特种设备的安全附件、安全保护装置进行定期校验、检修，并做出记录。特种设备在使用过程中，由于内在原因和外界因素，会出现各种各样的问题，需要经常维护保养，及时发现并处理一些问题，保证设备安全运行，也可以提高设备使用年限。安全附件是指为使锅炉、压力容器、压力管道等承压类设备安全运行而装设的防护装置。

特种设备使用单位应当按照安全技术规范的要求，在检验合格有效期届满前一个月向特种设备检验机构提出定期检验要求。特种设备检验机构接到定期检验要求后，应当按照安全技术规范的要求及时进行安全性能检验。特种设备使用单位应当将定期检验标志置于该特种设备的显著位置。未经定期检验或者检验不合格的特种设备，不得继续使用。

（三）隐患排查与故障处理

特种设备安全管理人员应当对特种设备使用状况进行经常性检查，发现问题应当立即处理；情况紧急时，可以决定停止使用特种设备并及时报告本单位有关负责人。特种设备作业人员在作业过程中发现事故隐患或者其他不安全因素，应当立即向特种设备安全管理人员和单位有关负责人报告；特种设备运行不正常时，特种设备作业人员应当按照操作规程采取有效措施保证安全。特种设备出现故障或者发生异常情况，特种设备使用单位应当对其进行全面检查，消除事故隐患，方可继续使用。

特种设备存在严重事故隐患，无改造、修理价值，或者达到安全技术规范规定的其他报废条件的，特种设备使用单位应当依法履行报废义务，采取必要措施消除该特种设备的使用功能，并向原登记的负责特种设备安全监督管理的部门办理使用登记证书注销手续。规定报废条件以外的特种设备，达到设计使用年限可以继续使用的，应当按照安全技术规范的要求通过检验或者安全评估，并办理使用登记证书变更，方可继续使用。允许继续使用的，应当采取加强检验、检测和维护保养等措施，确保使用安全。

五、特种设备的检验和检测

从事特种设备监督检验、定期检验的特种设备检验机构，以及为特种设备生产、经营、使用提供检测服务的特种设备检测机构，应当具备相应的条件，并经负责特种设备监督管理的部门核准，方可从事检验、检测工作。法律规定的条件主要有：一是检验、检测工作相适应的检验、检测人员；二是有检验、检测仪器和设备；三是有健全检验、检测管理制度和责任制度。特种设备检验、检测机构的检验、检测人员应当经考取得检验、检测人员资格，方可从事检验、检测工作。

第五章　安全生产相关法律

第一节　中华人民共和国刑法

刑法是规定犯罪、刑事责任和刑罚的法律。刑法有广义和狭义之分。广义刑法是指一切规定犯罪、刑事责任和刑罚的法律规范的总和。狭义刑法是指系统规定犯罪、刑事责任和刑罚的法律规范的刑法典，在我国，即指1979年7月1日第五届全国人民代表大会第二次全体会议通过、1997年3月14日第八届全国人民代表大会第五次会议修订的《中华人民共和国刑法》（以下简称《刑法》）。

我国《刑法》开宗明义地指出其立法宗旨是“为了惩罚犯罪，保护人民”“刑法的任务是用刑罚同一切犯罪行为作斗争，以保卫国家安全，保卫人民民主专政的政权和社会主义制度，保护国有财产和劳动群众集体所有的财产，保护公民私人所有的财产，保护公民的人身权利、民主权利和其他权利，维护社会秩序、经济秩序，保障社会主义建设事业的顺利进行”。我国刑法对于犯罪与刑罚的规制涉及国家安全、公共安全、社会主义市场经济秩序、公民人身与民主权利、财产权利、社会管理秩序等诸多方面。

2006年6月29日，第十届全国人民代表大会常务委员会第二十二次会议审议通过了《刑法修正案（六）》，对有关安全生产犯罪的条文作出了重要修改和补充。全国人大常委会修改《刑法》关于安全生产犯罪的规定，充分体现了党和国家加强安全生产法治建设，严惩安全生产犯罪的决心。

《刑法修正案（六）》对《刑法》原有的两条规定作出了修改，同时增加了两条新的规定。《刑法修正案（六）》对《刑法》原第一百三十四条、第一百三十五条规定的犯罪主体、犯罪行为和刑罚作出了修改。随着大型群众性活动的增多和事故责任追究力度的加大，构成公众（人员）聚集场所重特大事故和隐瞒不报、谎报或者拖延不报事故的犯罪时有发生。但是，因为原《刑法》中没有相关规定，以致追究犯罪分子的刑事责任于法无据。为了严惩这两类犯罪分子特别是隐瞒事故犯罪分子，《刑法修正案（六）》增加了第一百三十五条之一和第一百三十九条之一关于大型群众性活动重大安全事故罪和不报、谎报安全事故罪的两条规定。《中共中央国务院关于推进安全生产领域改革发展的意见》中指出：“研究修改刑法有关条款，将生产经营过程中极易导致重大生产安全事故的违法行为列入刑法调整范围。”

2020年12月《刑法修正案（十一）》规定了“危险作业罪”这一新罪名，作为《刑法》第一百三十四条之一。同时对《刑法》第一百三十四条第二款关于“强令他人违章冒险作业罪”作出修改，扩大了犯罪行为的范围，罪名相应地变更为“强令、组织他人违章冒险作业罪”。同时，将《刑法》第二百二十九条修改为：“承担资产评估、验资、验证、会计、审计、法律服务、保荐、安全评价、环境影响评价、环境监测等职责的中介组织的人员故意提供虚假证明文件，情节严重的，处五年以下有期徒刑或者拘役，并处罚金；有下列情形之一的，处五年以上十年以下有期徒刑，并处罚金：（1）提供与证券发行相关的虚假的资产评估、会计、审计、法律服务、保荐等证明文件，情节特别严重的；（2）提供与重大资产交易相关的虚假的资产评估、会计、审计等证明文件，情节特别严重的；（3）在涉及公共安全的重大工程、项目中提供虚假的安全评价、环境影响评价等证明文件，致使公共财产、国家和人民利益遭受特别重大损失的。有前款行为，同时索取他人财物或者非法收受他人财物构成犯罪的，依照处罚较重的规定定罪处罚。第一款规定的人员，严重不负责任，出具的证明文件有重大失实，造成严重后果的，处三年以下有期徒刑或者拘役，并处或者单处罚金。”

一、刑法的基本理论

（一）刑法的基本原则

《刑法》的基本原则，是指体现刑法的性质和任务，贯穿于刑法始终的指导刑事立法和刑事司法的基本准则。1997 年修订的《刑法》结合我国同犯罪作斗争的具体经验和实际情况，在总则第三条、第四条、第五条分别规定了罪刑法定原则、适用刑法平等原则和罪刑相适应原则。

安全生产领域内刑事犯罪同样以刑法基本原则为指导，贯穿于定罪和量刑的始终。

1. 罪刑法定原则

《刑法》第三条规定：“法律明文规定为犯罪行为的，依照法律定罪处刑；法律没有明文规定为犯罪行为的，不得定罪处罚。”这是我国刑法中罪刑法定原则的具体体现。

罪刑法定原则的含义是：什么是犯罪，有哪些犯罪，各种犯罪的构成要件是什么，有哪些刑罚的具体类型，各种刑罚如何适用，以及各种具体罪的具体量刑幅度如何等，均由刑法加以规定。对于刑法分则没有明文规定为犯罪行为的行为，不得定罪处刑。概括起来说，就是“法无明文规定不为罪，法无明文规定不处罚”。

2. 适用刑法平等原则

《刑法》第四条规定：“对任何人犯罪，在适用法律上一律平等。不允许任何人有超越法律的特权。”这是法律面前人人平等原则在刑事法律领域的具体化。

适用刑法人人平等原则的含义是：对任何人犯罪，不论犯罪人的家庭出身、社会地位、职业性质、财产状况、政治面貌、才能业绩如何，都应追究刑事责任，一律平等地适用刑法，依法定罪、量刑和行刑，不允许任何人有超越法律的特权。

3. 罪刑相适应原则

《刑法》第五条规定：“刑罚的轻重，应当与犯罪分子所犯罪行和承担的刑事责任相适应。”罪刑相适应原则是指犯罪人所犯的罪行与应承担的刑事责任应当相当，重罪重判，轻罪轻判，罚当其罪，罪刑相称，不能重罪轻判，也不能轻罪重判。

罪刑相适应原则的含义是，犯多大的罪，就应当承担多大的刑事责任，法院也应判处其相应轻重的刑罚，做到重罪重罚，轻罪轻罚，罪刑相称，罚当其罪；在分析罪重罪轻和刑事责任大小时，不仅要看犯罪的客观社会危害性，而且要结合考虑行为人的主观恶性和人身危险性，把握罪行和罪犯各方面因素综合体系的社会危害性程度，从而确定其刑事责任程度，适用相应轻重的刑罚。

（二）犯罪的基本理论

1. 犯罪的定义

《刑法》第十三条规定："一切危害国家主权、领土完整和安全，分裂国家、颠覆人民民主专政的政权和推翻社会主义制度，破坏社会秩序和经济秩序，侵犯国有财产或者劳动群众集体所有的财产，侵犯公民私人所有的财产，侵犯公民的人身权利、民主权利和其他权利，以及其他危害社会的行为，依照法律应当受刑事处罚的，都是犯罪，但是情节显著轻微危害不大的，不认为是犯罪。"这一定义准确地揭示了我国现阶段犯罪的法律特征，同时也通过但书将罪与非罪（一般违法行为）区别开来。

2. 犯罪的基本特征

犯罪的基本特征是指犯罪行为区别于一般违法行为的核心要素，根据我国《刑法》第十三条的规定，犯罪这种行为具有以下3个基本特征：

（1）犯罪是危害社会的行为，即具有一定的社会危害性。犯罪的社会危害性是指犯罪行为对刑法所保护的社会关系造成或可能造成这样或那样损害的特性。这是犯罪与一般违法行为、不道德行为的最大区别之处。

（2）犯罪是触犯刑律的行为，即具有刑事违法性。违法行为有各种各样的情况：有的是违反民事法律法规、经济法律法规，称为民事违法行为、经济违法行为；有的是违反行政法律法规，称为行政违法行为。犯罪也是违法行为，但不是一般的违法行为，而是违反刑法即触犯刑律的行为，是刑事违法行为。违法并不都是犯罪，只有违反了刑法的才构成犯罪。

（3）犯罪是应受刑罚处罚的行为，即具有应受刑事处罚性。刑事处罚是犯罪的必然后果，某种行为一旦定罪，国家就必然进行刑事责任处罚，并且刑事责任处罚也只能加诸犯罪行为。

犯罪的上述3个基本特征相互联系，不可分割。同时，这3个基本特征对于认定安全生产相关领域的罪与非罪、此罪与彼罪具有重大意义。

3. 犯罪构成的要件

犯罪构成，是指我国刑法规定的某种行为构成犯罪所必须具备的主观要件和客观要件的总和。首先，犯罪构成所要求的主观要件和客观要件都必须是我国刑法所规定的；其次，犯罪构成是我国刑法的主观要件和客观要件的总和；最后，犯罪构成主观要件和客观要件说明的是犯罪成立所要求的基本事实特征，而不是一般的事实描述，更不是案件全部事实与情节不加选择的堆砌。应当指出，犯罪构成要件是说明案件情况的最重要的事实特征，并且必须在查明案件的全部事实与情节的基础上进行。

按照我国犯罪构成一般理论，我国刑法规定的犯罪都必须具备犯罪客体、犯罪的客观方面、犯罪主体和犯罪的主观方面这4个要件。具体来说，犯罪客体，就是指我国刑法所保护的，而为犯罪所侵害的社会主义社会关系。犯罪的客观方面，是指刑法所规定的、构成犯罪在客观上必须具备的危害社会的行为和由这种行为所引起的危害社会的结果。犯罪主体，就是实施了犯罪行为，依法应当承担刑事责任的人。我国刑法对犯罪主体规定了两种类型，一种是达到刑事责任年龄，具有刑事责任能力，实施了犯罪行为的自然人；另一种是实施了犯罪行为的企业、事业单位、国家机关、社会团体等单位。犯罪的主观要件，是指犯罪主体对自己实施的危害社会行为及其结果所持的心理态度，分为故意与过失两种情形。这4个要件是任何一个犯罪都必须具备的。

犯罪构成从根本上说明了犯罪成立的基本条件，对刑法理论和刑事司法实践具有重大的意义。只有精确地界定了犯罪构成要件，才能分清罪与非罪、此罪与彼罪。

4. 犯罪的预备、未遂与中止

犯罪的预备、未遂与中止，是故意犯罪行为发展中可能出现的几个不同的形态。这些形态都是相对于犯罪的既遂而言的，而犯罪的既遂是指犯罪人所实施的行为，已经具备了构成某一犯罪的一切要件。犯罪的预备、未遂与中止，都只存在于故意犯罪的情况之下，而且都是在实现犯罪目的的过程中发生的。

《刑法》第二十二条第一款规定："为了犯罪，准备工具，制造条件的，是犯罪预备。"犯罪的预备，是着手犯罪前的一种准备活动，是犯罪的最初阶段。"对于预备犯，可以比照既遂犯从轻、减轻处罚或者免除处罚。"

《刑法》第二十三条规定："已经着手实行犯罪，由于犯罪分子意志以外的原因而未得逞的，是犯罪未遂。对于未遂犯，可以比照既遂犯从轻或者减轻处罚。"

《刑法》第二十四条规定："在犯罪过程中，自动放弃犯罪或者自动有效地防止犯罪结果发生的，是犯罪中止。对于中止犯，没有造成损害的，应当免除处罚；造成损害的，应当减轻处罚。"

5. 刑事责任

刑事责任是指依照刑事法律的规定，行为人实施刑事法律禁止的行为所必须承担的法律后果。这一后果只能由行为人自己承担。具备犯罪构成的要件是负刑事责任的依据。从主观方面说，凡法律规定达到一定年龄、精神正常的人故意或者过失犯罪，法律有规定的应负刑事责任；从客观方面说，某种行为侵犯刑事法律保护的社会关系并具有社会危害性的，应负刑事责任。然而，某些行为从表面上看已经具备犯罪构成的要件，但实际上并不危害社会，不负刑事责任。如无责任能力人的行为、正当防卫、紧急避险、实施有益于社会的行为等。

《刑法》第十七条规定："已满十六周岁的人犯罪，应当负刑事责任。已满十四周岁不满十六周岁的人，犯故意杀人、故意伤害致人重伤或者死亡、强奸、抢劫、贩卖毒品、放火、爆炸、投放危险物质罪的，应当负刑事责任。已满十二周岁不满十四周岁的人，犯故意杀人、故意伤害罪，致人死亡或者以特别残忍手段致人重伤造成严重残疾，情节恶劣，经最高人民检察院核准追诉的，应当负刑事责任。"对需要依法追究刑事责任的不满十八周岁的人，应当从轻或者减轻处罚。《刑法》第十七条之一规定："已满七十五周岁的人故意犯罪的，可以从轻或者减轻处罚；过失犯罪的，应当从轻或者减轻处罚。"针对精神病人等特殊人员辨认和控制能力有缺陷，《刑法》第十八条规定："精神病人在不能辨认或者不能控制自己行为的时候造成危害结果，经法定程序鉴定确认的，不负刑事责任，但是应当责令他的家属或者监护人严加看管和医疗；在必要的时候，由政府强制医疗。间歇性的精神病人在精神正常的时候犯罪，应当负刑事责任。尚未完全丧失辨认或者控制自己行为能力的精神病人犯罪的，应当负刑事责任，但是可以从轻或者减轻处罚。醉酒的人犯罪，应当负刑事责任。"

《刑法》第二十条规定："为了使国家、公共利益、本人或者他人的人身、财产和其他权利免受正在进行的不法侵害，而采取的制止不法侵害的行为，对不法侵害人造成损害的，属于正当防卫，不负刑事责任。正当防卫明显超过必要限度造成重大损害的，应当负刑事责任，但是应当减轻或者免除处罚。对正在进行行凶、杀人、抢劫、强奸、绑架以及其他严重危及人身安全的暴力犯罪，采取防卫行为，造成不法侵害人伤亡的，不属于防卫过当，不负刑事责任。”

《刑法》第二十一条规定：“为了使国家、公共利益、本人或者他人的人身、财产和其他权利免受正在发生的危险，不得已采取的紧急避险行为，造成损害的，不负刑事责任。紧急避险超过必要限度造成不应有的损害的，应当负刑事责任，但是应当减轻或者免除处罚。”第一款中关于避免本人危险的规定，不适用于职务上、业务上负有特定责任的人。

以上是我国刑法关于刑事责任年龄、正当防卫、紧急避险的法律规定。从理论上说，刑事责任的归责要素应当包括主观恶性、客观危害、刑事违法 3 个方面，满足上述 3 个要件，达到刑事责任年龄，同时不具有法定免除刑事责任事由的行为人应当承担刑事责任。

6. 刑罚的基本理论

刑罚权作为国家制裁犯罪人的一种权力，是国家的一种统治权，是国家基于其主权地位所拥有的确认犯罪行为范围、制裁犯罪行为以及执行这种制裁的权力。它不仅仅是一种适用刑罚的权力，实际上是决定、支配整个刑法的权力。刑罚是指审判机关依照刑法的规定剥夺犯罪人某种权益的一种强制处分。刑罚只适用于实施刑事法律禁止的行为的犯罪分子。在我国，刑罚只能由人民法院严格根据法律来适用，其目的是打击反抗和破坏社会主义制度的人，惩罚和改造罪犯，以维护社会主义秩序，巩固人民民主专政。

刑罚首先具有剥夺功能，剥夺功能意味着对犯罪人某种权益的剥夺；其次具有威慑功能，是指行为人因恐惧刑罚制裁而不敢实施犯罪行为；再次刑罚还具有改造功能，是指刑罚具有改变犯罪人的价值观念和行为方式，使其成为社会有用之人的作用；最后刑罚具有安抚功能，是指国家通过对犯罪适用和执行刑罚，能够在一定程度上满足受害人及其家属要求惩罚罪犯的强烈报复愿望，可以平息或缓和给被害人以及社会其他成员造成的激愤情绪，使他们在心理上、精神上得到安抚。

根据《刑法》规定，刑罚分为主刑和附加刑。主刑的种类如下：（1）管制；（2）拘役；（3）有期徒刑；（4）无期徒刑；（5）死刑。附加刑的种类如下：（1）罚金；（2）剥夺政治权利；（3）没收财产。附加刑也可以独立适用。对于犯罪的外国人，可以独立适用或者附加适用驱逐出境。由于犯罪行为而使被害人遭受经济损失的，对犯罪分子除依法给予刑事处罚外，并应根据情况判处赔偿经济损失。承担民事赔偿责任的犯罪分子，同时被判处罚金，其财产不足以全部支付的，或者被判处没收财产的，应当先承担对被害人的民事赔偿责任。

对于犯罪情节轻微不需要判处刑罚的，可以免予刑事处罚，但是可以根据案件的不同情况，予以训诫或者责令具结悔过、赔礼道歉、赔偿损失，或者由主管部门予以行政处罚或者行政处分。因利用职业便利实施犯罪，或者实施违背职业要求的特定义务的犯罪被判处刑罚的，人民法院可以根据犯罪情况和预防再犯罪的需要，禁止其自刑罚执行完毕之日或者假释之日起从事相关职业，期限为三年至五年。被禁止从事相关职业的人违反人民法院依照前款规定作出的决定的，由公安机关依法给予处罚；情节严重的，依照《刑法》第三百一十三条的规定定罪处罚。其他法律、行政法规对其从事相关职业另有禁止或者限制性规定的，从其规定。

（三）安全生产犯罪

为了制裁安全生产违法犯罪分子，《安全生产法》关于追究刑事责任的规定计十六条，如果违反了其中任何一条规定而构成犯罪的，都要依照《刑法》追究刑事责任。《刑法》有关安全生产犯罪的罪名主要有重大责任事故罪、强令、组织他人违章冒险作业罪、重大劳动安全事故罪、危险作业罪、大型群众性活动重大安全事故罪、不报、谎报安全事故罪、危险物品肇事罪、提供虚假证明文件罪以及国家工作人员职务犯罪等。依照《刑事诉讼法》的规定，追究刑事责任的执法主体是法定的司法机关，即按照各自的职责分工，分别由公安机关、检察机关和人民法院追究刑事责任，由人民法院依法作出最终的司法判决。

二、生产经营单位及其有关人员犯罪及其刑事责任

（一）重大责任事故罪

《刑法》第一百三十四条第一款规定："在生产、作业中违反有关安全管理的规定，因而发生重大伤亡事故或者造成其他严重后果的，处三年以下有期徒刑或者拘役；情节特别恶劣的，处三年以上七年以下有期徒刑。"

重大责任事故罪，是指在生产、作业中违反有关安全管理的规定，因而发生重大伤亡事故或者造成其他严重后果的行为。

重大责任事故罪的构成要件包括以下 4 个方面：

（1）本罪侵犯的客体是生产、作业的安全。生产、作业的安全是各行各业都十分重视的问题。在生产过程中，出现一点问题都有可能导致正常生产秩序的破坏，甚至发生重大伤亡事故，造成财产损失。同时，生产安全也是公共安全的重要组成部分，危害生产安全同样会使不特定多数人的生命、健康或者公私财产遭受重大损失。

（2）客观方面表现为在生产、作业中违反有关安全生产的规定，因而发生重大伤亡事故或者造成其他严重后果的行为。违反有关安全管理的规定而发生重大伤亡事故或者造成其他严重后果，是重大责任事故罪的本质特征。其在实践中多表现为"不服管理""违反规章制度"。

（3）犯罪主体为一般主体。根据最高人民法院、最高人民检察院于 2015 年 12 月 14 日公布的《最高人民法院、最高人民检察院关于办理危害生产安全刑事案件适用法律若干问题的解释》（以下简称《若干问题的解释》）第一条规定："刑法第一百三十四条第一款规定的犯罪主体，包括对生产、作业负有组织、指挥或者管理职责的负责人、管理人员、实际控制人、投资人等人员，以及直接从事生产、作业的人员。"

（4）主观方面表现为过失。行为人在生产、作业中违反有关安全管理规定，可能是出于故意，但对于其行为引起的严重后果而言，则是过失，因为行为人对其行为造成的严重后果是不希望发生的，之所以发生了安全事故，是由于行为人在生产过程中严重不负责任，疏忽大意或者对事故隐患不积极采取补救措施，轻信能够避免，结果导致安全事故的发生。

（二）强令、组织他人违章冒险作业罪

《刑法》第一百三十四条第二款："强令他人违章冒险作业，或者明知存在重大事故

隐患而不排除，仍冒险组织作业，因而发生重大伤亡事故或者造成其他严重后果的，处五年以下有期徒刑或者拘役；情节特别恶劣的，处五年以上有期徒刑。”

强令、组织他人违章冒险作业罪，是指强令他人违章冒险作业，或者明知存在重大事故隐患而不排除，仍冒险组织作业，因而发生重大伤亡事故或者造成其他严重后果的行为。本罪是《刑法修正案（六）》第一条第二款增设的新罪名；《刑法修正案（十一）》作了进一步完善。其构成要件包括以下4个方面：

（1）本罪侵犯的客体是作业的安全。强令他人违章冒险作业，或者明知存在重大事故隐患而不排除，仍冒险组织作业，是对正常的作业安全秩序的严重扰乱和破坏，发生了危害公共安全的后果，即危害了不特定多数人的生命、健康和公私财产的安全。

（2）客观方面表现为强令他人违章冒险作业，或者明知存在重大事故隐患而不排除，仍冒险组织作业，因而发生重大伤亡事故或者造成其他严重后果的行为。

（3）犯罪主体为一般主体。根据《若干问题的解释》，《刑法》第一百三十四条第二款规定的犯罪主体，包括对生产、作业负有组织、指挥或者管理职责的负责人、管理人员、实际控制人、投资人等人员。

（4）主观方面为过失。

本条第二款的行为不是第一款的加重处罚情节，而是一个独立的罪名，但同时应注意本罪是结果犯，即行为人虽然实施了强令他人违章冒险作业的行为，但如果没有发生重大伤亡事故或者造成其他严重后果，只属于一般责任事故，不构成犯罪。

（三）危险作业罪

《刑法修正案（十一）》新增危险作业罪，将其作为第一百三十四条之一，规定，在生产、作业中违反有关安全管理的规定，有下列情形之一，具有发生重大伤亡事故或者其他严重后果的现实危险的，处一年以下有期徒刑、拘役或者管制：（1）关闭、破坏直接关系生产安全的监控、报警、防护、救生设备、设施，或者篡改、隐瞒、销毁其相关数据、信息的；（2）因存在重大事故隐患被依法责令停产停业、停止施工、停止使用有关设备、设施、场所或者立即采取排除危险的整改措施，而拒不执行的；（3）涉及安全生产的事项未经依法批准或者许可，擅自从事矿山开采、金属冶炼、建筑施工，以及危险物品生产、经营、储存等高度危险的生产作业活动的。

危险作业罪是指在生产作业中违反有关安全管理的规定，具有发生重大伤亡事故或者其他严重后果的现实危险的犯罪行为。其构成要件有以下4个：

（1）犯罪客体。本罪侵害的是生产作业的安全。

（2）犯罪客观方面。本罪的犯罪客观方面是在生产作业中违反有关安全管理的规定，具有发生重大伤亡事故或者其他严重后果的现实危险的犯罪行为。《刑法》第一百三十四条之一，通过列举的方式明确了违反有关安全管理的行为：1）关闭、破坏直接关系生产安全的监控、报警、防护、救生设备、设施，或者篡改、隐瞒、销毁其相关数据、信息的；2）因存在重大事故隐患被依法责令停产停业、停止施工、停止使用有关设备、设施、场所或者立即采取排除危险的整改措施，而拒不执行的；3）涉及安全生产的事项未经依法批准或者许可，擅自从事矿山开采、金属冶炼、建筑施工，以及危险物品生产、经营、储存等高度危险的生产作业活动的。

（3）犯罪的主体。本罪的犯罪主体是一般主体，从事生产作业的人员都可构成本罪。

（4）本罪的主观方面。一般认为，本罪的主观方面是故意，即行为人对违反安全管理的行为主观上具有明确的认识。

应注意本罪以行为具有“现实危险性”作为构成要件，即行为人虽然实施了违反生产作业管理规定的行为，但如果没有发生重大伤亡事故或者造成其他严重后果的现实危险的，不构成犯罪。

（四）重大劳动安全事故罪

《刑法》第一百三十五条规定：“安全生产设施或者安全生产条件不符合国家规定，因而发生重大伤亡事故或者造成其他严重后果的，对直接负责的主管人员和其他直接责任人员，处三年以下有期徒刑或者拘役；情节特别恶劣的，处三年以上七年以下有期徒刑。”

重大劳动安全事故罪，是指安全生产设施或者安全生产条件不符合国家规定，因而发生重大伤亡事故或者造成其他严重后果的行为。其构成要件是：

（1）本罪侵犯的客体是生产安全。保护劳动者在生产过程中的安全与健康，是生产经营单位的法律义务和责任。

（2）客观方面表现为安全生产设施或者安全生产条件不符合国家规定，因而发生重大伤亡事故或者造成其他严重后果的行为。

（3）犯罪主体为一般主体，是指对发生重大伤亡事故或者造成其他严重后果负有责任的事故发生单位的主管人员和其他直接责任人员。根据《若干问题的解释》，《刑法》第一百三十五条规定的“直接负责的主管人员和其他直接责任人员”，是指对安全生产设施或者安全生产条件不符合国家规定负有直接责任的生产经营单位负责人、管理人员、实际控制人、投资人，以及其他对安全生产设施或者安全生产条件负有管理、维护职责的人员。

（4）主观方面由过失构成。即行为人应当预见到安全生产设施或者安全生产条件不符合国家规定所产生的后果，但由于疏忽大意没有预见或者虽然已经预见，但轻信可以避免，结果导致发生了重大安全生产事故。

本罪与重大责任事故罪都是涉及违反安全生产规定的犯罪，在适用范围上的区别在于：前者强调劳动场所的硬件设施或者对劳动者提供的安全生产防护用品和防护措施不符合国家规定，追究的是所在单位的责任，考虑到发生安全事故的单位须立即整改，其安全措施、安全生产条件达到国家规定，以及对安全事故伤亡人员进行治疗、赔偿，需要大量资金，所以该条在处罚上只追究“直接负责的主管人员和其他责任人员”的刑事责任，没有规定对单位处罚资金，属于实行单罚制的单位犯罪。后者主要强调自然人在生产、作业过程中违章操作或者强令他人违章作业而引起安全事故的行为。

（五）大型群众性活动重大安全事故罪

《刑法》第一百三十五条之一规定：“举办大型群众性活动违反安全管理规定，因而发生重大伤亡事故或者造成其他严重后果的，对直接负责的主管人员和其他直接责任人员，处三年以下有期徒刑或者拘役；情节特别恶劣的，处三年以上七年以下有期徒刑。”大型群众性活动重大安全事故罪，是指举办大型群众性活动违反安全管理规定，因而发生重大伤亡事故或者造成其他严重后果的行为。本罪是2006年6月29日《刑法修正案（六）》第三条增设的新罪名。

（1）本罪侵犯的客体是公共安全。这是针对一些大型活动的组织者只顾举办活动从中谋取利益，把广大群众的安全置之脑后，致使在大型群众性活动中出现现场秩序严重混乱、失控，造成人员挤压、踩踏等恶性伤亡事故而设置的。

（2）客观方面表现为举办大型群众性活动违反安全管理规定，因而发生重大伤亡事故或者造成其他严重后果的行为。“安全管理规定”是指国家有关部门为保证大型群众性活动安全、顺利举行制定的管理规定。

（3）犯罪主体为对发生大型群众性活动重大安全事故“直接负责的主管人员和其他直接责任人员”。“直接负责的主管人员”，是指大型群众活动的策划者、组织者和举办者；“其他直接责任人员”，是指对大型活动的安全举行、紧急预案负有具体落实和执行职责的人员。

（4）主观方面表现为过失。即行为人对举办大型群众性活动违反安全管理规定所发生的重大伤亡事故或者造成的其他严重后果具有疏忽大意或者过于自信的主观心理。

（六）不报、谎报安全事故罪

《刑法》第一百三十九条之一规定：“在安全事故发生后，负有报告职责的人员不报或者谎报事故情况，贻误事故抢救，情节严重的，处三年以下有期徒刑或者拘役；情节特别严重的，处三年以上七年以下有期徒刑。”

不报、谎报安全事故罪，是指在安全事故发生后，负有报告责任的人员不报或者谎报事故情况，贻误事故抢救，情节严重的行为。本罪是《刑法修正案（六）》第四条增设的新罪名。本罪侵犯的客体是安全事故监管制度。本罪主要是针对近年来一些事故单位的责任人和对安全事故负有监管职责的人员在事故发生后弄虚作假，结果贻误事故抢救，造成人员伤亡和财产损失进一步扩大的行为而增设的。

（1）客观方面表现为安全事故发生之后，负有报告职责的人员不报或者谎报事故情况，贻误事故抢救，情节严重的行为。《中华人民共和国安全生产法》第一百一十条规定，生产经营单位的主要负责人在本单位发生生产安全事故时，不立即组织抢救或者在事故调查处理期间擅离职守或者逃匿的，给予降级、撤职的处分，并由安全生产监督管理部门处上一年年收入60%～100%的罚款；对逃匿的处十五日以下拘留；构成犯罪的，依照刑法有关规定追究刑事责任。生产经营单位的主要负责人对生产安全事故隐瞒不报、谎报或者迟报的，依照前款规定处罚。该法第一百一十一条规定，有关地方人民政府、负有安全生产监督管理职责的部门，对生产安全事故隐瞒不报、谎报或者迟报的，对直接负责的主管人员和其他直接责任人员依法给予处分；构成犯罪的，依照刑法有关规定追究刑事责任。

（2）犯罪主体为对安全事故“负有报告职责的人员”。“安全事故”不仅限于安全生产经营单位发生的安全生产事故、大型群众性活动中发生的重大伤亡事故，还包括刑法分则第二章规定的所有与安全事故有关的犯罪，但第一百三十三条、第一百三十八条除外，因为这两条已将不报告作为构成犯罪的条件之一。根据前文中所提到的《若干问题的解释》第四条的规定，《刑法》第一百三十九条之一规定的“负有报告职责的人员”，是指负有组织、指挥或者管理职责的负责人、管理人员、实际控制人、投资人，以及其他负有报告职责的人员。

（3）主观方面表现为故意。安全事故发生后明知应当报告，主观上具有不报、谎报安全事故真相的故意。

三、关于生产安全犯罪适用《刑法》的司法解释

为依法惩治危害生产安全犯罪，根据《刑法》有关规定，最高人民法院、最高人民检察院2015年12月14日公布了《最高人民法院、最高人民检察院关于办理危害生产安全刑事案件适用法律若干问题的解释》。

《若干问题的解释》共17条，包括生产安全犯罪的犯罪主体、定罪标准、疑难问题的法律适用、国家工作人员职务犯罪的行为和刑事责任、刑事处罚和量刑情节等。

（一）重大责任事故罪和重大劳动安全事故罪的定罪标准

《若干问题的解释》第六条第一款规定，实施刑法第一百三十四条第一款、第一百三十五条规定的行为，因而发生安全事故，具有下列情形之一的，应当认定为“造成严重后果”或者“发生重大伤亡事故或者造成其他严重后果”：

（1）造成死亡一人以上，或者重伤三人以上的。

（2）造成直接经济损失一百万元以上的。

（3）造成其他严重后果或者重大安全事故的情形。

（二）疑难问题的法律适用依据

1. 共同犯罪

《若干问题的解释》第九条规定，在安全事故发生后，与负有报告职责的人员串通，不报或者谎报事故情况，贻误事故抢救，情节严重的，依照《刑法》第一百三十九条之一的规定，以共犯论处。

2. 数罪并罚

《若干问题的解释》第十二条规定，实施“采取弄虚作假、行贿等手段，故意逃避、阻挠负有安全监督管理职责的部门实施监督检查”的行为，同时构成《刑法》第三百八十九条规定的犯罪的，依照数罪并罚的规定处罚。

（三）国家机关工作人员职务犯罪

《若干问题的解释》第十五条规定，国家机关工作人员在履行安全监督管理职责时滥用职权、玩忽职守，致使公共财产、国家和人民利益遭受重大损失的，或者徇私舞弊，对发现的刑事案件依法应当移交司法机关追究刑事责任而不移交，情节严重的，分别依照《刑法》第三百九十七条、第四百零二条的规定，以滥用职权罪、玩忽职守罪或者徇私舞弊不移交刑事案件罪定罪处罚。

（四）量刑情节的规定

《若干问题的解释》第七条第一款规定，实施《刑法》第一百三十四条第一款、第一百三十五条规定的行为，因而发生安全事故，具有下列情形之一的，对相关责任人员，处三年以上七年以下有期徒刑：

（1）造成死亡三人以上或者重伤十人以上，负事故主要责任的。

（2）造成直接经济损失五百万元以上，负事故主要责任的。

（3）其他造成特别严重后果、情节特别恶劣或者后果特别严重的情形。

《若干问题的解释》第八条第一款规定，在安全事故发生后，负有报告职责的人员不报或者谎报事故情况，贻误事故抢救，具有下列情形之一的，应当认定为《刑法》第一百三十九条之一规定的“情节严重”：

（1）导致事故后果扩大，增加死亡一人以上，或者增加重伤三人以上，或者增加直接经济损失一百万元以上的。

（2）实施下列行为之一，致使不能及时有效开展事故抢救的：

1）决定不报、迟报、谎报事故情况或者指使、串通有关人员不报、迟报、谎报事故情况的；

2）在事故抢救期间擅离职守或者逃匿的；

3）伪造、破坏事故现场，或者转移、藏匿遇难人员尸体，或者转移、藏匿受伤人员的；

4）毁灭、伪造、隐匿与事故有关的图纸、记录、计算机数据等资料以及其他证据的。

（3）其他情节严重的情形。《若干问题的解释》第八条第二款规定，具有下列情形之一的，应当认定为《刑法》第一百三十九条之一规定的“情节特别严重”：

1）导致事故后果扩大，增加死亡三人以上，或者增加重伤十人以上，或者增加直接经济损失五百万元以上的。

2）采用暴力、胁迫、命令等方式阻止他人报告事故情况，导致事故后果扩大的。

3）其他情节特别严重的情形。

第二节　中华人民共和国行政处罚法

1996 年 3 月 17 日，第八届全国人民代表大会第四次会议通过了《中华人民共和国行政处罚法》（以下简称《行政处罚法》），自同年 10 月 1 日起施行。2009 年 8 月 27 日第十一届全国人民代表大会常务委员会第十次会议第一次修正，2017 年 9 月 1 日第十二届全国人民代表大会常务委员会第二十九次会议第二次修正。2021 年 1 月 22 日第十三届全国人民代表大会常务委员会第二十五次会议第三次修改。《行政处罚法》的立法目的是规范行政处罚的设定和实施，保障和监督行政机关有效实施行政管理，维护公共利益和社会秩序，保护公民、法人或者其他组织的合法权益。《行政处罚法》的通过和实行，是中国法治史上的一个里程碑。

一、行政处罚概述

（一）行政处罚的概念、特征和种类

1. 行政处罚的概念

行政处罚是指行政机关依法对违反行政管理秩序的公民、法人或者其他组织，以减损权益或者增加义务的方式予以惩戒的行为。对实施处罚的主体来说，行政处罚是一种制裁性行政行为，对承受处罚的主体来说，行政处罚是一种惩罚的行政法律责任。行政处罚的目的是维护社会治安和社会秩序，保障国家的安全和公民的权利。

理解行政处罚的概念应注意以下 5 点：（1）行政处罚的处罚主体是行政机关或者法律法规授权的组织；（2）行政处罚以行政违法为前提；（3）行政处罚的对象是违反行政法律法规的公民、法人或其他组织；（4）行政处罚的性质是一种行政制裁；（5）行政处罚是违法者承担行政法律责任的一种表现形式。

2. 行政处罚的特征

行政处罚具有下列特征；

（1）行政处罚由法定的国家机关和组织实施。行政处罚的实施机关主要是国家行政机关，经法律法规授权的组织和行政机关依法委托的组织也可以实施行政处罚。

（2）行政处罚的对象是实施了违法行为，应当给予处罚的行政相对人。行政相对人是指行政管理的对象，也称行政管理相对人。实施行政处罚时的行政相对人，是指违反行政管理法律法规和规章并应受行政制裁的人。依照《行政处罚法》的规定，行政相对人包括公民、法人或者其他组织。凡是违反行政法律法规的公民、法人或其他组织，都属于处罚的对象。

（3）行政处罚是对违法行为人的制裁，具有惩戒性。行政处罚是对有违反行政法律规范尤其是违反行政管理秩序的行政相对人的人身自由、财产、名誉或其他权益的限制或者剥夺，或者对其科以新的义务，体现了强烈的制裁性或惩戒性，目的是惩戒违法、警戒和教育违法者并预防新的违法行为的发生。

（4）行政处罚必须在法律规定范围内实施。《行政处罚法》第四条规定："公民、法人或者其他组织违反行政管理秩序的行为，应当给予行政处罚的，依照本法由法律法规、规章规定，并由行政机关依照本法规定的程序实施。"第十七条规定："行政处罚由具有行政处罚权的行政机关在法定职权范围内实施。"第三十八条："行政处罚没有依据或者实施主体不具有行政主体资格的，行政处罚无效。"

（5）行政处罚必须依照法定程序实施。根据《行政处罚法》的规定，行政机关必须依照本法规定的程序实施，违反法定程序构成重大且明显违法的，行政处罚无效。法律规定实施行政处罚的程序主要有简易程序、普通程序和听证程序。

3. 行政处罚的种类

行政处罚的种类，是行政处罚外在的具体表现形式。在理论上，根据不同的标准，行政处罚有不同的分类。以对违法行为人的何种权利采取制裁措施为标准，行政法学上通常将行政处罚的种类分为 4 种：

（1）人身自由罚。即对违法公民的人身自由权利进行限制或剥夺的处罚。如行政拘留等。

（2）行为罚。又称能力罚、资格罚。即以剥夺或限制人的资格为内容的处罚。如责令停产停业、吊销营业执照等。

（3）财产罚。即使被处罚人的财产权利和利益受到损害的行政处罚。如罚款、没收违法所得、销毁违禁物品等。

（4）声誉罚。即对违法者的名誉、荣誉、信誉或精神上的利益造成一定损害的行政处罚。如警告、通报批评、剥夺荣誉称号等。

依据我国《行政处罚法》第九条，行政处罚的种类包括：（1）警告、通报批评；（2）罚款、没收违法所得、没收非法财物；（3）暂扣许可证件、降低资质等级、吊销许可证件；（4）限制开展生产经营活动、责令停产停业、责令关闭、限制从业；（5）行政拘留；（6）法律、行政法规规定的其他行政处罚。

（二）行政处罚的基本原则

根据《行政处罚法》的规定，行政处罚应遵循如下基本原则：

（1）处罚法定原则。《行政处罚法》第四条规定了处罚法定原则，它包含3层意思：1）实施处罚的主体法定；2）处罚依据法定；3）处罚程序法定。

（2）处罚公正、公开原则。《行政处罚法》第五条规定了处罚公正、公开原则。行政处罚的公正原则是设定和实施行政处罚必须以事实为依据，与违法行为的事实、性质、情节以及社会危害程度相当。行政处罚公开原则是指对违法行为给予行政处罚的规定必须公布；未经公布的，不得作为行政处罚的依据。

（3）处罚与教育相结合原则。《行政处罚法》第六条规定了处罚与教育相结合原则。处罚是为了更好地教育，不教育单纯处罚是专制，但是仅仅教育往往达不到预期目的，辅助以处罚，让违法者感受到痛苦，就会促使其避免或者减少违法行为。处罚和教育都是手段，在行政处罚中应当灵活掌握。

（4）权利保障原则。《行政处罚法》第七条规定："公民、法人或者其他组织对行政机关所给予的行政处罚，享有陈述权、申辩权；对行政处罚不服的，有权依法申请行政复议或者提起行政诉讼。公民、法人或者其他组织因行政机关违法给予行政处罚受到损害的，有权依法提出赔偿要求。"公民、法人或者其他组织因违法行为受到行政处罚，其违法行为对他人造成损害的，应当依法承担民事责任。据此，在行政处罚的实施中必须对行政相对人的权利予以保障，行政相对人享有陈述权、申辩权、申请复议权、行政诉讼权、请求行政赔偿的权利以及要求举行听证的权利。这些权利的确定是宪法保障人权的具体体现。

（5）一事不再罚原则。行政处罚实施中对当事人的同一个违法行为，一个或者多个行政机关多次处以罚款的行政处罚，既不符合法理，又会出现重复处罚，即"一事二罚"的问题。为了规范行政处罚，防止滥施行政处罚权，《行政处罚法》第二十九条规定："对当事人的同一个违法行为，不得给予两次以上罚款的行政处罚。同一个违法行为违反多个法律规范应当给予罚款处罚的，按照罚款数额高的规定处罚。"据此，一事不再罚原则可以界定为：对行为人的同一违法行为，不得给予两次以上罚款的行政处罚。一个行政机关不得对同一个违法行为多次罚款，其他行政机关不得对已经实施罚款的同一个违法行为再次罚款。但是如果一个违法行为，同时违反了两个以上的法律法规规定，按照罚款数额高的规定处罚。

二、行政处罚的实施机关

行政处罚的实施机关是指能够享有行政处罚权，进行处罚行为的组织。作为对公民权益影响较大的行政职权，必须对处罚权行使者做严格的规定。根据《行政处罚法》第十七条至第二十一条的规定，行政处罚的法定实施主体包括以下3种：

（1）具有法定处罚权的国家行政机关。行政处罚的主要实施主体是法律法规和规章规定的国家行政机关。行政处罚权作为行政管理的重要手段，应当由行政机关行使，但并不是任何行政机关都可以行使处罚权，只有法律法规和规章的明确授权，即依法取得特定的行政处罚权的行政机关才能行使。如《安全生产法》第一百一十五条规定："本法规定的行政处罚，由应急管理部门和其他负有安全生产监督管理职责的部门按照职责分工决定；其中，根据本法第九十五条、第一百一十条、第一百一十四条的规定应当给予民航、铁路、电力行业的生产经营单位及其主要负责人行政处罚的，也可以由主管的负有安全生产监督管理职责的部门进行处罚。予以关闭的行政处罚，由负有安全生产监督管理职责的部门报请县级以上人民政府按照国务院规定的权限决定；给予拘留的行政处罚，由公安机关依照治安管理处罚的规定决定。”这条规定将违反《安全生产法》规定的违法行为的处罚权赋予了负责安全生产监督管理的部门，但对于关闭、拘留以及有关法律、行政法规对处罚决定机关另有规定的处罚，根据实际作了例外规定。同时，为解决多头执法、执法扰民现象，《行政处罚法》确定了相对集中行政处罚权制度，《行政处罚法》第十八条规定：“国家在城市管理、市场监管、生态环境、文化市场、交通运输、应急管理、农业等领域推行建立综合行政执法制度，相对集中行政处罚权。国务院或者省、自治区、直辖市人民政府可以决定一个行政机关行使有关行政机关的行政处罚权。限制人身自由的行政处罚权只能由公安机关和法律规定的其他机关行使。”

（2）法律法规授权的组织。《行政处罚法》第十九条规定：“法律法规授权的具有管理公共事务职能的组织可以在法定授权范围内实施行政处罚。”在此，授权只能是由法律法规明确、直接授权，规章不能授权，并且接受授权的组织应当是具有管理公共事务职能的组织，这种主体属于非行政机关的行政执法主体。这类行政执法主体有权以自己的名义，按照法定授权和法定程序，独立实施行政处罚并对行政处罚的后果承担法律责任。

（3）受行政机关依法委托的组织。为了补充行政处罚实施力量的不足，加大行政处罚的力度，法律允许行政机关依法将自己拥有的行政处罚权委托给具备法定条件的非行政组织行使。依据《行政处罚法》第二十条，行政机关依照法律法规、规章的规定，可以在其法定权限内书面委托符合规定条件的组织实施行政处罚。行政机关不得委托其他组织或者个人实施行政处罚。委托书应当载明委托的具体事项、权限、期限等内容。委托行政机关和受委托组织应当将委托书向社会公布。委托行政机关对受委托组织实施行政处罚的行为应当负责监督，并对该行为的后果承担法律责任。受委托组织在委托范围内，以委托行政机关名义实施行政处罚；不得再委托其他组织或者个人实施行政处罚。受委托组织必须符合以下条件：1）依法成立并具有管理公共事务的职能；2）有熟悉有关法律法规、规章和业务并取得行政执法资格的工作人员；3）需要进行技术检查或者技术鉴定的，应当有条件组织进行相应的技术检查或者技术鉴定。

三、行政处罚的决定

（一）“三项制度”

根据《国务院办公厅关于全面推行行政执法公示制度执法全过程记录制度重大执法决定法制审核制度的指导意见》，《行政处罚法》规定了信息公示制度、执法全过程记录制度和重大执法决定法制审核制度。

（1）信息公示制度。《行政处罚法》第三十九条规定：“行政处罚的实施机关、立案依据、实施程序和救济渠道等信息应当公示。”第四十八条规定：“具有一定社会影响的行政处罚决定应当依法公开。”公开的行政处罚决定被依法变更、撤销、确认违法或者确认无效的，行政机关应当在三日内撤回行政处罚决定信息并公开说明理由。

（2）执法全过程记录制度。《行政处罚法》第四十七条规定：“行政机关应当依法以文字、音像等形式，对行政处罚的启动、调查取证、审核、决定、送达、执行等进行全过程记录，归档保存。”

（3）法制审核制度。《行政处罚法》第五十八条规定：“有下列情形之一，在行政机关负责人作出行政处罚的决定之前，应当由从事行政处罚决定法制审核的人员进行法制审核；未经法制审核或者审核未通过的，不得作出决定：1）涉及重大公共利益的；2）直接关系当事人或者第三人重大权益，经过听证程序的；3）案件情况疑难复杂、涉及多个法律关系的；4）法律法规规定应当进行法制审核的其他情形。”

（二）决定行政处罚的原则

《行政处罚法》第四十条规定：“公民、法人或者其他组织违反行政管理秩序的行为，依法应当给予行政处罚的，行政机关必须查明事实；违法事实不清、证据不足的，不得给予行政处罚。”

（三）电子技术监控设备的使用

行政机关依照法律、行政法规规定利用电子技术监控设备收集、固定违法事实的，应当经过法制和技术审核，确保电子技术监控设备符合标准、设置合理、标志明显，设置地点应当向社会公布。电子技术监控设备记录违法事实应当真实、清晰、完整、准确。行政机关应当审核记录内容是否符合要求；未经审核或者经审核不符合要求的，不得作为行政处罚的证据。行政机关应当及时告知当事人违法事实，并采取信息化手段或者其他措施，为当事人查询、陈述和申辩提供便利。不得限制或者变相限制当事人享有的陈述权、申辩权。

（四）执法人员要求

（1）执法人员的基本要求。行政处罚应当由具有行政执法资格的执法人员实施。执法人员不得少于两人，法律另有规定的除外。执法人员应当文明执法，尊重和保护当事人合法权益。

（2）回避制度。执法人员与案件有直接利害关系或者有其他关系可能影响公正执法的，应当回避。当事人认为执法人员与案件有直接利害关系或者有其他关系可能影响公正执法的，有权申请回避。当事人提出回避申请的，行政机关应当依法审查，由行政机关负责人决定。决定作出之前，不停止调查。

（3）保密义务。行政机关及其工作人员对实施行政处罚过程中知悉的国家秘密、商业秘密或者个人隐私，应当依法予以保密。

（五）处罚前的告知义务

《行政处罚法》第四十四条规定：“行政机关在作出行政处罚决定之前，应当告知当事人拟作出的行政处罚内容及事实、理由、依据，并告知当事人依法享有的陈述、申辩、要求听证等权利。”行政机关处罚前未履行告知义务的，属于程序重大违法，作出的行政处罚决定无效。

《行政处罚法》第四十五条规定：“当事人有权进行陈述和申辩。行政机关必须充分听取当事人的意见，对当事人提出的事实、理由和证据，应当进行复核；当事人提出的事实、理由或者证据成立的，行政机关应当采纳。行政机关不得因当事人陈述、申辩而给予更重的处罚。”

（六）行政处罚的证据

行政处罚决定应当有证据证明违法行为。依据《行政处罚法》第四十六条，证据包括：（1）书证；（2）物证；（3）视听资料；（4）电子数据；（5）证人证言；（6）当事人的陈述；（7）鉴定意见；（8）勘验笔录、现场笔录。证据必须经查证属实，方可作为认定案件事实的根据。以非法手段取得的证据，不得作为认定案件事实的根据。

四、行政处罚的执行

（一）执行主体

执行主体可以分为广义和狭义两个概念，广义的执行主体是指执行行政处罚的执法人员和因违法行为而被处罚的行政相对人。两方因行政处罚而共同成为执行主体。狭义的执行主体不包括行政相对人。本章所指的执行主体即为狭义的执行主体。包括：（1）法律法规赋予其行政处罚职权的行政机关、社会团体；（2）法律法规授权可以实施行政处罚权的组织；（3）有行政处罚权的行政机关委托实施处罚权的其他组织；（4）人民法院（无处罚权的机关和组织可以申请人民法院执行）。

（二）执行程序

行政处罚执行程序，是指确保行政处罚决定所确定的内容得以实现的程序。执行程序是完成行政处罚的重要程序，行政处罚决定一旦作出，就具有法律效力，处罚决定中所确定的义务必须得到履行。处罚执行程序有3项重要内容：

（1）实行处罚机关与收缴罚款机构相分离。《行政处罚法》确立了罚款决定机关与收缴罚款机构相分离的制度，在行政处罚决定作出后，作出罚款决定的行政机关及其工作人员不能自行收缴罚款，而由当事人自收到处罚决定书之日起15日内到指定的银行或者通过电子支付系统缴纳罚款。银行应当收受罚款，并将罚款直接上缴国库。但在以下情况下，可以当场收缴罚款：1）依法给予100元以下罚款的；2）不当场收缴事后难以执行的；3）在边远、水上、交通不便地区，行政机关及其执法人员依照本法第五十一条、第五十七条的规定作出罚款决定后，当事人到指定的银行或者通过电子支付系统缴纳罚款确有困难，经当事人提出，行政机关及其执法人员可以当场收缴罚款。行政机关及其执法人员当场收缴罚款的，必须向当事人出具国务院财政部门或者省、自治区、直辖市人民政府财政部门统一制发的专用票据；不出具财政部门统一制发的专用票据的，当事人有权拒绝缴纳罚款。执法人员当场收缴的罚款，应当自收缴罚款之日起2日内，交至行政机关；在水上当场收缴的罚款，应当自抵岸之日起2日内交至行政机关；行政机关应当在2日内将罚款缴付指定的银行。

（2）严格实行收支两条线。罚款必须全部上缴国库。执法人员当场收缴的罚款，应当按规定的期限上缴所在的行政机关，行政机关则应按规定的期限交付给指定银行。除依法应当予以销毁的物品外，依法没收的非法财物必须按照国家规定公开拍卖或者按照国家有关规定处理。罚款、没收的违法所得或者没收非法财物拍卖的款项，必须全部上缴国库，任何行政机关或者个人不得以任何形式截留、私分或者变相私分。罚款、没收的违法所得或者没收非法财物拍卖的款项，不得同作出行政处罚决定的行政机关及其工作人员的考核、考评直接或者变相挂钩。除依法应当退还、退赔的外，财政部门不得以任何形式向作出行政处罚决定的行政机关返还罚款、没收的违法所得或者没收非法财物拍卖的款项。

（3）行政处罚的强制执行。行政处罚决定作出之后，当事人应当在法定期限内自觉履行处罚决定所设定的义务。《行政处罚法》第六十六条规定："行政处罚决定依法作出后，当事人应当在行政处罚决定书载明的期限内，予以履行。当事人确有经济困难，需要延期或者分期缴纳罚款的，经当事人申请和行政机关批准，可以暂缓或者分期缴纳。”当事人对行政处罚决定不服申请行政复议或者提起行政诉讼的，行政处罚不停止执行，法律另有规定的除外。如果当事人没有正当理由逾期不履行，则导致强制执行。当事人逾期不履行行政处罚决定的，作出行政处罚决定的行政机关可以采取下列措施：1）到期不缴纳罚款的，每日按罚款数额的3%加处罚款，加处罚款的数额不得超出罚款的数额；2）根据法律规定，将查封、扣押的财物拍卖、依法处理或者将冻结的存款、汇款划拨抵缴罚款；3）根据法律规定，采取其他行政强制执行方式；4）依照《中华人民共和国行政强制法》的规定申请人民法院强制执行。

第六章 安全生产行政法规

第一节 生产安全事故报告和调查处理条例

2007年4月9日国务院令第493号公布《生产安全事故报告和调查处理条例》，自2007年6月1日施行。《生产安全事故报告和调查处理条例》是我国第一部全面规范事故报告和调查处理的基本法规。《生产安全事故报告和调查处理条例》的立法目的是规范生产安全事故的报告和调查处理，落实生产安全事故责任追究制度，防止和减少生产安全事故。

一、生产安全事故分级

《生产安全事故报告和调查处理条例》确定了以人员伤亡（集体工业中毒）、直接经济损失和社会影响等对生产安全事故进行分级。

《生产安全事故报告和调查处理条例》将一般的生产安全事故分为下列四级：

（1）特别重大事故，是指一次造成30人以上死亡，或者100人以上重伤（包括急性工业中毒，下同），或者1亿元以上直接经济损失的事故。

（2）重大事故，是指一次造成10人以上30人以下死亡，或者50人以上100人以下重伤，或者5000万元以上1亿元以下直接经济损失的事故。

（3）较大事故，是指一次造成3人以上10人以下死亡，或者10人以上50人以下重伤，或者1000万元以上5000万元以下直接经济损失的事故。

（4）一般事故，是指一次造成3人以下死亡，或者10人以下重伤，或者1000万元以下直接经济损失的事故。

上述规定中的“以上”含本数，“以下”不含本数。

二、生产安全事故报告的规定

（一）报告事故是政府和企业的法定义务和责任

虽然有关地方人民政府及其职能部门和事故发生单位在事故报告和调查处理工作的法律地位不同，各自的义务和责任有所不同，但其报告事故的法定义务和责任是共同的。作为监管主体，政府及其职能部门的义务和责任主要是及时掌握传递报送事故信息，组织事故应急救援和调查处理；不履行法定职责的，要承担相应的法律责任。作为生产经营主体，事故发生单位的义务和责任主要是及时、如实报告其事故情况，组织自救，配合和接受事故调查，否则要承担相应的法律责任。

（二）事故报告主体

要做到及时报告事故情况，必须明确法定的事故报告主体（义务人）。事故报告主体不履行法定报告义务，将受到法律追究。《生产安全事故报告和调查处理条例》明确的负有事故报告义务的主体主要有5种：

（1）事故发生单位现场人员。从事生产经营作业的从业人员或者其他相关人员，只要发现发生了事故，应当立即报告本单位负责人。

（2）事故单位负责人。事故发生单位主要负责人或者有关负责人接到事故报告后，必须依照《生产安全事故报告和调查处理条例》的规定向有关政府职能部门报告。

（3）有关政府职能部门。县级以上人民政府安全生产综合监督管理部门、负有安全生产监督管理职责的有关部门负有报告事故情况的义务。

（4）有关地方人民政府。不论是哪一级地方人民政府的哪一个有关部门接到事故报告后，都要按照程序向本级人民政府报告。有关地方人民政府负有向上级人民政府报告事故情况的义务。

（5）其他报告义务人。

（三）事故报告对象

发生事故后，作为不同的事故报告主体应当履行各自的报告义务。因此，向谁报告即事故报告的对象必须明确。

（1）事故发生单位的报告对象。发生事故后，现场有关人员应当立即向本单位负责人（包括主要负责人或者有关负责人）报告。单位负责人接到报告后，应当立即报告事故发生地县级以上人民政府安全生产综合监督管理部门。对于有关人民政府设有负责监管事故发生单位的行业主管部门的，事故发生单位除了向安全生产综合监督管理部门报告外，还要向负有安全生产监督管理的有关部门报告。

（2）县级以上人民政府职能部门的报告对象。按照逐级报告的程序，县级以上人民政府安全生产综合监督管理部门、负有安全生产监督管理的有关部门接到事故发生单位的报告后，其报告对象有两个：一是上一级人民政府安全生产综合监督管理部门、负有安全生产监督管理的有关部门；二是本级人民政府。

（四）事故通知对象

为了便于组织事故调查和开展善后工作，《生产安全事故报告和调查处理条例》除了规定事故报告主体之外，还规定了安全生产综合监督管理部门、负有安全生产监督管理的有关部门接到事故报告后，应当通知同级公安机关、劳动保障部门、工会和人民检察院。

（五）事故报告的程序

（1）事故发生单位向政府职能部门报告。《生产安全事故报告和调查处理条例》第九条规定："事故发生后，事故现场有关人员应当立即向本单位负责人报告；本单位负责人接到报告后，应当于1 h内向事故发生地县级以上人民政府安全生产监督管理部门和负有安全生产监督管理职责的有关部门报告。"

（2）政府部门报告的程序。

1）特别重大事故、重大事故逐级上报至国务院安全生产监督管理部门和负有安全生产监督管理的有关部门。

2）较大事故逐级上报至省、自治区、直辖市人民政府安全生产监督管理部门和负有安全生产监督管理的有关部门。

3）一般事故逐级上报至设区的市级安全生产监督管理部门和负有安全生产监督管理的有关部门。

安全生产监督管理部门和负有安全生产监督管理职责的有关部门依照上述规定上报事故情况，应当同时报告本级人民政府。国务院安全生产监督管理部门和负有安全生产监督管理职责的有关部门以及省级人民政府接到发生特别重大事故、重大事故的报告后，应当立即报告国务院。

（3）越级报告。

1）事故发生单位越级报告。情况紧急时，事故现场有关人员可以直接向事故发生地县级以上人民政府安全生产监督管理部门和负有安全生产监督管理职责的有关部门报告。

2）安全生产监管部门和有关部门越级报告。必要时，安全生产监督管理部门和负有安全生产监督管理的有关部门可以越级上报事故情况。

（4）事故续报、补报。事故报告后出现新情况，事故发生单位、安全生产监督管理部门和负有安全生产监督管理的有关部门应当及时续报。自事故发生之日起 30 日内（道路交通事故、火灾事故自发生之日起 7 日内），事故造成的伤亡人数发生变化的，事故发生单位、安全生产监督管理部门和负有安全生产监督管理的有关部门应当及时补报。

（六）事故报告内容

《生产安全事故报告和调查处理条例》第十二条规定，报告事故应当包括下列内容：

（1）事故发生单位概况。

（2）事故发生的时间、地点以及事故现场情况。

（3）事故的简要经过。

（4）事故已经造成或者可能造成的伤亡人数（包括下落不明的人数）和初步估计的直接经济损失。

（5）已经采取的措施。

（6）其他应当报告的情况。

（七）事故报告时限

为了提高事故报告速度，及时组织现场救援，《生产安全事故报告和调查处理条例》对事故发生单位、县级以上人民政府安全生产监督管理部门和负有安全生产监督管理的有关部门报告事故情况的时限分别作出了规定。

（1）事故发生单位事故报告的时限。从事故发生单位负责人接到事故报告时起算，该单位向政府职能部门报告的时限是 1 h。

（2）政府职能部门事故报告的时限。县级以上人民政府安全生产监督管理部门和负有安全生产监督管理的有关部门向上一级人民政府安全生产监督管理部门和负有安全生产监督管理的有关部门逐级报告事故的时限，每级上报的时间不得超过 2 h。安全生产监督管理部门和负有安全生产监督管理的有关部门逐级上报事故情况的同时，应当报告本级人民政府。

（3）法定事故报告时限的界定。《生产安全事故报告和调查处理条例》关于事故报告的法定时限，从事故发生单位发现事故发生和有关人民政府职能部门接到事故报告时起算。超过法定时限且没有正当理由报告事故情况的，为迟报事故并承担相应法律责任。但是遇有不可抗力的情况并有证据证明的除外。譬如，因通信中断、交通阻断或者其他自然原因致使事故信息等情况不能按时报送的，其报告时限可以适当延长。

（八）事故应急救援

（1）《生产安全事故报告和调查处理条例》第十四条规定："事故发生单位负责人接到事故报告后，应当立即启动事故应急预案，或者采取有效措施，组织抢救，防止事故扩大，减少人员伤亡和财产损失。"该条规定对事故发生单位提出了三项要求：一是主要负责人或者有关负责人必须立即启动本单位的事故应急预案或者采取有效措施，发出事故信息，组织有关人员，调动救援物资，进入事故应急状态；二是主要负责人和相关人员要立即赶赴事故现场，组织抢险救灾；三是尽最大努力防止事故扩大，全力抢救受害人员，最大限度地减少人员伤亡和财产损失。

（2）《生产安全事故报告和调查处理条例》第十五条规定："事故发生地有关地方人民政府、安全生产监督管理部门和负有安全生产监督管理职责的有关部门接到事故报告后，其负责人应当立即赶赴事故现场，组织事故救援。"强调了地方人民政府及其有关部门在事故应急救援工作中的法定职责，其目的在于加强各级人民政府对事故应急救援工作的领导，健全企业自救与政府救援相结合的事故应急救援体系，建立快速、高效的应急救援工作机制，提供完善、可靠的应急救援保障，有效实施事故应急救援。

（九）事故现场保护

（1）事故现场的保护。《生产安全事故报告和调查处理条例》第十六条规定："事故发生后，有关单位和人员应当妥善保护事故现场以及相关证据，任何人不得破坏事故现场、毁灭相关证据。"这里明确了两个问题：一是保护事故现场以及相关证据是有关单位和人员的法定义务。所谓"有关单位和人员"是事故现场保护义务的主体，既包括在事故现场的事故发生单位及其有关人员，也包括在事故现场的有关地方人民政府安全生产监管部门、负有安全生产监管职责的有关部门、事故应急救援组织等单位及其有关人员。只要是在事故现场的单位和人员，都有妥善保护现场和相关证据的义务。二是禁止破坏事故现场、毁灭有关证据。不论是过失还是故意，有关单位和人员均不得破坏事故现场、毁灭相关证据。

（2）现场物件的保护。有时为了便于抢险救灾，需要改变事故现场某些物件的状态。《生产安全事故报告和调查处理条例》第十六条第二款规定，在采取相应措施的前提下，因抢救人员、防止事故扩大以及疏通交通等原因，需要移动事故现场物件的，应当做出标记，绘制现场简图并作出书面记录，妥善保护现场重要痕迹、物证。

（十）事故犯罪嫌疑人的控制

一些企业发生事故后，有的犯罪嫌疑人为逃避法律制裁，销毁、隐匿证据或者逃匿，给事故调查处理带来困难。为了加强对事故犯罪嫌疑人的控制，保证事故调查处理工作的顺利进行，《生产安全事故报告和调查处理条例》第十七条规定："事故发生地公安机关根据事故的情况，对涉嫌犯罪的，应当依法立案侦查，采取强制措施控制犯罪嫌疑人。犯罪嫌疑人逃匿的，公安机关应当迅速追捕归案。"

（十一）事故举报

有些事故发生后，相关地方人民政府及其安全生产监督管理部门和负有安全生产监督管理的有关部门没有发现发生事故或者没有接到事故发生单位的报告，这就需要依靠社会监督，发动群众报告和举报事故情况，各级人民政府负有安全生产监督管理职责的部门应当建立相关工作制度，受理举报并查处安全生产违法行为。《生产安全事故报告和调查处理条例》第十八条规定，安全生产监督管理部门和负有安全生产监督管理的有关部门应当建立值班制度，并向社会公布值班电话，受理事故报告和举报。

三、生产安全事故调查的规定

政府领导、分级负责事故调查处理工作，是《生产安全事故报告和调查处理条例》确定的重要原则。这项原则的核心是确立有关人民政府对事故调查处理的领导权。

（一）事故调查处理必须坚持政府领导、分级负责的原则

各级人民政府在事故调查处理工作中的法律定位，是一个重大原则问题。实行政府领导、分级负责的原则，主要是基于以下考虑：

（1）安全生产实行行政首长负责制。党和国家明确提出，安全生产工作必须实行和强化行政首长负责制。各级地方人民政府守土有责，保一方平安，对本行政区域内的安全生产工作负总责。组织调查处理事故，有关人民政府责无旁贷。

（2）对本行政区域安全生产工作实行统一领导，是各级人民政府的法定权力。《中华人民共和国宪法》《中华人民共和国国务院组织法》《中华人民共和国地方各级代表大会和地方各级人民政府组织法》明确规定，各级人民政府是国家和地方的政权组织，按照各自的职权分别对国家和地方事务实施行政管理。安全生产工作包括事故调查处理，应当置于各级人民政府统一领导之下。

（3）政府领导、分级负责原则既符合事故调查处理工作的实际需要，又有利于发挥、协调有关部门的作用。强调政府领导、分级负责，不仅不会排斥政府有关部门的作用，反而会在政府统一领导下更好地发挥其职能作用。在有关人民政府不直接组织事故调查的情况下，需要授权或者委托有关部门组织事故调查。授权或者受托的政府部门在本级政府领导下开展事故调查工作，由其牵头组织成立的事故调查组是政府的调查组而不是部门的事故调查组。不论有关人民政府授权或者委托哪个部门组织事故调查，都需要其他部门的参加和配合。

（4）事故报告、抢救、调查处理和善后工作都要依靠地方人民政府。事故调查工作与事故报告、抢救、调查处理和善后工作是一个有机整体，都离不开地方人民政府的领导。事故信息报告要依靠地方政府，事故应急救援和现场抢险要依靠地方政府，事故调查处理要依靠地方政府，事故善后和稳定工作要依靠地方政府，事故责任人的追究和落实要依靠地方政府。

（二）事故调查的一般规定

按照属地分级组织事故调查的原则，《生产安全事故报告和调查处理条例》对组织事故调查的具体方式，即政府直接组织调查和授权或者委托有关部门组织调查，分别作出了规定。

1. 有关人民政府直接组织调查

《生产安全事故报告和调查处理条例》第十九条对有关人民政府直接组织事故调查，作出了下列规定：

（1）特别重大事故由国务院组织事故调查组进行调查。

（2）重大事故由事故发生地省级人民政府直接组织事故调查组进行调查。省级人民政府是指省、自治区、直辖市人民政府。

（3）较大事故由事故发生地设区的市级人民政府直接组织事故调查组进行调查。设区的市级人民政府还包括地区行政公署和民族自治地方的州、盟人民政府。

（4）一般事故由事故发生地县级人民政府直接组织事故调查组进行调查。其中未造成人员伤亡的，县级人民政府也可委托事故发生单位组织事故调查组进行调查。县级人民政府还包括县级市人民政府和民族自治地方的旗人民政府。

2. 授权或者委托有关部门组织调查

在有关人民政府不直接组织事故调查的情况下，《生产安全事故报告和调查处理条例》对有关人民政府可以授权或者委托有关部门组织调查，作出了下列规定：

（1）特别重大事故由国务院授权的部门组织事故调查组进行调查。

（2）重大事故由事故发生地省级人民政府授权或者委托有关部门组织事故调查组进行调查。

（3）较大事故由事故发生地设区的市级人民政府授权或者委托有关部门组织事故调查组进行调查。

（4）一般事故由事故发生地县级人民政府授权或者委托有关部门组织事故调查组进行调查。

3. 事故调查的特别规定

鉴于事故调查工作情况复杂和有关法律、行政法规对某些事故调查的主体另有规定，因此，《生产安全事故报告和调查处理条例》除了对事故调查作出一般规定之外，还作出了下列特别规定：

（1）提级调查。对于一些情况复杂、影响恶劣、涉及面宽、调查难度大的事故，上级人民政府认为必要时，可以直接调查由下级人民政府负责调查的事故。《生产安全事故报告和调查处理条例》第二十条关于提级调查的规定，没有限制上级人民政府的层级，在实践中可能是上一级政府，但也不限于上一级人民政府，还可能提到上两级人民政府乃至国务院直接组织调查。

（2）升级调查。有些事故发生当时根据人员伤亡和直接经济损失情况确定了相应事故等级并由有关人民政府组织调查，但经过一定时间后事故情况有所变化而构成了上一级事故，这就需要按照提升后的事故等级另行组织调查。譬如，在一定期限内出现了伤亡人员或者重伤（急性工业中毒）者医治无效死亡而导致伤亡人数增加的情况。所以，《生产安全事故报告和调查处理条例》第二十条第二款规定："在事故发生之日起 30 日内（道路交通事故、火灾事故自发生之日起 7 日内），因事故伤亡人数变化导致事故等级发生变化，依照本条例应当由上级人民政府负责调查的，上级人民政府可以另行组织事故调查组进行调查。"

（3）跨行政区域的事故调查。有些事故特别是流动作业事故（如交通运输事故）的发生地跨两个县级以上行政区域，需要确定事故调查主体。对于异地发生事故的调查，《生产安全事故报告和调查处理条例》第二十一条规定："特别重大以外的事故，事故发生地与事故发生单位所在地不在同一个县级以上行政区域的，由事故发生地人民政府负责调查，事故发生单位所在地人民政府应当派员参加。"也就是说，两地有关人民政府负有共同调查跨行政区域事故的职责，双方应当相互支持和配合，任何一方不得拒绝参加事故调查。

4. 法律授权部门组织事故调查

依照《生产安全事故报告和调查处理条例》第十九条的一般规定，国家和省、设区的市、县四级人民政府分别负责特别重大事故、重大事故、较大事故、一般事故的调查工作。

《生产安全事故报告和调查处理条例》第四十五条规定："特别重大事故以下等级的事故的报告和调查处理，有关法律、行政法规另有规定的，依照其规定。"该条规定在明确特别重大事故国家调查权的前提下，允许由特别法授权的政府部门直接组织特殊事故调查。目前，对法律授权部门直接组织事故调查有明确规定的，主要有《中华人民共和国海上交通安全法》《海上交通事故调查处理条例》《铁路交通事故应急救援和调查处理条例》《煤矿安全监察条例》等。法律、行政法规授权有关部门负责组织事故调查的，也要依靠有关地方人民政府的支持和配合。

（三）事故调查组的地位及职责

1. 参与事故调查的单位

《生产安全事故报告和调查处理条例》对组成事故调查组的成员单位和参加单位分别作出了规定：

（1）事故调查组的成员单位。《生产安全事故报告和调查处理条例》第二十二条规定，事故调查组的组成应当遵循精简、效能的原则。根据事故的具体情况，事故调查组由有关人民政府、安全生产监督管理部门、负有安全生产监督管理职责的有关部门、监察机关、公安机关以及工会派人组成。

（2）事故调查的邀请单位。检察机关是国家法律监督机关，依法负有追究国家工作人员职务犯罪的职责。检察机关参加事故调查，既有利于支持、协助有关人民政府部门调查处理事故，又有利于履行法定职责。加强行政机关与检察机关的联系和配合，是建立联合执法机制的需要。《生产安全事故报告和调查处理条例》第二十二条规定，应当邀请人民检察院派人参加事故调查。

2. 事故调查组的职责

事故调查组依法享有事故调查权、责任重大，其职责必须明确具体。《生产安全事故报告和调查处理条例》第二十五条规定的五项法定职责，是事故调查组开展工作的主要法律依据。五项法定职责如下：

（1）查明事故发生经过、原因、人员伤亡情况及直接经济损失。这就要求事故调查组按照尊重科学、实事求是和"四不放过"原则，查清事故基本情况，为认定事故的性质和责任提供最直接、最真实、最可靠的有关材料、证据。事故基本情况应当经得起实践和历史的检验，具有确凿充分的证明力和说服力。

（2）认定事故的性质和事故责任。根据对事故基本情况的分析判定，事故调查组应对事故性质作出属于责任事故或者非责任事故的认定。经认定属于责任事故的，应当确定明确的事故责任单位及其责任人，界定不同事故责任主体各自应当承担的行政责任、民事责任、刑事责任。《生产安全事故报告和调查处理条例》对事故调查组及其提交的调查报告的基本要求是定性准确、责任明晰、程序合法。

（3）提出对事故责任者的处理建议。《生产安全事故报告和调查处理条例》所称的事故责任者，既包括事故发生单位和对事故报告、抢救、调查、处理负有责任的行政机关，又包括事故发生单位的主要负责人、直接负责的主管人员、其他直接责任人员和行政机关的直接负责的主管人员、参与事故调查人员、其他直接责任人员。《生产安全事故报告和调查处理条例》赋予事故调查组享有对事故责任者处理的建议权。事故调查组要准确认定责任主体，分清责任。处理建议应当体现权责一致、责罚相当、宽严相济的原则，于法有据。

(4) 总结事故教训，提出防范和整改措施。事故是反面教材，调查事故不仅要体现责任追究，更要总结吸取血的教训。要提出可操作的防范和整改措施，以避免或者减少同类事故的发生。

(5) 提交事故调查报告。事故调查报告是全面、准确地反映事故调查结果或者结论的法定文书，是有关人民政府作出事故批复的主要依据。事故调查组应当依照《生产安全事故报告和调查处理条例》的规定，在法定时限内向有关人民政府提交经事故调查组全体成员签名的事故调查报告。事故调查报告具有法定的证明力，事故调查组应当对其真实性、准确性、合法性负责。

3. 事故调查组的法定地位

事故调查处理工作常见的问题之一，就是对事故调查组的地位问题存在着不同认识，甚至由此引发了对事故调查组及其提交的事故调查报告提起行政复议或者行政诉讼。《生产安全事故报告和调查处理条例》关于事故调查组法定地位的规定，需要明确两个问题：

(1) 事故调查组的属性。事故调查组是有关人民政府或其授权、委托的部门和法律、行政法规授权的部门临时组成、专门负责事故调查的工作机构。

(2) 事故调查组的统一性、权威性、纪律性。事故调查组是统一整体。成员单位之间有时对事故原因、事故性质、事故责任的认识和意见不尽相同是正常的。这就需要建立组长负责制，成员单位应当在组长的领导下各负其责、密切配合，确保事故调查工作的顺利进行。为此，《生产安全事故报告和调查处理条例》第二十四条规定："事故调查组组长由负责事故调查的人民政府指定。事故调查组组长主持事故调查组的工作。"第二十八条规定："事故调查组成员在事故调查工作中应当诚信公正、恪尽职守，遵守调查组的纪律，保守事故调查的秘密。未经事故调查组组长允许，事故调查组成员不得擅自发布有关事故的信息。"

(四) 事故调查时限

《生产安全事故报告和调查处理条例》第二十九条规定，事故调查组应当自事故发生之日起60日内提交事故调查报告；特殊情况下，经负责事故调查的人民政府批准，提交事故调查报告的期限可以适当延长，但延长的期限最长不超过60日。

(五) 事故调查报告内容

《生产安全事故报告和调查处理条例》第三十条规定，事故调查报告应当包括下列内容：

(1) 事故发生单位概况。

(2) 事故发生经过和事故救援情况。

(3) 事故造成的人员伤亡和直接经济损失。

(4) 事故发生的原因和事故性质。

(5) 事故责任的认定以及对事故责任者的处理建议。

（6）事故防范和整改措施。

事故调查报告应当附具有关证据材料。事故调查组成员应当在事故调查报告上签名。

四、生产安全事故处理的规定

依照《生产安全事故报告和调查处理条例》的规定，事故调查组应当提交事故调查报告，有关人民政府应当作出事故处理批复。这是在事故调查阶段和事故处理阶段形成的重要法律文书。确认调查报告和事故处理批复的法律属性，对于查明事故原因、认定事故性质、分清事故责任、实施责任追究，减少行政复议和行政诉讼，具有重要意义。

（一）事故调查报告的法律属性

《生产安全事故报告和调查处理条例》规定，事故调查组在一定期限内应当向有关人民政府提交符合法定内容的事故调查报告（以下简称调查报告）。在事故调查处理过程中，最容易发生的异议或者提起行政复议和行政诉讼的，就是关于调查报告是否具有行政约束力和法律效力的问题。对调查报告的法律属性有了正确认识，这些问题即可迎刃而解。依照《安全生产法》《中华人民共和国行政复议法》和《生产安全事故报告和调查处理条例》的有关规定，调查报告是在事故调查中反映事故真实情况、提出处理意见的法律文书，其法律属性表现在 4 个方面：

（1）调查报告具有真实性。调查报告是在进行详细周密的调查核实之后，以客观事实为依据，真实、准确、全面地反映事故发生单位概况、事故发生经过和救援情况、人员伤亡和直接经济损失、事故发生原因的原始材料。调查报告不得对事故原貌进行修改、修饰，不得掺杂人为色彩，不得弄虚作假。

（2）调查报告具有证据性。经依法调查核实和有关人民政府认定的调查报告及其证明材料具有法定的证明力，它是有关人民政府作出事故处理批复的重要依据，也可以作为司法机关办案的佐证材料。调查报告及其证明材料包括主报告及其附具的调查记录、询问笔录、鉴定报告、物证、书证、视听材料和其他相关材料。

（3）调查报告具有建议性。调查报告在查明事故真相的基础上，要对事故性质、事故责任认定、事故责任者的处理建议和事故防范整改措施等问题提出结论性意见。调查报告反映的是参加事故调查的成员单位的意见、建议，至于其是否正确、适当，应由有关人民政府加以确认。

（4）调查报告具有不可复议、诉讼性。由于一些当事人对事故调查报告具有不可复议、不可诉讼的法律属性不了解，所以因对调查报告持有异议而提起的行政复议和行政诉讼时有发生。调查报告的这种属性表现在：一是提交调查报告的不是独立的行政主体。事故调查组是临时工作机构，无权独立作出确认当事人的权利、义务和责任的具体行政行为。二是调查报告不具有独立完整、直接执行的法律效力和行政约束力。不能依据调查报告直接实施法律责任追究。三是对调查报告持有异议，不属于法定的行政复议和行政诉讼的受案范围。依照《中华人民共和国行政复议法》和《中华人民共和国行政诉讼法》的规定，行政相对人申请复议和起诉的主体必须是独立的国家行政机关，复议和起诉的事由必须被认为是侵犯其合法权益的独立的、完整的具体行政行为。鉴于调查报告不具备上述法定特征，所以行政相对人不能针对事故调查组及其提交的调查报告提起行政复议和行政诉讼。

调查报告提交后，有关人民政府对调查报告中关于事故基本情况尤其是事故定性、责任划分和处理建议等问题要进行全面的讨论研究。如果认为调查报告对事故原因认定不清、定性不准、责任不明，有权要求进行重新调查或者补充调查和补正材料。

（二）事故处理批复的法律属性

事故处理批复（以下简称事故批复）与调查报告不同，它是由有关人民政府或其授权的部门依法作出的具有行政约束力和执行力的法律文书。对于事故批复的性质存在着不同认识，影响了事故批复的法律效力和执行力。

（1）事故批复主体是法定的行政机关。《生产安全事故报告和调查处理条例》第三十二条的规定，负责事故调查的国家、省、市、县四级人民政府接到事故调查报告后，应当在法定期限内作出批复。这就是说，事故批复权属于上述有关人民政府。在实践中，下达事故批复的形式有两种：一种形式是由有关人民政府直接下达事故批复；另一种形式是由有关人民政府或其授权的部门，或者法律、行政法规授权的部门受权下达事故批复。

（2）作出事故批复是对确定事故原因、事故性质和实施事故追究责任的具体行政行为。这是有关人民政府根据事故调查报告，依照职权独立作出的、直接确定事故责任者的权利、义务和责任，具有法律效力和强制约束力的行政决定。有关行政机关和单位必须遵照执行，不得任意改变或者拒绝执行。

（3）事故批复是事故处理的法定依据。依照《生产安全事故报告和调查处理条例》的规定，事故批复应当对负有行政责任的事故责任者作出追究行政责任的决定。有关机关应当根据人民政府的批复，依照法律、行政法规规定的权限和程序，对事故发生单位和有关人员进行行政处罚，对负有事故责任的国家工作人员进行处分。事故发生单位应当按照负责事故调查的人民政府的批复，对本单位负有事故责任的人员进行处理。负有事故责任的人员涉嫌犯罪的，依法追究刑事责任。

需要指出的是，事故批复虽然具有法律效力和强制约束力，但它不是而且不能替代有关机关根据事故批复对事故责任者制作下达的行政处分、行政处罚等法律文书。

（4）行政相对人对事故批复持有异议的，可以依法申请行政复议或者提起行政诉讼。从作出事故批复的主体、内容和效力上看，进行事故处理具备了具体行政行为的法定要件。因此，事故发生单位或者有关责任人员认为事故批复侵犯了其合法权益，有权依法申请行政复议或者提起行政诉讼。

（三）事故批复的实施机关

鉴于事故责任主体及其法律责任有所不同，所以需要明确落实事故批复、实施责任追究的主体即实施机关。《生产安全事故报告和调查处理条例》第三十二条规定的“有关机关”是事故批复的实施机关，主要包括行政机关和司法机关两类国家机关。有关机关应当依照法律、行政法规规定的权限和程序，实施事故责任追究。

（1）行政机关。事故责任主体不同，责任追究机关和追究方式也不同。行政机关工作人员和企业、事业单位中由行政机关任命的人员对生产安全事故负有行政责任应当给予罚款的行政处罚的，由《生产安全事故报告和调查处理条例》第四十三条规定的行政机关实施；应当给予行政处分的，由其任命机关实施。事故发生单位及其非国家工作人员的有关责任人员，对生产安全事故负有行政责任应当给予罚款的行政处罚的，由《生产安全事故报告和调查处理条例》第四十三条规定的行政机关实施。

（2）司法机关。事故批复认定负有事故责任的人员涉嫌犯罪的，移交司法机关依法追究刑事责任。其中：事故发生单位责任人员中的非国家工作人员涉嫌犯罪的，由公安机关立案侦查；行政机关和事故发生单位责任人员中的国家工作人员涉嫌犯罪的，由检察机关立案侦查和起诉；所有涉嫌犯罪人员被起诉追究刑事责任的，一律由审判机关依法审理并作出判决。

五、生产安全事故报告和调查处理违法行为应负的法律责任

《安全生产法》规定，国家对生产安全事故实行责任追究制度。《生产安全事故报告和调查处理条例》第五章专门就事故责任追究问题作出了具体规定。《生产安全事故报告和调查处理条例》的有关规定，涵盖了事故责任要件、事故责任主体、实施法律制裁等法律适用问题，需要全面、准确地把握。

（一）确定事故责任的要件

《生产安全事故报告调查处理条例》规定，对责任事故的责任者依法追究法律责任。不论是事故发生单位还是有关人民政府、安全生产监督管理部门、负有安全生产监督管理职责的有关部门及其有关人员，凡是实施了《生产安全事故报告和调查处理条例》规定的违法行为的，都要对其实施责任追究。但在如何界定其是否负有责任并且是否应当追究责任的法律适用上，应当遵循责任法定的原则，明确严格、具体的法律界限。根据法理，确定事故责任的要件有以下 4 个，缺一不可：

（1）责任者依法应当履行义务。确定是否属于事故责任者，一要看其是否负有法定义务，二要看其是否履行了法定义务。负有法定义务而未履行其义务的，承担法律责任。没有法定义务的，不承担法律责任。依照《生产安全事故报告和调查处理条例》有关责任追究的规定，事故发生单位及其有关人员必须是在安全生产管理和事故报告、救援、接受与配合调查等方面负有法定义务而未履行其义务的，才能承担相应的法律责任。有关人民政府、安全生产监督管理部门和负有安全生产监督管理职责的有关部门及其有关人员，在事故报告、救援、调查和处理等各项工作中不履行法定职责或者义务的，也要承担相应的法律责任。

（2）责任者实施了违法行为。事故责任者主观上必须有违法的故意或者过失，客观上独立并且直接实施了《生产安全事故报告和调查处理条例》规定的具有社会危害性的违法行为。这里要强调的是，责任者实施的违法行为的范围不得扩大或者缩小，必须是安全生产法律法规有关义务性规范和禁止性规范中明文规定的行为。实施了法无规定的行为，不能认定或者推定为违法行为。

（3）违法行为应与事故发生有直接的因果关系。确定是否应负法律责任，必须搞清楚违法行为与损害后果之间是否具有直接的因果关系。所谓直接的因果关系，应当是出自行为人的故意或者过失而实施的违法行为，直接导致了事故的发生。在这个问题上，既应坚持对事故的直接责任者不放过，也应注意不要把一些间接原因推导成为直接原因，从而扩大责任追究的范围。

（4）责任者必须是依法应当予以制裁的。依照《生产安全事故报告和调查处理条例》的规定，实施责任追究的不仅是未履行法定义务、实施了违法行为并造成危害后果的责任者，而且必须是法律、行政法规明文规定应当给予法律制裁的责任者。也就是说，只具备

了前三个要件还不够，还要同时具备第四个要件，才能实施责任追究。因为对某些实施了一般违法行为、危害后果和违法情节显著轻微的责任者，有关法律法规并不规定都要给予法律制裁。所以，只有法律法规明文规定应当承担法律责任的，才能实施责任追究。

（二）事故责任主体的确定

事故责任主体即事故责任者，是指未履行法定义务、实施了相关违法行为、对事故发生和事故报告、救援、调查处理负有责任并应受法律制裁的社会组织和个人。依照《生产安全事故报告和调查处理条例》的规定，应受责任追究的事故责任主体主要有4种：

（1）事故发生单位。《安全生产法》规定，生产经营单位是生产经营活动的主体，依法应当履行加强管理、确保安全生产的义务；因其违法造成事故的，应当承担相应的法律责任。《生产安全事故报告和调查处理条例》规定，生产经营单位（事故发生单位）发生生产安全事故后，负有报告、救援和接受调查的义务。据此，生产经营单位对事故发生负有直接责任，应当作为独立的责任主体承担法律责任。

（2）事故发生单位有关人员。《生产安全事故报告和调查处理条例》规定，不仅要追究事故发生单位的责任，还要对其他有关人员实行责任追究。事故发生单位有关人员包括负有责任的主要负责人、直接负责的主管人员和其他直接责任人员。“主要负责人”包括企业法定代表人、实际控制人等对生产经营活动负全面领导责任、具有主要决策指挥权的负责人；“直接负责的主管人员”包括负有直接领导、管理责任的有关负责人、安全管理机构的负责人和管理人员；“其他直接责任人员”包括负有直接责任的从业人员和其他人员。

（3）有关政府、各部门工作人员。《生产安全事故报告和调查处理条例》规定，有关地方人民政府、安全生产监督管理部门和负有安全生产监督管理职责的有关部门实施违法行为，对其直接负责的主管人员和其他直接责任人员予以责任追究。“直接负责的主管人员”包括负有责任的有关地方人民政府的领导人、安全生产监督管理部门和有关部门的负责人；“其他直接责任人员”包括负有责任的行政机关内设机构的负责人和其他工作人员。

（4）中介机构及其相关人员。《生产安全事故报告和调查处理条例》规定，对发生事故的单位提供虚假证明的中介机构及其相关人员实行责任追究。

（三）实施法律制裁的规定

追究事故责任者的法律责任，必须正确、适当地适用法律，既不能放纵责任者，也不能枉及无辜。《生产安全事故报告和调查处理条例》有关实施法律制裁的规定，主要涉及4个问题。

1. 法律制裁的责任方式

《生产安全事故报告和调查处理条例》明确了对事故责任者实施法律制裁的责任方式，有行政责任和刑事责任两种，两种责任方式可以单独适用或者并用。

（1）行政责任。《生产安全事故报告和调查处理条例》规定，应当实施责任追究的行政责任主体包括行政主体和企业主体两类，责任主体不同则责任追究的规定也不同。行政主体包括对事故负有责任的有关地方人民政府、安全生产监管部门和有关部门的工作人员。企业主体包括事故发生单位及其有关人员。两类主体因违反国家行政管理法律法规的规定而应当承担的法律责任是行政责任。

（2）刑事责任。《生产安全事故报告和调查处理条例》规定，事故责任者中构成刑事犯罪的，依法追究刑事责任。刑事责任主体也包括行政主体和企业主体两类。两类主体有关人员的违法行为触犯《刑法》关于安全生产犯罪规定的，应当承担相应的刑事责任。

2. 事故责任主体的违法行为

《生产安全事故报告和调查处理条例》按照责任主体的不同，对其应予追究法律责任的违法行为，分别作出了界定。

（1）事故发生单位的违法行为。《生产安全事故报告和调查处理条例》第三十六条、第三十七条、第四十条规定有六种行为之一的，对事故发生单位给予行政处罚。其中前五种行为是在事故发生后实施的违法行为；第六种行为主要是指在事故发生前，由事故发生单位及其有关人员实施的造成事故的违法行为。只要事故是因生产经营单位及其有关人员违反安全生产法律法规的规定而发生的，均应负法律责任。

（2）事故发生单位有关人员的违法行为。《生产安全事故报告和调查处理条例》重点对事故发生单位主要负责人的三类十种违法行为作出了界定：第一类有第三十五条列举的三种违法行为；第二类有第三十六条列举的六种违法行为；第三类有第三十七条列举的未履行法定安全生产管理职责的违法行为。

事故发生单位的直接负责的主管人员、其他直接责任人员有第三十六条列举的六种违法行为之一的，也要追究责任。

（3）行政机关工作人员的违法行为。《生产安全事故报告和调查处理条例》对有关地方人民政府、安全生产监管部门和负有安全生产监督管理职责的有关部门等行政机关工作人员的三类八种违法行为也作出了界定：第一类有第三十九条列举的四种违法行为；第二类有第四十一条列举的事故调查人员的三种违法行为；第三类有第四十二条列举的故意拖延或者拒绝落实经批复的对事故责任人的处理意见的违法行为。

（4）中介机构及其相关人员的违法行为。《生产安全事故报告和调查处理条例》第四十条第二款对因中介机构及其相关人员出具虚假证明造成事故的违法行为，设定了行政处罚。

3. 行政处罚种类、幅度的设定

《生产安全事故报告和调查处理条例》对负有行政责任的事故责任者，设定了资格处罚、财产处罚和治安管理处罚 3 种行政处罚，旨在强化安全准入监管和加大事故违法“成本”。

（1）资格处罚。这是指行政机关依法停止、吊销、撤销行政责任主体从事相关活动的许可、资格的行政处罚。《生产安全事故报告和调查处理条例》第四十条规定的对事故发生负有责任的事故发生单位、有关人员和提供虚假证明的中介机构及其相关人员的资格处罚，应当依照有关安全生产法律法规的规定处罚。这不仅是指依照某个或者几个法律法规实施处罚，凡是有关法律法规对生产经营单位、中介机构及其相关责任人员有资格处罚规定的，都可以实施处罚。

（2）财产处罚。这是指行政机关依法处以行政责任主体缴纳一定数额的罚款的行政处罚。《生产安全事故报告和调查处理条例》规定实施财产处罚的企业主体，不以其所有制不同而有所区分。凡是依法应当给予财产处罚的，不论事故发生单位的所有制和管理体制有何不同，都要对该单位及其有关人员处以罚款。

（3）治安管理处罚。为了配合事故报告、救援和调查处理工作，维护事故现场秩序和社会公共安全，《生产安全事故报告和调查处理条例》第三十六条对实施六种违法行为中构成违反治安管理行为的，规定由公安机关依照《中华人民共和国治安管理处罚法》给予治安管理处罚。

4. 行政处罚的实施

鉴于现行法律、行政法规中有关财产处罚、行政处罚种类、幅度和决定机关的规定不尽相同，为了与其衔接，《生产安全事故报告和调查处理条例》在行政处罚实施问题上，既对实施财产处罚作出了一般规定，又对某些特殊问题作出了特别规定。

（1）关于财产处罚的一般规定。《生产安全事故报告和调查处理条例》第四十三条第一款规定："本条例规定的罚款的行政处罚，由安全生产监督管理部门决定。"至于由哪一级安全生产监督管理部门决定，应当依照《生产安全事故报告和调查处理条例》的上位法《安全生产法》第一百一十五条的规定，由应急管理部门和其他负有安全生产监督管理职责的部门按照职责分工决定。

（2）关于行政处罚种类、幅度和决定机关的特别规定。按照特别法优于一般法的法律适用原则，《生产安全事故报告和调查处理条例》第四十三条第二款规定："法律、行政法规对行政处罚种类、幅度和决定机关另有规定的，依照其规定。"该款规定仅限于国家法即法律、行政法规对负有责任的事故发生单位及其有关人员实施行政处罚有特别规定的。地方性法规或者地方政府规章对此另有规定或者没有规定的，应当适用法律、行政法规的规定。具体而言，法律、行政法规设定的行政处罚种类超出《生产安全事故报告和调查处理条例》规定的，可以依法作出资格处罚、财产处罚以外的其他种类的行政处罚；处以罚款的幅度与《生产安全事故报告和调查处理条例》规定不同的，可以依照特别法规定的幅度处以罚款；对行政执法主体另有规定的，应由特别法授权的行政机关实施行政处罚。

（四）具体追究法律责任的形式

关于法律责任的追究，目前条例的条款与最新的《安全生产法》存在差异。因此，此处引用最新版的《生产安全事故罚款处罚规定》（中华人民共和国应急管理部令第14号）中的相关内容进行介绍。

（1）事故发生单位主要负责人有《安全生产法》第一百一十条、《生产安全事故报告和调查处理条例》第三十五条、第三十六条规定的下列行为之一的，依照下列规定处以罚款：

1）事故发生单位主要负责人在事故发生后不立即组织事故抢救，或者在事故调查处理期间擅离职守，或者瞒报、谎报、迟报事故，或者事故发生后逃匿的，处上一年年收入60%～80%的罚款；贻误事故抢救或者造成事故扩大或者影响事故调查或者造成重大社会影响的，处上一年年收入80%～100%的罚款；

2）事故发生单位主要负责人漏报事故的，处上一年年收入40%～60%的罚款；贻误事故抢救或者造成事故扩大或者影响事故调查或者造成重大社会影响的，处上一年年收入60%～80%的罚款；

3）事故发生单位主要负责人伪造、故意破坏事故现场，或者转移、隐匿资金、财产、销毁有关证据、资料，或者拒绝接受调查，或者拒绝提供有关情况和资料，或者在事故调查中做伪证，或者指使他人做伪证的，处上一年年收入 60% ~80% 的罚款；贻误事故抢救或者造成事故扩大或者影响事故调查或者造成重大社会影响的，处上一年年收入 80% ~100% 的罚款。

（2）事故发生单位直接负责的主管人员和其他直接责任人员有《生产安全事故报告和调查处理条例》第三十六条规定的行为之一的，处上一年年收入 60% ~80% 的罚款；贻误事故抢救或者造成事故扩大或者影响事故调查或者造成重大社会影响的，处上一年年收入 80% ~100% 的罚款。

（3）事故发生单位有《生产安全事故报告和调查处理条例》第三十六条第一项至第五项规定的行为之一的，依照下列规定处以罚款：

1）发生一般事故的，处 100 万元以上 150 万元以下的罚款；

2）发生较大事故的，处 150 万元以上 200 万元以下的罚款；

3）发生重大事故的，处 200 万元以上 250 万元以下的罚款；

4）发生特别重大事故的，处 250 万元以上 300 万元以下的罚款。

事故发生单位有《生产安全事故报告和调查处理条例》第三十六条第一项至第五项规定的行为之一的，贻误事故抢救或者造成事故扩大或者影响事故调查或者造成重大社会影响的，依照下列规定处以罚款：

1）发生一般事故的，处 300 万元以上 350 万元以下的罚款；

2）发生较大事故的，处 350 万元以上 400 万元以下的罚款；

3）发生重大事故的，处 400 万元以上 450 万元以下的罚款；

4）发生特别重大事故的，处 450 万元以上 500 万元以下的罚款。

（4）事故发生单位对一般事故负有责任的，依照下列规定处以罚款：

1）造成 3 人以下重伤（包括急性工业中毒，下同），或者 300 万元以下直接经济损失的，处 30 万元以上 50 万元以下的罚款；

2）造成 1 人死亡，或者 3 人以上 6 人以下重伤，或者 300 万元以上 500 万元以下直接经济损失的，处 50 万元以上 70 万元以下的罚款；

3）造成 2 人死亡，或者 6 人以上 10 人以下重伤，或者 500 万元以上 1000 万元以下直接经济损失的，处 70 万元以上 100 万元以下的罚款。

（5）事故发生单位对较大事故发生负有责任的，依照下列规定处以罚款：

1）造成 3 人以上 5 人以下死亡，或者 10 人以上 20 人以下重伤，或者 1000 万元以上 2000 万元以下直接经济损失的，处 100 万元以上 120 万元以下的罚款；

2）造成 5 人以上 7 人以下死亡，或者 20 人以上 30 人以下重伤，或者 2000 万元以上 3000 万元以下直接经济损失的，处 120 万元以上 150 万元以下的罚款；

3）造成 7 人以上 10 人以下死亡，或者 30 人以上 50 人以下重伤，或者 3000 万元以上 5000 万元以下直接经济损失的，处 150 万元以上 200 万元以下的罚款。

（6）事故发生单位对重大事故发生负有责任的，依照下列规定处以罚款：

1）造成 10 人以上 13 人以下死亡，或者 50 人以上 60 人以下重伤，或者 5000 万元以上 6000 万元以下直接经济损失的，处 200 万元以上 400 万元以下的罚款；

2）造成 13 人以上 15 人以下死亡，或者 60 人以上 70 人以下重伤，或者 6000 万元以上 7000 万元以下直接经济损失的，处 400 万元以上 600 万元以下的罚款；

3）造成15人以上30人以下死亡，或者70人以上100人以下重伤，或者7000万元以上1亿元以下直接经济损失的，处600万元以上1000万元以下的罚款。

（7）事故发生单位对特别重大事故发生负有责任的，依照下列规定处以罚款：

1）造成30人以上40人以下死亡，或者100人以上120人以下重伤，或者1亿元以上1.5亿元以下直接经济损失的，处1000万元以上1200万元以下的罚款；

2）造成40人以上50人以下死亡，或者120人以上150人以下重伤，或者1.5亿元以上2亿元以下直接经济损失的，处1200万元以上1500万元以下的罚款；

3）造成50人以上死亡，或者150人以上重伤，或者2亿元以上直接经济损失的，处1500万元以上2000万元以下的罚款。

（8）发生生产安全事故，有下列情形之一的，属于《安全生产法》第一百一十四条第二款规定的情节特别严重、影响特别恶劣的情形，可以按照法律规定罚款数额的2倍以上5倍以下对事故发生单位处以罚款：

1）关闭、破坏直接关系生产安全的监控、报警、防护、救生设备、设施，或者篡改、隐瞒、销毁其相关数据、信息的；

2）因存在重大事故隐患被依法责令停产停业、停止施工、停止使用有关设备、设施、场所或者立即采取排除危险的整改措施，而拒不执行的；

3）涉及安全生产的事项未经依法批准或者许可，擅自从事矿山开采、金属冶炼、建筑施工，以及危险物品生产、经营、储存等高度危险的生产作业活动，或者未依法取得有关证照尚在从事生产经营活动的；

4）拒绝、阻碍行政执法的；

5）强令他人违章冒险作业，或者明知存在重大事故隐患而不排除，仍冒险组织作业的；

6）其他情节特别严重、影响特别恶劣的情形。

（9）事故发生单位主要负责人未依法履行安全生产管理职责，导致事故发生的，依照下列规定处以罚款：

1）发生一般事故的，处上一年年收入40%的罚款；

2）发生较大事故的，处上一年年收入60%的罚款；

3）发生重大事故的，处上一年年收入80%的罚款；

4）发生特别重大事故的，处上一年年收入100%的罚款。

（10）事故发生单位其他负责人和安全生产管理人员未依法履行安全生产管理职责，导致事故发生的，依照下列规定处以罚款：

1）发生一般事故的，处上一年年收入20%～30%的罚款；

2）发生较大事故的，处上一年年收入30%～40%的罚款；

3）发生重大事故的，处上一年年收入40%～50%的罚款；

4）发生特别重大事故的，处上一年年收入50%的罚款。

（11）个人经营的投资人未依照《安全生产法》的规定保证安全生产所必需的资金投入，致使生产经营单位不具备安全生产条件，导致发生生产安全事故的，依照下列规定对个人经营的投资人处以罚款：

1）发生一般事故的，处2万元以上5万元以下的罚款；

2）发生较大事故的，处5万元以上10万元以下的罚款；

3）发生重大事故的，处10万元以上15万元以下的罚款；

4）发生特别重大事故的，处15万元以上20万元以下的罚款。

六、条例的最新修订情况

（一）《生产安全事故报告和调查处理条例》（以下简称《条例》）修订的必要性

近年来，随着社会经济发展的不断变化，事故报告与调查处理工作在实践中不断暴露出新的问题。新时代的安全发展战略对事故报告与调查处理工作提出了新要求，社会治理出现新变化，《条例》的修改完善工作迫在眉睫、势在必行。

1. 不适应党和国家机构改革的新变化

按照《中共中央关于深化党和国家机构改革的决定》《深化党和国家机构改革方案》要求，原国家安全生产监督管理总局的职责划入应急管理部，其他有关部门和职责也作了调整，特别是监察委员会作为国家监察机关，独立行使监察权，不受行政机关干涉。基于政府内部监察机制的《条例》所确立的生产安全事故调查制度，已经不能适应监察体制改革的变化。

2. 不适应安全生产改革发展的新要求

2016年出台的《中共中央国务院关于推进安全生产领域改革发展的意见》（以下简称《意见》）对完善事故调查处理机制作出明确要求，强调"问责与整改并重"，"完善生产安全事故调查组组长负责制"，"建立事故调查分析技术支撑体系"，"建立事故暴露问题的有关整改督办制度"等要求，而现行《条例》有关规定非常笼统，亟须完善相关机制。

3. 不适应经济社会发展的新形势

适应安全理念发展，产业结构调整，新行业、新领域出现等新形势，安全生产管理与技术环境均发生了巨大的改变，《条例》在具体适用中遇到了诸多问题，难以调整出现的新情况、新问题。

4. 不能与上位法相衔接

《安全生产法》作为安全生产领域的综合法，自2002年公布施行以来，已先后经历3次修正，特别在2021年最新修改的版本中对事故调查和处理的相关条款进行了大幅度的修改，而《条例》作为《安全生产法》的配套法规，已经公布施行近15年，一直没有修正，且《条例》中的一些内容与现行《安全生产法》无法衔接一致。

5. 经验教训未及时固化成法律条文

目前我国仍处于事故易发期，各类生产安全事故频发，涉及面广，成因复杂。各地、各部门在近些年的事故调查处置过程中对报告的程序、调查的技术、调查的方法、责任的认定、技术鉴定、信息公开、事故整改、挂牌督办、效果评估等方面积累了一些较为成熟的经验，也产生一些亟待吸取的教训，这些亟须吸纳到、固化到《条例》中，实现事故调查的法制化和规范化。

（二）《条例》修订的建议

1. 强化与相关法律的衔接

近年来，《中华人民共和国监察法》和《安全生产法》等相关法律进行了制定和修改，对事故报告、调查处理和责任追究提出新要求。修改《条例》，完善相关制度、同步罚则内容，需与上位法保持一致。

（1）解决同事故不同责的问题。《条例》与《海上交通事故调查处理条例》《铁路交通事故应急救援和调查处理条例》《特种设备安全监察条例》等其他行业领域相关行政法规及部门规章均对事故调查处理进行了规范，客观上形成了特别重大生产安全事故由国务院统一组织调查，特别重大以下生产安全事故的调查，不同行业领域调查主体不一的状况。各部门对纪委监委介入事故调查的做法也不一致，以至于出现了“同事故不同责”的问题。

（2）解决不同部门调查有时会出现“同命不同价”的问题。例如，公安交管部门调查道路交通事故，发生伤亡后按照交强险赔偿限额为 20 万元，由其他部门调查涉及生产经营车辆的道路交通事故，按照《工伤保险条例》赔偿，其中工亡补助金标准为“上一年度全国城镇居民人均可支配收入的 20 倍”，两者赔偿金额差距极大。

（3）解决“同损失事故等级不同”的问题。《中华人民共和国海上安全交通法》规定“事故等级划分的直接经济损失标准，由国务院交通运输主管部门会同国务院有关部门根据海上交通事故中的特殊情况确定，报国务院批准后公布施行”，目前海上交通事故的直接经济损失标准正在修改中，所列标准与《条例》标准不同。

（4）解决法规适用无法确定的问题。生产安全事故的复杂性可能会涉及多个行业领域，如一起危险化学品爆炸事故，原因可能涉及特种设备以及先火灾后爆炸等情况，那么此类事故适用火灾调查规定还是特种设备调查规定？这些均需要进一步地明确和解决。

2. 明确相关法律概念和范围

（1）生产安全事故的概念及认定标准不统一。由于相关法律法规并未对生产安全事故进行定义，也没有生产安全事故的认定标准，因此在基层工作实践中经常出现生产安全事故认定难的问题，给基层事故调查工作人员带来很大的行政复议、诉讼风险。

（2）事故迟报及瞒报认定不清晰。生产经营单位发生事故后应当报告的对象和具体程序没有详细的规定，特别是目前一般事故及重伤事故中，一般事故没有按照法定时限报告，重伤事故不报的现象普遍存在，需要尽快完善现有事故接报程序及相关文书，以解决目前基层事故调查中迟报、瞒报事故难以认定并难以实施行政处罚的问题。

（3）科学修改事故等级划分标准。当前一般事故没有设定下限，无人死亡的事故、轻伤事故等是否需要进行事故调查在实践中存在标准不一的情况。同时，随着社会发展，直接经济损失的判定标准是否适应当前的经济水平，以及是否有必要保留直接经济损失作为事故等级划分标准，这些均有待研究确定。

3. 完善事故调查制度

（1）根据《意见》在“建立完善事故调查机制”部分提出：完善司法机关参与事故调查机制和完善事故调查处理机制；完善生产安全事故调查组组长负责制；健全典型事故提级调查、跨地区协同调查和工作督导机制；所有事故调查报告要设立技术和管理问题专篇，详细分析原因并全文发布；建立事故暴露问题整改督办制度，事故结案后一年内，负责事故调查的地方政府和国务院有关部门要组织开展评估，及时向社会公开，对履职不力、整改措施不落实的，依法依规严肃追究有关单位和人员责任等具体要求，修改《条例》，实现相应机制的法制化。

（2）根据实践问题，应分析不同行业领域事故，进一步明确事故调查组的组成部门及相关职责、分工合作。考虑尽快建立事故调查技术支撑体系，建立有关专业的技术鉴定机构，或与有关行业权威鉴定机构建立伙伴关系，服务事故调查工作。

（3）明确事故调查报告编制规范和细则要求。我国事故调查报告除重特大事故外，存在部分调查报告质量参差不齐的现状，应在《条例》中明确事故调查报告编制规范和细则要求，通过借鉴、吸收国外发达国家的优秀做法，对事故调查报告的总体设计、主要内容、分析方法和手段、事故原因描述、阶段性结论公开等方面，作出更加明确、细致的要求，从而进一步提高事故调查报告的规范化、标准化水平。

4. 完善事故责任追究制度

（1）当前事故责任追究的目的、原则、定位、范围、方法有待进一步明确，以及如何把握责任追究与统筹发展与安全的平衡问题，进一步研判我国安全生产形势、规律与趋势，找准新时代安全生产调查问责的准确定位。

（2）问责制的构成要素影响精准性与合理性。《条例》修改需研究进一步区别并明确有关法律责任主体的责任与界限问题。研究在对公职人员的追责问责审查调查中与监察机关加强协作配合的问题，在对非公职人员的侦查、调查取证和审判中与公安、检察机关和审判机关加强协作配合的问题。

（3）建议研究事故责任认定、处罚方式及幅度等问题，研究梳理从重处罚、从轻或减轻处罚的具体情节，确保事故处罚公正合理。

5. 完善事故调查配套标准

目前，关于事故调查的标准还主要是1986年原劳动部制定的《企业职工伤亡事故经济损失统计标准》（GB/T 6721）、《企业职工伤亡事故分类》（GB/T 6441），以及1995年的《事故伤害损失工作日标准》（GB/T 15499），这些标准已经远远无法满足目前事故调查工作需要。因此，应尽快启动有关标准的修改工作，梳理现行事故调查基本技术要求相关的标准规范，分析评估现有标准与《条例》衔接配套存在的问题，以及各类标准之间的匹配性、协调性；总结提炼当前事故调查标准体系的缺陷，以及重点需要补充的技术内容；提出标准制修订计划，预研制生产安全事故调查分析标准规范，在此基础上形成对上述标准的修改建议。

第二节　生产安全事故应急条例

党中央国务院历来高度重视安全生产工作。近年来生产安全事故起数和死亡人数大幅减少，但依然稳中有忧、稳中有险。其中由于盲目施救、处置不当，导致事故扩大，以及死亡人数增加的事件时有发生，屡见不鲜，亟须进行统一和规范。为了解决生产安全事故应急工作中存在的突出问题，提高生产安全事故应急工作的科学化、规范化和法治化水平，2019年2月17日，国务院发布第708号国务院令《生产安全事故应急条例》（以下简称《条例》），自2019年4月1日起施行。

一、《条例》的适用范围

（一）《条例》是《安全生产法》和《中华人民共和国突发事件应对法》（以下简称《突发事件应对法》）的配套行政法规

《条例》第一条规定："为了规范生产安全事故应急工作，保障人民群众生命和财产安全，根据《中华人民共和国安全生产法》和《中华人民共和国突发事件应对法》，制定本条例。”《安全生产法》是安全生产领域的综合性法规，确立了安全生产的基本准则和基本制度，生产安全事故应急工作是安全生产的重要内容，法律也设有生产安全事故应急救援和调查处理一章，对有关应急救援作出规定。《突发事件应对法》是我国应急工作的法律基础，它确立了突发事件应急工作的法律原则和法律制度。

（二）《条例》是生产安全事故应急工作的行为规范

《条例》第二条规定：“本条例适用于生产安全事故应急工作；法律、行政法规另有规定的，适用其规定。”这里包括两方面内容：（1）普遍适用原则。《条例》明确是规范生产安全事故应急工作的普遍规定，所有生产安全事故应急工作都要遵守本条例的规定。根据《安全生产法》和《生产安全事故报告和调查处理条例》，生产安全事故是指生产经营活动中发生的造成人身伤亡或者直接经济损失的事故，分4个等级。（2）例外适用原则。法律、行政法规对生产安全事故应急工作另有规定的，适用其规定，不适用《条例》，这是《条例》与其他法律、行政法规的衔接性规定。按照下位法服从上位法的原则，法律已对生产安全事故应急工作作出规定的，适用其法律的规定，这些法律有《安全生产法》《突发事件应对法》等。

（三）《条例》是科研机构、学校、医院等单位的安全事故应急工作的重要参照

按照参照适用原则，《条例》第三十四条规定：“储存、使用易燃易爆物品、危险化学品等危险物品的科研机构、学校、医院等单位的安全事故应急工作，参照本条例有关规定执行。”根据生产安全事故的范围，科研机构、学校、医院等单位发生的安全事故，不属于生产安全事故。但是，现实中这类单位储存、使用易燃易爆物品、危险化学品等危险物品，存在较大的风险，极易发生事故，也需要应急工作。故《条例》作出了参照执行规定，弥补了法规空缺。

二、《条例》明确了生产安全事故应急工作的体制

为了加强和规范生产安全事故应急工作，《条例》第三条、第四条从政府、企业两个层面5个方面明确了相应的职责，理清了工作机制。

（1）明确生产安全事故应急工作由县级以上人民政府统一领导、分级负责。《条例》第三条第一款规定：“国务院统一领导全国的生产安全事故应急工作，县级以上地方人民政府统一领导本行政区域内的生产安全事故应急工作。生产安全事故应急工作涉及两个以上行政区域的，由有关行政区域共同的上一级人民政府负责，或者由各有关行政区域的上一级人民政府共同负责。”根据上述规定，假如两个县属于同一市管辖的，则由该市政府负责；假如两个县分别属于不同市管辖的，则由不同市共同负责。

（2）明确政府有关部门按照各自职责负责有关行业、领域的生产安全事故应急工作。《条例》第三条第二款规定：“县级以上人民政府应急管理部门和其他对有关行业、领域的安全生产工作实施监督管理的部门（以下统称负有安全生产监督管理职责的部门）在各自职责范围内，做好有关行业、领域的生产安全事故应急工作。”生产安全事故应急工作是安全生产的重要内容，按照管行业必须管安全，管业务必须管安全、管生产经营必须管安全的原则，政府应急管理部门和其他负责安全生产监督管理职责的部门在各自职责范围内，分别做好有关生产安全事故应急工作，各负其责。

（3）明确应急管理部门对生产安全事故应急工作负有统筹职责。《条例》第三条第三款规定："县级以上人民政府应急管理部门指导、协调本级人民政府其他负有安全生产监督管理职责的部门和下级人民政府的生产安全事故应急工作。"应急管理部门作为安全生产工作的综合部门，对安全生产工作负有综合监督管理职责，同样对同级政府其他部门和下级政府的生产安全事故应急工作负有指导、协调职责。

（4）明确乡镇政府和派出机关协助做好生产安全事故应急工作。《条例》第三条第四款规定："乡、镇人民政府以及街道办事处等地方人民政府派出机关应当协助上级人民政府有关部门依法履行生产安全事故应急工作职责。"这与《安全生产法》类似，乡、镇人民政府以及街道办事处等地方人民政府派出机关仅是做好协助工作。

（5）明确生产经营单位是本单位生产安全事故应急工作的责任主体，主要负责人全面负责。《条例》第四条规定："生产经营单位应当加强生产安全事故应急工作，建立、健全生产安全事故应急工作责任制，其主要负责人对本单位的生产安全事故应急工作全面负责。"贯彻落实《安全生产法》的规定，强调管安全生产工作，必须管应急工作。

三、《条例》强化了生产安全事故的应急准备

应急准备是整个应急工作的前提。《突发事件应对法》对有关应急准备作出了很多规定，《安全生产法》对有关应急预案和应急队伍、物资配备也作出了相应规定。在此基础上，结合生产安全事故应急工作的实际需要，《条例》设立专章，共12条，从预案编制、预案备案、预案演练、队伍建设、物资储备、值班制度、人员培训、信息系统8个方面进行规范。

（一）规范了应急预案的编制

（1）明确县级以上政府及部门要制定生产安全事故预案，并向社会公布。《条例》第五条规定："县级以上人民政府及其负有安全生产监督管理职责的部门和乡、镇人民政府以及街道办事处等地方人民政府派出机关，应当针对可能发生的生产安全事故的特点和危害，进行风险辨识和评估，制定相应的生产安全事故应急救援预案，并依法向社会公布。"按照预案对象的不同，预案的种类也不同，各级政府要制定相应的政府预案，有关部门要制定不同的事故预案，有生产安全事故专项综合应急预案，也有危险化学品事故、尾矿库事故、特种设备事故等部门应急预案等。

（2）明确生产经营单位要制定生产安全事故预案，并向从业人员公布。《条例》第五条规定："生产经营单位应当针对本单位可能发生的生产安全事故的特点和危害，进行风险辨识和评估，制定相应的生产安全事故应急救援预案，并向本单位从业人员公布。"各单位生产经营活动情况不同，面临的风险也不同，有的生产经营单位仅存有单一风险，有的生产经营单位存有多种风险。因此，生产经营单位要针对自身可能发生的生产安全事故的种类、特点和危害程度等因素，进行风险辨识和评估，制定面对多种灾害的综合性应急预案，或者面对单一灾害的专项应急预案，或者简单的现场处置方案。

（3）明确了预案编制的依据和内容。《条例》第六条规定："生产安全事故应急救援预案应当符合有关法律法规、规章和标准的规定，具有科学性、针对性和可操作性，明确规定应急组织体系、职责分工以及应急救援程序和措施。"根据规定，生产安全事故应急预案编制不仅要符合法律法规的要求，还要符合规章和标准的要求，特别是增加标准的规

定，其目的就是要增强应急预案的科学性、针对性和可操作性。

(4) 规范了应急预案的修订。实践中，很多政府及部门、生产经营单位编制的生产安全事故应急预案往往多年不修订。为此，《条例》第六条规定："有下列情形之一的，生产安全事故应急救援预案制定单位应当及时修订相关预案：1) 制定预案所依据的法律法规、规章、标准发生重大变化；2) 应急指挥机构及其职责发生调整；3) 安全生产面临的风险发生重大变化；4) 重要应急资源发生重大变化；5) 在预案演练或者应急救援中发现需要修订预案的重大问题；6) 其他应当修订的情形。"出现上述情况的，有关政府及部门、生产经营单位等预案制定部门应当及时修订相应的应急预案。

(二) 规范了预案的备案

预案备案是加强应急管理的重要内容。《条例》从政府部门应急预案和生产经营单位应急预案两个方面对备案作出规定：

(1) 政府部门的应急预案向本级人民政府备案。第七条规定："县级以上人民政府负有安全生产监督管理职责的部门应当将其制定的生产安全事故应急救援预案报送本级人民政府备案。"

(2) 高危生产经营单位和人员密集场所经营单位的应急预案向政府有关部门备案，并依法向社会公布。第七条规定："易燃易爆物品、危险化学品等危险物品的生产、经营、储存、运输单位，矿山、金属冶炼、城市轨道交通运营、建筑施工单位，以及宾馆、商场、娱乐场所、旅游景区等人员密集场所经营单位，应当将其制定的生产安全事故应急救援预案按照国家有关规定报送县级以上人民政府负有安全生产监督管理职责的部门备案，并依法向社会公布。"这里与《条例》第五条规定有所不同，生产经营单位制定的应急救援预案要向从业人员公布，但是，高危生产经营单位和人员密集场所经营单位的应急预案要依法向社会公布，要求更严。

(三) 规范了预案的演练

应急预案进行演练是保证应急预案有效性的重要手段。《条例》从三方面对应急预案演练作出规定：

(1) 政府及部门应急预案必须至少每 2 年组织 1 次演练。实践中，很多部门的应急预案从编制完成以来，因各种因素和原因，没有过一次演练，形同虚设。为此，《条例》第八条规定："县级以上地方人民政府以及县级以上人民政府负有安全生产监督管理职责的部门，乡、镇人民政府以及街道办事处等地方人民政府派出机关，应当至少每 2 年组织 1 次生产安全事故应急救援预案演练。"

(2) 高危生产经营单位和人员密集场所经营单位必须至少每半年组织 1 次演练。《条例》第八条规定："易燃易爆物品、危险化学品等危险物品的生产、经营、储存、运输单位，矿山、金属冶炼、城市轨道交通运营、建筑施工单位，以及宾馆、商场、娱乐场所、旅游景区等人员密集场所经营单位，应当至少每半年组织 1 次生产安全事故应急救援预案演练，并将演练情况报送所在地县级以上地方人民政府负有安全生产监督管理职责的部门。"根据规定，演练必须每半年至少 1 次，也可以针对不同的事故，每半年组织 2 次及以上演练，由高危生产经营单位和人员密集场所经营单位根据实际情况确定。演练结束后，高危生产经营单位和人员密集场所经营单位应当将演练情况报送所在地县级以上地方人民政府负有安全生产监督管理职责的部门，这是法定义务。

（3）规定了政府部门对高危生产经营单位和人员密集场所经营单位演练的监督。对演练的监督，是保证演练取得效果的重要手段和措施。《条例》第八条规定："县级以上地方人民政府负有安全生产监督管理职责的部门应当对本行政区域内前款规定的重点生产经营单位的生产安全事故应急救援预案演练进行抽查；发现演练不符合要求的，应当责令限期改正。"这里讲的抽查，是一种事后监督方式。

（四）强化了应急救援队伍能力建设

为了加强应急救援队伍建设，提高应急救援人员素质。《条例》从以下7个方面进行了规范：

（1）明确政府应急救援队伍建设。政府及有关部门建立的综合和专职应急救援队伍，是参与生产安全事故应急救援工作的主要力量。为了避免应急救援队伍的重复建设，《条例》第九条从建设规划和队伍建设两个方面作出了规定：第一是规定各级人民政府对应急救援队伍建设进行统筹，明确"县级以上人民政府应当加强对生产安全事故应急救援队伍建设的统一规划、组织和指导。"第二是规定有关部门可以单独建立，也可以共同建立应急救援队伍，明确"县级以上人民政府负有安全生产监督管理职责的部门根据生产安全事故应急工作的实际需要，在重点行业、领域单独建立或者依托有条件的生产经营单位、社会组织共同建立应急救援队伍。"

（2）明确社会化救援队伍建设。实践中，部分生产经营单位自己建立了专门的应急救援队伍，除了满足自身救援工作外，更多从事社会化救援服务；还有一些专门从事应急救援工作的社会组织，其本身性质也各不相同，有企业性质的，也有事业单位性质的等。这些社会救援力量，也是我国应急救援工作的重要支持。为了发挥这些救援力量的作用，《条例》第九条规定："国家鼓励和支持生产经营单位和其他社会力量建立提供社会化应急救援服务的应急救援队伍。"

（3）明确高危生产经营单位和人员密集场所经营单位应急救援队伍建设。《条例》第十条规定："易燃易爆物品、危险化学品等危险物品的生产、经营、储存、运输单位，矿山、金属冶炼、城市轨道交通运营、建筑施工单位，以及宾馆、商场、娱乐场所、旅游景区等人员密集场所经营单位，应当建立应急救援队伍；其中，小型企业或者微型企业等规模较小的生产经营单位，可以不建立应急救援队伍，但应当指定兼职的应急救援人员，并且可以与邻近的应急救援队伍签订应急救援协议。"

（4）明确产业聚集区可以联合建立应急救援队伍。实践中，工业园区、开发区等区域内，特别是化工园区内，高危生产经营单位较多，每个单位都建立应急救援队伍，既浪费资源，也无必要。为此，《条例》第十条规定："工业园区、开发区等产业聚集区域内的生产经营单位，可以联合建立应急救援队伍。"

（5）明确应急救援人员素质和培训。应急救援人员从事的工作特殊，需要面对火灾、水害、尘毒等各种类型风险，专业性强，必须具有较高的素质和技能。为此，《条例》第十一条从两个方面作出规定，第一是对专业知识、技能素质提出要求，明确："应急救援队伍的应急救援人员应当具备必要的专业知识、技能、身体素质和心理素质。"第二是对培训提出要求，必须经过培训合格方可参加应急救援工作，明确："应急救援队伍建立单位或者兼职应急救援人员所在单位应当按照国家有关规定对应急救援人员进行培训；应急救援人员经培训合格后，方可参加应急救援工作。"

(6) 明确应急救援队伍的训练。应急救援队伍必须经常训练，方可提高应急救援能力。为此，《条例》第十一条规定："应急救援队伍应当配备必要的应急救援装备和物资，并定期组织训练。"

(7) 明确了应急队伍的统筹管理。应急救援队伍的统筹管理和信息化，是调动各方面应急救援力量，提高整体应急救援能力的重要手段。为此，《条例》第十二条从两个方面作出规定，第一是规定生产经营单位建立的应急救援队伍要向政府部门报告，明确："生产经营单位应当及时将本单位应急救援队伍建立情况按照国家有关规定报送县级以上人民政府负有安全生产监督管理职责的部门，并依法向社会公布。"第二是规定政府有关部门建立的应急救援队伍要向本级政府报告，便于统筹管理，明确："县级以上人民政府负有安全生产监督管理职责的部门应当定期将本行业、本领域的应急救援队伍建立情况报送本级人民政府，并依法向社会公布。"

(五) 规范了物资储备要求

为了强化生产安全事故应急物资储备，保障应急工作的需要，《条例》第十三条从两个方面作出规定：一是政府应急物资储备的要求，明确："县级以上地方人民政府应当根据本行政区域内可能发生的生产安全事故的特点和危害，储备必要的应急救援装备和物资，并及时更新和补充。"二是高危生产经营单位以及人员密集场所经营单位的储备要求，明确："易燃易爆物品、危险化学品等危险物品的生产、经营、储存、运输单位，矿山、金属冶炼、城市轨道交通运营、建筑施工单位，以及宾馆、商场、娱乐场所、旅游景区等人员密集场所经营单位，应当根据本单位可能发生的生产安全事故的特点和危害，配备必要的灭火、排水、通风以及危险物品稀释、掩埋、收集等应急救援器材、设备和物资，并进行经常性维护、保养，保证正常运转。"

(六) 规范的应急值班制度

为了保证应急工作的开展，及时联络相关人员和应急救援队伍，以及易燃易爆等高危物品应急救援的技术支撑，《条例》第十四条从两个方面作出规定：一是要求三类单位建立应急值班制度，配备应急值班人员。明确："下列单位应当建立应急值班制度，配备应急值班人员：(1) 县级以上人民政府及其负有安全生产监督管理职责的部门；(2) 危险物品的生产、经营、储存、运输单位以及矿山、金属冶炼、城市轨道交通运营、建筑施工单位；(3) 应急救援队伍。"二是要求易燃易爆等高危物品单位成立应急处置技术组，24 h 值班。明确："规模较大、危险性较高的易燃易爆物品、危险化学品等危险物品的生产、经营、储存、运输单位应当成立应急处置技术组，实行 24 h 应急值班。"

(七) 规范了从业人员的应急培训

《安全生产法》对生产经营单位从业人员的安全生产教育和培训提出了要求。实践中，生产经营单位往往忽视从业人员应急能力的提高，导致发生事故后，从业人员不知、不会逃生，不具备基本的应急知识。为了提高从业人员的应急能力，《条例》第十五条规定："生产经营单位应当对从业人员进行应急教育和培训，保证从业人员具备必要的应急知识，掌握风险防范技能和事故应急措施。"生产经营单位必须按照规定加强对从业人员的应急教育和培训，切实提高从业人员的应急能力；违反规定的，将予以处罚。

(八) 强化了应急救援的信息化建设

应急救援的信息化，是保障应急救援有效的重要手段。应急救援队伍、人员、物资、预案等信息必须实现共享、互通。《条例》第十六条从两个方面作出了规定：一是建立统一的生产安全事故应急救援信息系统，明确："国务院负有安全生产监督管理职责的部门应当按照国家有关规定建立生产安全事故应急救援信息系统，并采取有效措施，实现数据互联互通、信息共享。"二是规定生产安全事故应急救援信息系统与日常监管结合，实现"互联网＋监督"服务。明确："生产经营单位可以通过生产安全事故应急救援信息系统办理生产安全事故应急救援预案备案手续，报送应急救援预案演练情况和应急救援队伍建设情况；但依法需要保密的除外。"

四、《条例》规范了生产安全事故的应急救援

实践中，生产安全事故发生后，事故现场救援机制不够完善、救援程序不够明确、救援指挥不够科学等问题，尤其是在一些基层生产经营单位违章指挥、盲目施救现象时有发生。为了规范生产安全事故应急救援工作，在《安全生产法》《突发事件应对法》已有规定的基础上，结合近年来应急救援的实践，《条例》从以下 11 个方面进行了规范。

（一）规范了生产经营单位的初期处置行为

发生事故后，生产经营单位是第一救援力量，必须进行初期处置，避免事态扩大。为此，《条例》第十七条规定发生生产安全事故后，生产经营单位应当立即启动生产安全事故应急救援预案，采取下列一项或者多项应急救援措施，并按照国家有关规定报告事故情况。这些措施有：

（1）迅速控制危险源，组织抢救遇险人员；

（2）根据事故危害程度，组织现场人员撤离或者采取可能的应急措施后撤离；

（3）及时通知可能受到事故影响的单位和人员；

（4）采取必要措施，防止事故危害扩大和次生、衍生灾害发生；

（5）根据需要请求邻近的应急救援队伍参加救援，并向参加救援的应急救援队伍提供相关技术资料、信息和处置方法；

（6）维护事故现场秩序，保护事故现场和相关证据；

（7）法律法规规定的其他应急救援措施。

针对上述措施，生产经营单位可以针对应急处置的需要，采取其中一项应急措施，或者采取多项应急措施。如果没有规定，还可以采取《突发事件应对法》《安全生产法》等法律、行政法规、地方性法规规定的其他应急救援措施。不得采取没有法律法规规定的措施。

（二）规范了政府的应急救援程序

有关地方人民政府及其部门接到生产安全事故报告后，应当按照国家有关规定上报事故情况，立即应急响应，开展应急救援工作。为此，《条例》第十八条从 4 个方面作出规定：一是按照国家有关规定上报事故情况。二是启动相应的生产安全事故应急救援预案。三是按照应急救援预案的规定采取下列一项或者多项应急救援措施。这些措施有：（1）组织抢救遇险人员，救治受伤人员，研判事故发展趋势以及可能造成的危害；（2）通知可能受到事故影响的单位和人员，隔离事故现场，划定警戒区域，疏散受到威胁的人员，实施交通管制；（3）采取必要措施，防止事故危害扩大和次生、衍生灾害发生，避免或者减少事故对环境造成的危害；（4）依法发布调用和征用应急资源的决定；

（5）依法向应急救援队伍下达救援命令；（6）维护事故现场秩序，组织安抚遇险人员和遇险遇难人员亲属；（7）依法发布有关事故情况和应急救援工作的信息；（8）法律法规规定的其他应急救援措施。四是有关地方人民政府不能有效控制生产安全事故的，应当及时向上级人民政府报告。上级人民政府应当及时采取措施，统一指挥应急救援。

（三）设立现场救援指挥部

实践中，事故相对简单，应急救援工作比较快，政府或者有关部门很容易处理。但是，如果事故比较复杂，往往救援工作就很难，救援队伍、人员、政府领导和专家等较多，救援方案难以统一和确定。这种情况下，亟须有一个权威机构来统一指挥救援工作。针对这些情况，《条例》规定可以设立现场指挥部，实行总指挥负责制，从两个方面进行规定：一是可以设立现场指挥部。《条例》第二十条规定："发生生产安全事故后，有关人民政府认为有必要的，可以设立由本级人民政府及其有关部门负责人、应急救援专家、应急救援队伍负责人、事故发生单位负责人等人员组成的应急救援现场指挥部，并指定现场指挥部总指挥。"二是实行总指挥负责制。《条例》第二十一条规定："现场指挥部实行总指挥负责制，按照本级人民政府的授权组织制定并实施生产安全事故现场应急救援方案，协调、指挥有关单位和个人参加现场应急救援。参加生产安全事故现场应急救援的单位和个人应当服从现场指挥部的统一指挥。"总指挥的职责有两项：第一是根据本级人民政府的授权，组织制定并实施生产安全事故现场应急救援方案。第二是协调、指挥有关单位和个人参加现场应急救援。参加生产安全事故现场应急救援的单位和个人应当服从现场指挥部的统一指挥。

（四）设置了应急救援中止

实践中，应急救援过程中，因社会影响等原因，往往救援工作难以停止，盲目施救。为此，《条例》第二十二条对应急救援中止作出了规定，明确："在生产安全事故应急救援过程中，发现可能直接危及应急救援人员生命安全的紧急情况时，现场指挥部或者统一指挥应急救援的人民政府应当立即采取相应措施消除隐患，降低或者化解风险，必要时可以暂时撤离应急救援人员。"

（五）设置了应急救援终止

实践中，应急救援工作什么时候结束，没有具体规定。为此，《条例》第二十五条规定："生产安全事故的威胁和危害得到控制或者消除后，有关人民政府应当决定停止执行依照本条例和有关法律法规采取的全部或者部分应急救援措施。"根据规定，生产安全事故的威胁和危害得到控制或者消除后，可以全部或者部分终止应急救援工作。

（六）设立了必须履行救援命令或者救援请求的规定

《条例》第十九条规定："应急救援队伍接到有关人民政府及其部门的救援命令或者签有应急救援协议的生产经营单位的救援请求后，应当立即参加生产安全事故应急救援。"根据规定，一是应急救援队伍接到有关人民政府及其部门的救援命令，必须立即参加生产安全事故应急救援；二是应急救援队伍接到签有应急救援协议的生产经营单位的救援请求后，应当立即参加生产安全事故应急救援。

（七）规范了通信等保障的要求

在《安全生产法》《突发事件应对法》总体规定的基础上，《条例》第二十三条明确规定："生产安全事故发生地人民政府应当为应急救援人员提供必需的后勤保障，并组织通信、交通运输、医疗卫生、气象、水文、地质、电力、供水等单位协助应急救援。”根据规定，事故发生后，事故发生地人民政府应当为应急救援人员提供必需的后勤保障，并组织相关单位协助应急救援。

（八）规定了可以调用和征用财产的情形

为了保障应急救援工作的进行，《突发事件应对法》对征用和调用作出了规定。同样，生产安全事故发生后，政府及部门需依法进行征用或者调用。为此，《条例》第二十六条规定：“有关人民政府及其部门根据生产安全事故应急救援需要依法调用和征用的财产，在使用完毕或者应急救援结束后，应当及时归还。财产被调用、征用或者调用、征用后毁损、灭失的，有关人民政府及其部门应当按照国家有关规定给予补偿。”这是法定的行为，可以征用或者调用财产，但必须是应急救援工作的需要。根据规定，因应急救援工作的需要，有关人民政府及其部门可以征用或者调用企业、事业、其他组织或者个人的财产，但是，在使用完毕或者应急救援结束后，应当及时归还；财产被调用、征用或者调用、征用后毁损、灭失的，应当按照国家有关规定给予补偿。

（九）规范了应急救援评估

应急救援评估是整体应急工作的重要环节，其目的是评估应急救援工作的有效性，为修订应急预案提供依据和后续应急救援工作提供经验。《条例》从两个方面作出了规定：

（1）规定了应急救援资料和证据的收集。《条例》第二十四条规定：“现场指挥部或者统一指挥生产安全事故应急救援的人民政府及其有关部门应当完整、准确地记录应急救援的重要事项，妥善保存相关原始资料和证据。”已成立现场指挥部的，由现场指挥部负责应急救援有关资料和证据的收集工作；没有成立现场指挥部的，由统一指挥生产安全事故应急救援的人民政府及其有关部门负责应急救援有关资料和证据的收集工作。

（2）事故调查组负责事故评估。《条例》第二十七条规定：“按照国家有关规定成立的生产安全事故调查组应当对应急救援工作进行评估，并在事故调查报告中作出评估结论。”事故救援工作结束后，现场指挥部或者统一指挥生产安全事故应急救援的人民政府及其有关部门可能已经解散，事故调查组将成立。这时，现场指挥部或者统一指挥生产安全事故应急救援的人民政府及其有关部门应当将保存的有关应急救援资料或者证据移送给成立的事故调查组，由事故调查组进行评估，并纳入事故调查报告。

（十）明确应急救援费用由事故责任单位承担

生产经营单位是本单位安全生产的责任主体，应当遵守有关安全生产的法律法规、规章和标准等规定，建立健全安全生产责任制，加强安全管理，完善安全生产条件，防止和减少事故。为了落实生产经营单位的主体责任，明确有关方责任，并借鉴国外的做法，《条例》第十九条规定：“应急救援队伍根据救援命令参加生产安全事故应急救援所耗费用，由事故责任单位承担；事故责任单位无力承担的，由有关人民政府协调解决。”需要说明的是，事故救援费用原则上由事故责任单位承担。

（十一）明确了救治和抚恤以及烈士评定的要求

为了保障应急救援人员的安全，《条例》对救治和抚恤以及评定烈士等作出了衔接规定。《条例》第二十八条规定：“县级以上地方人民政府应当按照国家有关规定，对在生产安全事故应急救援中伤亡的人员及时给予救治和抚恤；符合烈士评定条件的，按照国家有关规定评定为烈士。”在现有国家规定中，《工伤保险条例》对有关救治和抚恤作出了相应规定，《烈士褒扬条例》对评定烈士的条件等作出了规定。

五、法律责任

在法律责任部分，《条例》对生产经营单位、有关人员等多种违法行为进行制裁，并与《安全生产法》《突发事件应对法》等法律进行了衔接。

（1）明确了有关政府及部门和有关人员违法行为的制裁。《条例》第二十九条规定："地方各级人民政府和街道办事处等地方人民政府派出机关以及县级以上人民政府有关部门违反本条例规定的，由其上级行政机关责令改正；情节严重的，对直接负责的主管人员和其他直接责任人员依法给予处分。"

（2）明确了生产经营单位未制定应急预案等违法行为的处罚。《条例》第三十条规定："生产经营单位未制定生产安全事故应急救援预案、未定期组织应急救援预案演练、未对从业人员进行应急教育和培训，生产经营单位的主要负责人在本单位发生生产安全事故时不立即组织抢救的，由县级以上人民政府负有安全生产监督管理职责的部门依照《中华人民共和国安全生产法》有关规定追究法律责任。"

（3）明确了生产经营单位未对应急救援器材、设备和物资进行经常性维护、保养等违法行为的处罚。《条例》第三十一条规定："生产经营单位未对应急救援器材、设备和物资进行经常性维护、保养，导致发生严重生产安全事故或者生产安全事故危害扩大，或者在本单位发生生产安全事故后未立即采取相应的应急救援措施，造成严重后果的，由县级以上人民政府负有安全生产监督管理职责的部门依照《中华人民共和国突发事件应对法》有关规定追究法律责任。"

（4）明确了生产经营单位未将生产安全事故应急救援预案报送备案、未建立应急值班制度或者配备应急值班人员的违法行为的处罚。《条例》第三十二条规定："生产经营单位未将生产安全事故应急救援预案报送备案、未建立应急值班制度或者配备应急值班人员的，由县级以上人民政府负有安全生产监督管理职责的部门责令限期改正；逾期未改正的，处3万元以上5万元以下的罚款，对直接负责的主管人员和其他直接责任人员处1万元以上2万元以下的罚款。"

（5）明确有关单位和人员违反治安管理行为的处罚。《条例》第三十三条规定："违反本条例规定，构成违反治安管理行为的，由公安机关依法给予处罚；构成犯罪的，依法追究刑事责任。"

第三节　中华人民共和国民用航空器适航管理条例

《中华人民共和国民用航空器适航管理条例》为民用航空器的设计、生产、使用和维修提供了明确的法规依据，以确保航空安全。条例的主要内容如下所述。

一、适用范围与目的

条例首先明确了其适用范围，即在中华人民共和国境内从事民用航空器（含航空发动机和螺旋桨）的设计、生产、使用和维修的单位或个人，以及向我国出口民用航空器的单位或个人，和在我国境外维修我国注册登记的民用航空器的单位或个人，都必须遵守本条例。这一规定确保了无论在国内还是国外，涉及我国民用航空器的活动都受到统一的监管。

条例的主要目的是确保民用航空器的适航性，即航空器在设计、生产、使用和维修过程中都符合安全标准，以保障公众的生命和财产安全。通过实施技术鉴定和监督，条例力求预防飞行事故的发生，提高我国民用航空的安全水平。

二、管理机构与职责

条例明确了中国民用航空局作为民用航空器适航管理的主管部门。民航局负责制定和执行适航管理的相关政策、标准和程序，监督和管理民用航空器的设计、生产、使用和维修活动，确保航空器的适航性。

三、适航标准与程序

条例规定了民用航空器适航管理必须执行的标准和程序。这些标准和程序涵盖了航空器的设计、生产、使用和维修等各个环节，包括设计要求、材料选择、制造工艺、维修程序、飞行操作等。航空器的设计、生产、使用和维修单位或个人必须遵循这些标准和程序，确保航空器的安全性。

四、设计审核与型号合格证

任何单位或个人设计民用航空器时，必须首先获得航空工业部对该设计项目的审核批准文件，然后向民航局申请型号合格证。民航局会对申请进行严格的审查，包括技术文件的完整性、设计方案的合理性、安全性能的评估等。审查合格后，民航局会颁发型号合格证，允许该设计方案的航空器进行生产和使用。

五、适航证要求

持有民用航空器生产许可证的单位生产的民用航空器，在出厂前必须向民航局申请适航证。适航证是航空器合法飞行的必备证件，没有适航证的航空器不得在我国境内飞行。此外，当民用航空器需要出口时，民航局会签发出口适航证，以证明该航空器符合国际适航标准，可以安全地进行国际飞行。

六、国籍登记证要求

在我国境内飞行的民用航空器，除了需要持有适航证外，还必须具有国籍登记证。国籍登记证是航空器国籍的法定证明，也是航空器在我国境内合法飞行的必要条件。

七、法律责任与处罚

条例还规定了违反适航管理规定的法律责任和处罚措施。对于违反适航管理规定的单位或个人，民航局会依法进行处罚，包括警告、罚款、吊销许可证等。同时，对于造成飞行事故的违法行为，还将依法追究刑事责任。

第四节　中华人民共和国民用航空器权利登记条例

《中华人民共和国民用航空器权利登记条例》为民用航空器权利的登记和管理提供了全面而详细的规定，从登记范围、程序、内容、效力到法律责任等方面都进行了明确规定。这不仅有助于保障民用航空器权利交易的安全和秩序，促进民用航空事业的健康发展；同时，也为相关当事人提供了明确的法律指引和保障，有助于减少纠纷和维护各方权益。条例的主要内容如下所述。

一、登记范围与程序

条例首先明确了需要进行权利登记的民用航空器范围，涵盖了在我国领域内飞行的所有民用航空器。权利登记的程序包括申请、审查、登记和公告等环节。权利人需要向国务院民用航空主管部门提交权利登记申请，并提供必要的证明材料。主管部门在收到申请后会进行审查，确认材料的真实性和完整性，符合规定的会予以登记，并在权利登记簿上载明相关信息，同时公告登记结果。

二、登记内容与效力

登记内容主要包括民用航空器的国籍、所有权、抵押权、占有权等权利信息。这些信息的登记具有法律效力，对抗第三人。未经登记的权利，不得对抗善意第三人。此外，条例还规定了权利变更和消灭时的登记要求，确保权利状态的及时更新和准确性。

三、查询与公示制度

为了方便公众了解和监督民用航空器的权利状态，条例建立了查询与公示制度。任何人均可以向国务院民用航空主管部门查询民用航空器的权利登记情况，主管部门也会定期公示权利登记信息。这有助于增强权利交易的透明度和公信力，减少潜在的风险和纠纷。

四、法律责任与处罚

对于违反条例规定的行为，条例制定了相应的法律责任和处罚措施。例如，对于未按照规定进行权利登记或者提供虚假材料等行为，主管部门会给予警告、罚款等行政处罚；情节严重的，还可能构成犯罪，依法追究刑事责任。这些规定有助于维护权利登记制度的严肃性和权威性。

五、其他相关规定

条例还涉及了一些其他相关规定，如权利登记的撤销、权利证书的保管与挂失、涉外民用航空器权利登记的特殊规定等。这些规定进一步完善了权利登记制度，提高了其适用性和灵活性。

第五节 中华人民共和国民用航空器国籍登记条例

《中华人民共和国民用航空器国籍登记条例》，为民用航空器的国籍登记提供了明确的法律依据和操作规范，有助于保障民用航空活动的安全和秩序。同时，该条例也体现了国家对民用航空器国籍管理的重视和严谨态度。条例的主要内容如下所述。

一、登记对象与范围

该条例首先明确了需要进行国籍登记的民用航空器的对象与范围：

（1）中华人民共和国国家机构的民用航空器：指国家各级机构，包括政府部门、军队等所拥有的民用航空器。

（2）依照中华人民共和国法律设立的企业法人的民用航空器：这涵盖了在中华人民共和国境内依法注册并运营的企业所拥有的民用航空器。

（3）国务院民用航空主管部门准予登记的其他民用航空器：这一规定为其他特殊情况下的民用航空器国籍登记提供了法律依据。

二、登记程序与要求

条例对民用航空器国籍登记的程序和要求进行了明确规定：

（1）申请书填写与提交：申请人需要按照国务院民用航空主管部门规定的格式填写民用航空器国籍登记申请书，并提交相关证明文件。

（2）证明文件：这些文件通常包括证明申请人合法身份的文件、作为取得民用航空器所有权证明的购买合同和交接文书，或者作为占有民用航空器证明的租赁合同和交接文书，以及证明该航空器未在其他国家登记或已注销原国籍的证明等。

（3）审查与登记：国务院民用航空主管部门在收到申请后，将对申请书及相关证明文件进行审查。符合规定的，将向申请人颁发民用航空器国籍登记证书，并在国籍登记簿中载明相关信息。

三、国籍的唯一性与管理

条例强调了民用航空器国籍的唯一性和管理要求：

（1）不得具有双重国籍：这是为了确保航空器的国籍明确，避免产生法律上的冲突和混乱。因此，任何未注销原国籍的民用航空器都不得在中华人民共和国办理国籍登记。

（2）国籍的变更与注销：当民用航空器的国籍发生变更或需要注销时，必须按照条例规定的程序进行，确保国籍信息的准确性和时效性。

四、法律责任与处罚

对于违反该条例规定的行为，条例也明确了相应的法律责任和处罚措施，以确保国籍登记制度的严格执行和有效实施。

第六节　中华人民共和国飞行基本规则

《中华人民共和国飞行基本规则》为飞行活动提供了明确的指导和规范，有助于维护飞行秩序、保障飞行安全以及维护国家领空主权，主要内容如下所述。

一、总则与适用范围

该规则首先明确了其立法目的和适用范围，强调了对国家领空主权的维护，以及对飞行活动安全和秩序的保障。它适用于中华人民共和国境内（不含香港、澳门特别行政区和台湾地区）所有飞行活动，包括军用航空、民用航空和体育运动飞行等。

二、飞行管制与空域管理

规则中详细规定了飞行管制的基本任务和要求，包括对所有飞行活动的统一管制，以及对航路、航线、空中走廊、机场飞行空域等的划分和管理。同时，还明确了飞行管制的权限划分和协调机制，以确保飞行活动的有序进行。

三、飞行组织与实施

规则对飞行活动的组织与实施进行了详细规定，包括飞行计划的制订、审批和实施，飞行前的准备工作，飞行中的指挥与协调，以及飞行后的讲评和总结等。这些规定确保了飞行活动的顺利进行，并提高了飞行的安全性和效率。

四、飞行安全责任与措施

规则强调了飞行安全的重要性，并规定了与飞行有关的所有单位、人员必须承担的安全责任。这些单位和人员需要遵守相关规章制度，积极采取预防事故的措施，确保飞行安全。同时，规则还规定了飞行中遇到特殊情况时的处置程序和措施，以保障飞行安全。

五、飞行人员职责与培训

规则对飞行人员的职责进行了明确规定，包括服从指挥、遵守纪律、正确处置空中情况等。同时，规则还强调了飞行人员的培训和教育的重要性，要求他们具备必要的飞行技能和知识，以确保飞行活动的安全和顺利进行。

六、航空单位责任与协调配合

航空单位的负责人对本单位遵守飞行基本规则负有直接责任，他们需要确保本单位飞行活动的安全和合规性。机长则对本空勤组成员的遵守规则情况负责，并在飞行中担任关键角色，确保飞行安全。此外，各航空单位在组织与实施飞行活动时应当加强协调配合，及时通报有关情况，确保飞行活动的顺畅进行。

七、监督管理与违规处理

规则还设立了监督管理机制，对飞行活动进行监督和检查，以确保各单位和人员遵守规定。对于违反规则的行为，将依法进行处理，包括警告、罚款、暂停飞行资格等措施，以维护飞行秩序和安全。

第七节 民用机场管理条例

《民用机场管理条例》为民用机场的建设、运营和管理提供了全面的法律依据和规范，有助于促进民用机场的健康发展，保障人民群众的安全和便利出行。条例的主要内容如下所述。

一、条例明确了其立法目的和适用范围

旨在规范民用机场的建设与管理，保障机场的安全和有序运营，维护当事人的合法权益。条例适用于中华人民共和国境内的所有民用机场，包括运输机场和通用机场。

二、条例强调了民用机场的公共基础设施属性

明确了各级人民政府在鼓励、支持民用机场发展，以及提高管理水平方面的职责。政府需要采取必要的措施，为民用机场的发展提供有力保障。

三、在监督管理方面，条例建立了完善的监督管理体系

国务院民用航空主管部门负责对全国民用机场实施行业监督管理，地区民用航空管理机构则负责对辖区内民用机场实施行业监督管理。同时，有关地方人民政府也依法对民用机场实施监督管理。这种多级监督管理体系确保了民用机场运营的规范性和安全性。

四、条例还对民用机场的布局规划提出了明确要求

规划应根据国民经济和社会发展需求以及国防要求编制，并与综合交通发展规划、土地利用总体规划、城乡规划相衔接。这有助于确保民用机场的建设与国家的整体发展战略相协调，实现资源的节约和生态环境的保护。

五、机场建设项目方面，条例规定了严格的审批和核准程序

运输机场的总体规划需要由运输机场建设项目法人编制，并经过相应的民用航空管理部门批准后方可实施。这确保了机场建设项目的合法性和合规性，防止了违规建设和无序发展。

六、条例还关注机场的安全管理和环境保护

它要求机场管理机构采取有效措施，确保机场持续符合安全运营要求，并定期对机场的安全状况进行评估。同时，机场建设和管理过程中需要充分考虑环境保护因素，减少对周边环境的影响。

第八节　中华人民共和国搜寻援救民用航空器规定

《中华人民共和国搜寻援救民用航空器规定》旨在确保在遇到民用航空器紧急情况时，能够迅速、有效地进行搜寻援救工作，最大限度地减少人员伤亡和财产损失。其主要内容如下。

一、总则与适用范围

规定首先明确了其立法目的，即为了及时有效地搜寻援救遇到紧急情况的民用航空器，避免或减少人员伤亡和财产损失。同时，详细界定了其适用范围，包括中华人民共和国领域内以及中国承担搜寻援救工作的公海区域。

二、组织与分工

在搜寻援救的组织与分工方面，规定明确了各级政府部门和相关机构的职责。中国民用航空局负责统一指导全国范围内的搜寻援救工作，而省、自治区、直辖市人民政府则负责其行政区域内的陆地搜寻援救工作。同时，沿海省、自治区、直辖市的海上搜寻援救组织也需制定具体的搜寻援救方案，并报相关部门备案。

三、搜寻援救准备

规定详细规定了搜寻援救的准备工作。这包括制定搜寻援救方案，明确使用航空器、船舶执行任务的单位及其类型，以及日常准备工作的规定。同时，还需确定航空器使用的机场、船舶使用的港口，以及担任搜寻援救的区域和相关保障工作。此外，还规定了执行海上搜寻援救任务时，船舶、航空器之间的协同配合。

四、搜寻援救程序

在搜寻援救程序方面，规定明确了在接到搜寻援救任务后，各级部门应迅速启动搜寻援救机制，组织力量进行搜寻。同时，还规定了搜寻援救过程中的信息共享、通信联络、现场指挥等关键环节的操作程序，以确保搜寻援救工作的高效进行。

五、保障措施

为了保障搜寻援救工作的顺利进行，规定还提出了一系列保障措施。这包括加强搜寻援救人员的培训、提高搜寻援救装备的技术水平、完善搜寻援救设施的建设等。同时，还强调了与其他国家和地区的合作与交流，共同提升搜寻援救能力。

六、法律责任

对于在搜寻援救工作中违反规定的行为，规定也明确了相应的法律责任。包括对失职、渎职行为的处罚，以及对造成严重后果的行为的追究。

第七章　民航部门规章

第一节　民航综合安全管理类规章

一、《民用航空器事件技术调查规定》（CCAR-395）

《民用航空器事件技术调查规定》详细规定了民用航空器事件技术调查的相关内容，为规范调查工作、保障民用航空安全提供了有力的法律保障。

（一）总则与目的

规定明确了其制定的法律依据，主要包括《中华人民共和国安全生产法》《中华人民共和国民用航空法》以及《生产安全事故报告和调查处理条例》等。其主要目的是规范民用航空器事件的技术调查工作，确保调查工作的科学性、公正性和及时性，从而预防类似事件的再次发生，保障民用航空的安全。

（二）适用范围与事件定义

规定明确指出，其适用于中国民用航空局（民航局）和中国民用航空地区管理局（地区管理局）负责组织的，在我国境内发生的民用航空器事件的技术调查，包括委托事发民航生产经营单位开展的调查。其中，民用航空器事件涵盖了民用航空器事故、民用航空器征候以及民用航空器一般事件。

（1）事故：是指对于有人驾驶航空器而言，从任何人登上航空器准备飞行直至所有这类人员下了航空器为止的时间内，或者对于获得民航局设计或者运行批准的无人驾驶航空器而言，从航空器为飞行目的准备移动直至飞行结束停止移动且主要推进系统停车的时间内，或者其他在机场活动区内发生的与民用航空器有关的下列事件：

1）人员死亡或者重伤。但是，由于自然、自身或者他人原因造成的人员伤亡，以及由于偷乘航空器藏匿在供旅客和机组使用区域外造成的人员伤亡除外。

2）航空器损毁无法修复或者严重损坏。

3）航空器失踪或者处于无法接近的地方。

事故等级分为特别重大事故、重大事故、较大事故和一般事故，具体划分按照有关规定执行。

（2）征候：是指在民用航空器运行阶段或者在机场活动区内发生的与航空器有关的，未构成事故但影响或者可能影响安全的事件。

（3）一般事件：是指在民用航空器运行阶段或者在机场活动区内发生的与航空器有关的航空器损伤、人员受伤或者其他影响安全的情况，但其严重程度未构成征候的事件。

（三）调查程序与要求

规定详细规定了调查工作的启动、调查组的组成、证据收集与保护、原因分析、报告撰写与发布等各个环节的具体要求。

1. 调查的组织

（1）民航局组织的调查包括：

1）国务院授权组织调查的特别重大事故；

2）运输航空重大事故、较大事故；

3）民航局认为有必要组织调查的其他事件。

（2）地区管理局组织本辖区发生的事件调查，包括：

1）运输航空一般事故；

2）通用航空事故；

3）征候；

4）民航局授权地区管理局组织调查的事故；

5）地区管理局认为有必要组织调查的一般事件。

（3）未造成人员伤亡的一般事故、征候，地区管理局可以委托事发民航生产经营单位组织调查。

2. 调查组和调查员

（1）调查组组成：

1）组织事件调查的部门应当任命一名调查组组长，调查组组长负责管理调查工作，并有权对调查组组成和调查工作作出决定。

2）调查组组长根据调查工作需要，可以成立若干专业小组，分别负责飞行运行、航空器适航和维修、空中交通管理、航空气象、航空安保、机场保障、飞行记录器分析、失效分析、航空器配载、航空医学、生存因素、人为因素、安全管理等方面的调查工作。调查组组长指定专业小组组长，负责管理本小组的调查工作。

3）调查组由调查员和临时聘请的专家组成，参加调查的人员在调查工作期间应当服从调查组组长的管理，其调查工作只对调查组组长负责。调查组成员在调查期间，应当脱离其日常工作，将全部精力投入调查工作，并不得带有本部门利益。

4）与事件有直接利害关系的人员不得参加调查工作。

（2）调查员管理。民航局、地区管理局、接受委托开展事件调查的民航生产经营单位应当指定满足下列条件的人员担任调查员负责事件调查工作：

1）在航空安全管理、飞行运行、适航维修、空中交通管理、机场管理、航空医学或者飞行记录器译码等专业领域具有3年及以上工作经历，具备较高专业素质；

2）按照民航局调查员培训大纲的要求参加初始培训和复训；

3）有一定的组织、协调和管理能力；

4）身体和心理条件能够适应调查工作。

3. 事件调查

（1）资料封存和保护。事发相关单位应当根据调查工作需要，立即封存并妥善保管与此次事件相关的下列资料：

1）飞行日志、飞行计划、通信、导航、监视、气象、空中交通服务、雷达等有关资料；

2）飞行人员的技术、训练、检查记录，飞行经历时间；

3）航空卫生工作记录，飞行人员体检记录和登记表、门诊记录、飞行前体检记录和出勤健康证明书；

4）航空器国籍登记证书、适航证书、无线电台执照、履历、有关维护工具和维护记录；

5）为航空器加注各种油料、气体等的车辆、设备以及有关化验记录和样品；

6）航空器使用的地面电源和气源设备；

7）为航空器除、防冰的设备以及除冰液化验的记录和样品；

8）旅客货物舱单、载重平衡表、货物监装记录、货物收运存放记录、危险品运输相关文件、旅客名单和舱位图；

9）旅客、行李安全检查记录，货物邮件安全检查记录，监控记录，航空器监护和交接记录；

10）有关影像资料；

11）其他需要封存的文件、工具和设备。

（2）事发现场的保护和管理。

1）接管现场并听取负责现场保护和救援工作的单位的详细汇报。

2）负责现场和事发航空器或者残骸的监管工作。未经调查组同意，任何无关人员不得进入现场；未经调查组组长同意，不得解除对现场和事发航空器的监管。

3）进入事发现场工作的人员应当服从调查组的管理，不得随意进入航空器驾驶舱，改变航空器、残骸、散落物品的位置及原始状态。拆卸、分解航空器部件、液体取样等工作应当事先拍照或者记录其原始状态并在调查组成员的监督下进行。

4）调查组组长应当指定专人负责现场的安全防护工作。

（3）调查的保密原则。调查组成员和参与调查的人员不得对外公开下列信息：

1）调查过程中获取的有关人员的所有陈述记录；

2）与航空器运行有关的所有通信记录；

3）相关人员的姓名、医嘱或者私人资料；

4）驾驶舱语音记录及其记录文本；

5）机载影像记录及其记录文本；

6）与空中交通服务有关的所有记录；

7）原因分析资料，包括飞行记录器分析资料和技术会议记录；

8）调查报告草案。

（四）调查结果运用与改进措施

1. 调查报告

调查报告应当包括下列内容：

（1）调查中查明的事实；

（2）原因分析及主要依据；

（3）结论；

（4）安全建议；

（5）必要的附件；

（6）调查中尚未解决的问题。

2. 调查结果运用

规定强调了对调查结果的运用和改进措施的重要性。调查结果应作为改进民用航空安全的重要依据，相关部门和单位应根据调查结果制定针对性的改进措施，如修订操作规程、加强人员培训等，以提高民用航空的安全水平。

（五）责任与监督

规定明确了调查工作的责任与监督机制。调查组应对其调查工作的质量和结果负责，接受民航局和地区管理局的监督和检查。同时，任何单位和个人都有权对调查工作提出意见和建议，以促进调查工作的不断完善。

（1）事故发生单位及其有关人员有下列行为之一的，依照有关法律、行政法规的规定予以处罚：

1）谎报或者瞒报事故的；

2）伪造或者故意破坏事故现场的；

3）销毁有关证据、资料的；

4）拒绝接受调查或者拒绝提供有关情况和资料的；

5）在事故调查中作伪证或者指使他人作伪证的。

（2）民航行政机关工作人员在事件调查中有滥用职权、玩忽职守行为的，由有关部门依法处分；构成犯罪的，依法追究刑事责任。

（3）民航生产经营单位和个人在事件调查中提供虚假材料、虚假证言证词的，依法记入民航行业严重失信行为记录，并按照有关规定进行公示。

二、《民用航空安全信息管理规定》（CCAR-396）

《民用航空安全信息管理规定》的内容涵盖了安全信息的定义、分类、管理流程、信息安全与保密以及监督与处罚等方面，为航空安全信息的有效管理提供了全面而具体的指导。

（一）安全信息定义与分类

（1）安全信息，是指事件信息、安全监察信息和综合安全信息。

（2）事件信息，是指在民用航空器运行阶段或者机场活动区内发生航空器损伤、人员伤亡或者其他影响飞行安全的情况。主要包括：民用航空器事故（以下简称事故）、民用航空器征候（以下简称征候）以及民用航空器一般事件（以下简称一般事件）信息。

（3）安全监察信息，是指地区管理局和监管局各职能部门组织实施的监督检查和其他行政执法工作信息。

（4）综合安全信息，是指企事业单位安全管理和运行信息，包括企事业单位安全管理机构及其人员信息、飞行品质监控信息、安全隐患信息和飞行记录器信息等。

（二）安全信息管理的相关职责

（1）局方职责：民航局民用航空安全信息主管部门负责统一监督管理全国民用航空安全信息工作，负责组织建立用于民用航空安全信息收集、分析和发布的中国民用航空安全信息系统。地区管理局、监管局的民用航空安全信息主管部门负责监督管理本辖区民用航空安全信息工作。

（2）企事业单位职责：企事业单位负责管理本单位民用航空安全信息工作，制定包括自愿报告在内的民用航空安全信息管理程序，建立具备收集、分析和发布功能的民用航空安全信息机制。企事业单位的民用航空安全信息管理程序应当报所属地监管局备案。

（3）人员和设备管理：局方和企事业单位应当指定满足条件的人员负责民用航空安全信息管理工作，且人员数量应当满足民用航空安全信息管理工作的需要。局方和企事业单位应当为民用航空安全信息管理人员配备工作必需设备，并保持设备正常运转。

（三）安全信息管理流程

（1）信息收集与报告：规定了各类安全信息的收集渠道、报告时限和格式等要求，确保信息的及时性和准确性。

1）紧急事件发生后，事发相关单位应当立即通过电话向事发地监管局报告事件信息；监管局在收到报告事件信息后，应当立即报告所属地区管理局；地区管理局在收到事件信息后，应当立即报告民航局民用航空安全信息主管部门。

2）紧急事件发生后，事发相关单位应当在事件发生后12 h内（事件发生在我国境内）或者24 h内（事件发生在我国境外），按规范如实填报民用航空安全信息报告表，主报事发地监管局，抄报事发地地区管理局、所属地监管局及地区管理局。

3）非紧急事件发生后，事发相关单位应当在事发后48 h内，按规范如实填报民用航空安全信息报告表，主报事发地监管局，抄报事发地地区管理局、所属地监管局及地区管理局。

（2）信息分析与应用：对收集到的安全信息进行深入分析和评估，识别潜在风险，提出改进措施。

1）民航局通过分析民用航空安全信息，评估行业总体安全状况。地区管理局和监管局通过分析民用航空安全信息，评估辖区总体安全状况，明确阶段性安全监管重点。

2）企事业单位应当定期分析本单位民用航空安全信息，评估本单位安全状况和趋势，制定改进措施。

3）民航局负责发布全国范围的民用航空安全信息；地区管理局和监管局负责发布辖区的民用航空安全信息。

4）局方和企事业单位应当根据民用航空安全信息分析情况，开展安全警示、预警工作，适时发布航空安全文件。

（四）信息保护与保密

（1）信息保护措施：企事业单位和个人应当妥善保护相关的信息文本、影音、数据以及其他资料，组织调查的单位负责调查文件、资料和证据的整理和保存。

（2）保密要求：对于涉及敏感信息或商业秘密的内容，规定了严格的保密义务和责任。企事业单位及其从业人员不得违反民用航空安全信息发布制度，擅自披露或者公开民用航空安全信息。

（五）监督与处罚

（1）监督机制：规定了对安全信息管理工作的监督内容和方式，确保各项规定得到有效执行。

（2）处罚措施：对于违反信息管理规定的单位和个人，规定了相应的处罚措施，以维护信息安全管理的严肃性和权威性。企业和个人的违规行为主要包括：

1）未制定民用航空安全信息程序和机制；

2）配备的民用航空安全信息管理人员不符合相关条件的或数量不满足工作需要；

3）未配备民用航空安全信息管理人员必需设备，或配备的设备无法正常使用；

4）未建立民用航空安全信息分析和发布制度；

5）未按规定报告事件信息/紧急事件/非紧急事件；

6）未按规定对已上报的事件进行处理；

7）未按规定途径上报民用航空安全信息报告表；

8）未妥善保护与事故、征候、一般事件以及举报事件有关的所有文本、影音、数据以及其他资料；

9）未按规定保护举报人合法权益；

10）擅自披露或者公开民用航空安全信息；

11）未按要求定期分析民用航空安全信息，未按规定开展安全警示、预警工作。

三、《中国民用航空应急管理规定》（CCAR-397）

《中国民用航空应急管理规定》通过详细规定预防与应急准备、预测与预警、应急处置以及善后处理等方面的内容，为民航管理部门和企事业单位提供了一套全面、系统的应急管理框架，有助于确保民用航空活动的安全和稳定。

（一）预防与应急准备方面

规定要求民航企事业单位应当建立健全安全管理制度，加强安全教育和培训，增强员工的安全意识和应急能力。同时，需要制定详细的应急预案，预案中应包括各种可能发生的突发事件及其处置措施，预案的制定应当结合实际情况，充分考虑各种可能的风险因素。此外，还需要定期组织应急演练，以检验预案的可行性和有效性，提升员工在突发事件中的应对能力。

（二）预测与预警方面

规定要求民航管理部门应建立全面的信息收集和分析系统，及时获取并处理可能影响民航安全的各类信息。同时，要利用现代科技手段，如大数据分析、人工智能等，提高预测预警的准确性和时效性。当发现可能出现突发事件时，应立即启动预警机制，通过适当的渠道向相关单位和人员发布预警信息，以便及时采取防范措施。

（三）应急处置方面

规定详细规定了民航管理部门和企事业单位在突发事件发生后的应对措施。这包括立即启动应急预案，组织应急救援力量赶赴现场，开展人员疏散、伤员救治、设备抢修等工作。同时，还需要加强与相关部门的沟通协调，争取更多的支持和协助。在处置过程中，要确保信息的及时、准确传递，以便各方能够迅速作出反应。

（四）善后处理方面

在突发事件得到控制后，民航管理部门和企事业单位需要对事件进行深入的调查和分析，查明原因，总结经验教训。同时，还需要对受损的设施设备进行修复和更新，恢复正常的航空秩序。对于在事件中受到影响的旅客和机组人员，要做好安抚和补偿工作，以维护良好的民航形象。

（五）监督、检查和指导方面

规定要求民航管理部门应定期对企事业单位的应急管理工作进行检查和评估，发现问题及时提出整改意见。同时，还要加强对企事业单位应急管理人员的培训和指导，提高其业务水平和应急处置能力。

四、《民用航空安全管理规定》（CCAR-398）

《民用航空安全管理规定》为民用航空的安全管理提供了全面的指导和规范，有助于提升整个行业的安全水平，保障人民群众的生命财产安全。

（一）总则与目的

该规定旨在通过实施系统、有效的民用航空安全管理措施，确保民用航空的安全和正常运行。它依据了《中华人民共和国民用航空法》和《中华人民共和国安全生产法》等相关的国家法律和行政法规进行制定。

（二）适用范围

该规定明确适用于在中华人民共和国领域内进行的所有民用航空生产经营活动的安全管理，包括境内的民用航空企事业单位及其从业人员，以及在境内实施运行的外国公共航空运输承运人和个人。

（三）安全管理原则与方针

规定强调了“安全第一、预防为主、综合治理”的工作方针，这是整个安全管理工作的核心指导思想。

（四）管理机构与职责

中国民用航空局（民航局）负责对全国的民用航空安全进行统一监督管理，而各地区的民用航空管理局则负责对其辖区内的民用航空安全进行监督管理。这些机构共同构成了民航行政机关，负责执行和监督安全管理规定的实施。

（五）安全管理体系的构成与要求

安全管理体系是规定中的重要组成部分，它至少应包括以下 4 个主要部分：

（1）安全政策和目标：这部分涵盖了安全管理承诺与责任、安全问责制、关键安全人员的任命、应急预案的协调以及安全管理体系文件的制定等。这些政策和目标为整个安全管理工作提供了明确的指导和方向。

（2）安全风险管理：要求对航空运营中可能存在的各种危险源进行识别，并对这些危险源进行风险评估，进而制定和实施相应的缓解措施，以控制和降低风险。

（3）安全保证：这部分涉及对安全绩效的监测与评估，以及变更管理和持续改进等方面。通过对安全绩效的定期评估和反馈，可以及时发现并纠正存在的问题，从而确保安全管理体系的有效性。

（4）安全促进：注重通过培训与教育提升员工的安全意识和技能，同时加强安全交流，促进信息共享和合作，以共同提升整个行业的安全水平。

（六）安全管理体系的功能与审定

规定还强调了安全管理体系和等效的安全管理机制应具备的功能，包括持续监测与定期评估安全管理活动的适宜性和有效性等。此外，民航生产经营单位的安全管理体系应当依法经民航行政机关审定，确保其符合规定的要求和标准。

（七）其他要求与责任

除了上述内容外，规定还对民航生产经营单位的安全管理责任进行了明确，要求单位建立安全管理体系的持续完善制度，确保安全管理工作的持续性和有效性。同时，对于违反规定的行为，也明确了相应的法律责任和处罚措施。主要的违法违规情况包括：

（1）未建立并运行安全管理体系或者等效的安全管理机制；

（2）建立的安全管理体系未经民航行政机关审定或者建立的等效的安全管理机制未备案；

（3）未建立安全管理体系或者等效的安全管理机制的持续完善制度；

（4）未开展安全绩效管理工作、未制定适宜的安全绩效指标或者安全绩效目标劣于行业安全目标；

（5）未按规定向所在辖区民航地区管理局备案行动计划、未实施安全绩效监测或者未按需要调整行动计划；

（6）未按规定向所在辖区民航地区管理局备案安全绩效统计分析报告；

（7）未建立相关安全管理制度；

（8）民航生产经营单位主要负责人、分管安全生产的负责人和安全管理人员未按要求完成培训的；

（9）未按要求制定安全培训大纲、年度安全培训计划或者未进行培训质量监督的；

（10）未按要求查找系统缺陷、制定预防与纠正措施的；

（11）未依法建立安全生产管理机构或者配备安全生产管理人员的；

（12）未按要求组织对相关人员进行安全生产培训的；

（13）资金投入不足，致使其不具备安全生产条件的；

（14）未建立安全隐患排查治理制度或者未采取措施消除安全隐患；

（15）未依法妥善保护资料；

（16）民航行政机关工作人员有滥用职权、玩忽职守行为的。

（八）最新修订情况

为进一步完善行业安全管理顶层设计，在规章层面满足《国际民用航空公约》附件19及国家安全生产领域的最新要求，民航局航安办于2022年启动《民用航空安全管理规定》（CCAR-398）修订工作，成立工作组，制定工作方案，并咨询行业内外相关领域专家，历时两年，完成修订稿起草工作。作为航空安全的综合性规章，新版CCAR-398拟进一步明确民航生产经营单位安全管理体系（SMS）建设要求，推动各业务领域SMS同安全风险管理与隐患排查治理双重预防机制、全员安全生产责任制等法定要求有机融合，进一步明确民航行政机关安全监督管理原则和相关机制，并基于上位法修订法律责任，目前处于征求意见阶段。主要变化包括：

（1）完善细化安全方针政策，坚持中国共产党的领导，坚持人民至上、生命至上，贯彻落实总体国家安全观，遵循“三管三必须”等。

（2）细化安全生产责任，明确民航生产经营单位是安全生产的责任主体，中国民用航空局（以下简称民航局）对全国民用航空安全实施统一监督管理，民航地区管理局对辖区内的民用航空安全实施监督管理。

（3）在任命关键安全管理人员条款明确安全管理部门的设置及安全管理人员配备，明确安全总监的设置和安全责任。

（4）安全管理的各要素与最新法律法规要求对接，例如全员安全生产责任制和双重预防机制等。

（5）细化法律责任和处罚依据。对违反全员安全生产责任制、建立安全管理体系或等效机制、设置安全管理部门或配置安全管理人员、建立双重预防机制、开展安全绩效管理、建立安全培训大纲等相关要求的，根据安全生产法和本规定相关条款进行处罚。

五、《民用航空器飞行事故应急反应和家属援助规定》（CCAR-399）

《民用航空器飞行事故应急反应和家属援助规定》在应急处理和家属援助方面进行了全面细致的规定，旨在为事故应急处理提供有效的指导和支持，同时关注受影响家庭的心理需求和实际困难，为他们提供必要的援助和支持。这些规定有助于维护社会稳定和保障人民群众的生命财产安全。

（一）应急反应

1. 事故报告与通报机制

（1）当发生飞行事故时，事故现场人员应立即向所属单位及民航管理部门报告，详细描述事故情况，包括时间、地点、涉及航空器型号、人员伤亡情况等。

（2）民航管理部门收到报告后，会立即启动应急响应程序，通知相关部门和单位，确保信息及时、准确传递。

（3）根据事故等级和影响范围，民航管理部门会向上级政府报告，并协调其他部门参与应急处置工作。

2. 应急处置措施与协调

（1）应急处置指挥部会迅速组织专业救援队伍赶赴现场，开展搜救失踪人员、救治伤员、疏散现场人员等工作。

（2）根据现场情况，指挥部会制定详细的救援方案，确保救援工作有序、高效进行。

（3）同时，指挥部会协调公安、消防、医疗等相关部门，确保现场安全稳定，防止次生事故发生。

3. 信息发布与舆论引导

（1）民航管理部门会建立信息发布机制，及时向社会公众发布事故的最新进展、处理情况等信息，确保信息透明、公开。

（2）针对媒体和公众关注的问题，民航管理部门会及时回应，澄清误解，防止不实信息的传播。

（3）加强与媒体的沟通合作，引导舆论，维护社会稳定。

（二）家属援助

1. 家属信息登记与联系机制

（1）家属援助中心会设立专门的接待区域和热线电话，接收受影响的家属的信息登记，并进行分类管理。

（2）工作人员会主动与家属取得联系，了解他们的需求和困难，提供必要的帮助和指导。

2. 事故信息提供与家属告知

（1）家属援助中心会向家属提供详细的事故信息，包括遇难者的身份确认、遗体处理、遗物认领等，确保家属了解事故的真实情况。

（2）根据事故处理进展，及时向家属更新信息，保持沟通渠道的畅通。

3. 心理援助与情绪疏导

（1）针对家属可能出现的心理创伤和情绪困扰，家属援助中心会安排专业的心理咨询师或心理医生提供心理援助服务。

（2）通过个别咨询、团体辅导等方式，帮助家属缓解情绪、调整心态，逐步走出心理阴影。

4. 善后事宜协助与处理

（1）家属援助中心会协助家属处理与事故相关的善后事宜，如遗体火化、骨灰安置、遗物处理等，确保家属能够妥善安排遇难者的后事。

（2）提供法律咨询和援助服务，帮助家属维护合法权益，解决可能出现的法律纠纷。

规定还强调了政府部门、航空公司、保险机构等相关单位在应急反应和家属援助工作中的协作配合和责任落实。通过明确各方职责和分工，确保各项措施得到有效执行，最大限度地减轻事故对受影响家庭和社会的影响。

第二节 公共航空运输类安全规章

一、《民用航空器驾驶员合格审定规则》（CCAR-61）

《民用航空器驾驶员合格审定规则》涵盖了民用航空器驾驶员资格审定、培训、考试、执照管理、体检合格证、飞行经历以及飞行时间等多个方面。规则旨在确保驾驶员具备足够的专业能力和素质，以保障民用航空器的安全和正常运行。通过这套规则的实施，可以有效提高驾驶员的飞行技能和应对能力，降低飞行事故的风险，保护人民群众的生命财产安全。

（1）规则中详细规定了驾驶员的基本要求和资格。驾驶员必须具备相应的知识、技能和经验，以应对各种飞行环境和条件。他们需要通过一系列的理论和实践考试，并获得相应的证书或执照，才能合法从事飞行任务。这些证书或执照代表了驾驶员的专业能力和资质，是保障飞行安全的重要基础。

（2）规则对驾驶员的培训和考试内容进行了详细阐述。培训涵盖了从基础理论到实际操作的各个方面，包括飞行原理、导航技术、应急处理等内容。考试则分为理论考试和实践考试两部分，要求驾驶员在理论知识和实际操作上都达到一定的标准。

（3）规则对驾驶员的执照管理和体检合格证要求进行了明确规定。驾驶员必须持有有效的执照和体检合格证，才能从事飞行任务。执照的有效期、更新和续期都有严格的规定，驾驶员必须遵守。同时，体检合格证要求驾驶员在身体条件上符合飞行要求，以确保飞行安全。

（4）在飞行经历和飞行时间方面，规则也有详细的规定。驾驶员需要积累足够的飞行经历，以提升飞行技能和应对能力。同时，飞行时间的计算和管理也是规则中的重要内容，以确保飞行任务的合理安排和飞行安全。

（5）规则强调了驾驶员的监管和考核。相关机构会对驾驶员进行定期或不定期的检查和考核，以确保其持续符合资格要求。对于违反规则的行为，也会有相应的处罚措施。

二、《民用航空飞行签派员执照和训练机构管理规则》（CCAR-65FS）

《民用航空飞行签派员执照和训练机构管理规则》（CCAR-65FS）是一套详细而严谨的规范，涵盖了飞行签派员的资格审定、培训、考试、执照管理、体检合格证要求、飞行经历与飞行时间记录等多个方面，以确保飞行签派员具备必要的专业知识和技能，从而保障民用航空的安全和正常运行。

（1）规则详细规定了飞行签派员的资格审定标准和程序。飞行签派员必须满足一系列基本条件，包括年龄、学历、身体健康状况、语言沟通能力等。此外，他们还需要在认可的训练机构完成专业的飞行签派训练，并通过相应的理论考试和实践考试。这些考试涵盖了飞行原理、航空气象、航空法规、飞行计划制定等多个方面，旨在全面评估飞行签派员的专业能力和技能水平。例如：执照申请人员需年满 21 周岁，身心健康，具有良好的职业道德和敬业精神；具备国家承认的大学本科（含）以上毕业学历，并能正确听、说、读、写和理解汉语；还需满足特定的经历和训练要求，以及掌握必要的知识和能力等。

（2）规则对飞行签派员的培训内容和要求进行了详细规定。训练机构必须按照规定的训练大纲和训练管理手册进行教学，确保飞行签派员获得全面、系统的培训。培训内容包括但不限于飞行签派理论知识、实践操作技能、应急处理能力等。同时，规则还要求训练机构对教员、教材和教学进行监督检查，确保培训质量。例如：教员需具备讲师、工程师或助理研究员及以上职称，并有至少 1 年的课程助教经历；教员还应具有相关的飞行签派、航空器驾驶、机务维修等专业工作经历，并持有相应的执照或资格；教员在初始聘任前，应成功向民航地区管理局和训练质量保证人员展示其知识和能力等。

（3）在执照管理方面，规则规定了飞行签派员执照的申请、审批、颁发和撤销等程序。申请人需要向民航地区管理局提交完整的申请材料，包括申请表、身份证明、学历证明、培训证明等。管理局会对申请材料进行审查，并组织符合条件的申请人进行考试。考试合格的申请人将获得飞行签派员执照，从而具备从事飞行签派工作的资格。

（4）规则还对飞行签派员的体检合格证要求进行了明确规定。飞行签派员必须持有有效的体检合格证，以证明其身体状况符合从事飞行签派工作的要求。体检合格证的有效期、更新和续期都有严格的规定，飞行签派员必须遵守。

（5）飞行经历和飞行时间记录方面。规则要求飞行签派员必须如实记录自己的飞行经历和飞行时间，以确保其具备足够的飞行经验。同时，规则还规定了飞行时间的计算方法和标准，以避免出现虚报或误报的情况。

（6）规则还强调了飞行签派员的监管和考核。民航地区管理局会定期对飞行签派员进行飞行技能、业务知识和工作态度的考核，以确保其持续符合资格要求。对于违反规则的行为，管理局会采取相应的处罚措施，严重者甚至可能撤销其飞行签派员执照。

三、《大型飞机公共航空运输承运人运行合格审定规则》（CCAR-121）

《大型飞机公共航空运输承运人运行合格审定规则》（CCAR-121）是一个详细且全面的规范体系，其主要内容旨在确保公共航空运输承运人在运营大型飞机时能够遵循最佳实践，保障飞行安全和服务质量。规则详细规定了每种运行的实施权利、限制和主要程序。包括航班的安排、运行计划、机组人员的资质和职责等。例如，规定了航班的起飞和降落时间、航线的选择、机组人员的飞行时长限制等，以确保飞行的顺利进行和机组人员的充分休息。

规则明确了飞机的适航性和安全性要求。它规定了每个级别和型别的飞机在运行中需要遵守的其他程序，以及批准使用的每架飞机的型号、系列编号、国籍标志和登记标志。这些规定有助于确保飞机符合适航标准，降低飞行风险。

规则还强调运行过程中机场和设施的使用规定。它规定了运行中需要使用的每个正常使用机场、备降机场、临时使用机场和加油机场的相关要求。这包括机场的设施条件、跑道长度、导航设备等，以确保飞机能够在合适的机场进行起降和加油操作。

规则还涉及运行合格审定的管理要求。这包括对手册、记录保存、培训以及检查等方面的规定。例如，航空公司需要制定并维护相应的手册，记录飞机的运行情况和维护记录，确保机组人员接受必要的培训，并接受民航局的定期检查。

规则涵盖了大型飞机公共航空运输承运人在运行过程中的各个方面。以下是一些主要内容的具体介绍。

（一）运行要求方面

（1）承运人必须制定并遵循严格的运行程序和规程，这些程序和规程必须符合国际民航组织的要求。这些规程包括但不限于运行手册、规章制度以及飞行操作程序等，旨在确保飞行的安全、有序和高效。

（2）承运人需确保其飞机、地面设施和设备符合规定的标准和要求。飞机的安全性能、维护保养情况，以及地面设施的安全和使用情况都必须经过严格评估。这有助于避免因设备故障或维护不当导致的安全事故。

（3）承运人的机组人员，包括飞行员、机组人员和地面人员，必须具备相应的资质和经过充分的培训。他们的技能和经验必须能够胜任相关工作，确保在飞行过程中能够应对各种突发情况。

（4）承运人还需建立并维护一个有效的安全管理系统。这个系统应能够预防和应对可能的安全风险，包括事故调查和报告制度、安全培训和意识提升等。这有助于承运人及时发现并解决潜在的安全隐患，提高整体的安全水平。

（5）承运人在获得运行合格后，必须严格按照规定的程序和标准进行运营，确保安全性和服务质量。这意味着承运人需要定期对机组人员进行培训和考核，及时更新和修复适航合格的飞机和设备，并建立健全的安全管理体系。

（二）适航管理方面

（1）规则要求航空公司确保其运营的飞机具备适航证书，并且符合国际民航组织以及中国民用航空规章所规定的适航标准。这包括飞机的结构完整性、系统功能性以及航电设备的正常运行等方面。航空公司需要定期进行飞机检查和维护，确保飞机在飞行过程中始终保持适航状态。

（2）规则涉及飞机的维修管理。航空公司需要建立完善的维修体系，包括制定维修计划、培训维修人员以及确保维修记录的准确性和完整性。此外，规则还规定了特定维修项目的执行标准和程序，以确保飞机的维修工作符合行业规范和安全要求。

（3）规则强调了对飞机持续适航的监控和评估。航空公司需要定期对飞机的适航性进行评估，包括检查飞机的飞行记录、维修记录以及性能数据等。如果发现任何可能影响适航性的问题，航空公司需要立即采取措施进行修复或改进。

（4）在人员资质管理方面，规则也提出了明确要求。参与飞机维修和检查的人员必须具备相应的资质和证书，并且需要定期接受培训和考核。这有助于确保维修工作的专业性和准确性，进一步保障飞机的适航性。

（5）规则还涉及适航管理的国际合作与协调。随着全球化的发展，航空器的适航管理已经超越国界，需要各国之间进行密切的合作与协调。CCAR-121 规则要求航空公司与国际民航组织以及其他国家的民航当局保持联系，共同推动适航管理的进步和发展。

（三）客舱安全方面

（1）客舱乘务员在飞行过程中扮演着至关重要的角色。他们需要在起飞前对旅客进行必要的安全简介，确保每位旅客都了解应急出口的位置、氧气面罩的使用方法等基本安全知识。此外，客舱乘务员还需要向旅客说明如何正确使用安全带、救生衣等安全设备，以及在紧急情况下如何配合机组人员进行疏散。

（2）客舱内的设施和设备也必须符合严格的安全标准。这包括座椅、安全带、应急出口、氧气系统等在内的所有设备都需要经过严格的测试和认证，以确保在紧急情况下能够正常工作。此外，客舱内的消防设施、烟雾探测器等也需要定期检查和维护，以预防火灾等意外事件的发生。

（3）客舱内的秩序和纪律也是保障安全的重要因素。旅客需要遵守机组人员的指示，不得随意打开应急出口、触动紧急按钮等。在飞行过程中，旅客需要保持座位上的安全带系好，并尽量减少在客舱内的走动，以确保飞行的稳定和安全。

（4）客舱安全还包括对飞行过程中可能出现的各种紧急情况的应对。机组人员需要接受严格的应急训练，熟悉各种紧急情况下的处置程序。在紧急情况下，机组人员需要迅速、准确地采取措施，保障旅客和机组人员的生命安全。

（5）客舱安全还需要与航空公司的整体安全管理体系相结合。航空公司需要建立完善的安全管理制度，定期对客舱安全进行检查和评估，及时发现和解决潜在的安全隐患。同时，航空公司还需要加强与相关部门的合作，共同提高客舱安全的整体水平。

（四）运行记录与报告方面

运行记录与报告是大型飞机公共航空运输中不可或缺的一环，它们详细记录了飞机的运行状态、飞行情况以及各种与飞行安全相关的信息。这些内容对于保障飞行安全、提升运营效率以及进行事故调查等方面都具有重要意义。

运行记录主要包括以下内容：

（1）飞行日志：详细记录每次飞行的起止时间、航线、高度、速度等基本信息。这些信息有助于监控飞机的飞行状态，确保飞行过程符合规定。

（2）设备检查记录：对飞机上的关键设备，如发动机、起落架、导航系统等进行定期检查，并记录检查结果。这有助于及时发现并解决潜在的安全隐患。

（3）维修记录：详细记录飞机维修的时间、地点、维修内容以及维修人员等信息。维修记录是评估飞机适航状态的重要依据，也是确保飞行安全的关键环节。

（4）气象与航路信息：记录飞行过程中遇到的气象条件、航路变更等情况。这些信息有助于分析飞行环境对飞行安全的影响。

（5）客舱与机组情况：记录客舱内的秩序、旅客行为以及机组人员的操作情况。这有助于评估客舱安全状况，提升机组人员的安全管理水平。

报告则是对运行记录进行分析和总结的产物，主要包括：

(1) 安全报告：对飞行过程中的安全事件、隐患进行分析，提出改进措施。安全报告是提升飞行安全水平的重要手段。

(2) 运行效率报告：分析飞行效率、燃油消耗等数据，提出优化建议。这有助于降低运营成本，提升航空公司的竞争力。

(3) 事故调查报告：在发生飞行事故后，对事故原因进行深入调查，形成调查报告。事故调查报告是防止类似事故再次发生的重要依据。

(五) 应急管理方面

规定了承运人在应对紧急情况时的职责和程序，包括应急演练计划的制定、应急设备的配置、应急演练的开展等，以确保在紧急情况下能够迅速、有效地应对。

(1) 应急管理包括制定详尽的应急预案。这些预案针对各种可能出现的紧急情况，如机械故障、恶劣天气、恐怖袭击等，详细规定了应对措施和操作流程。预案的制定需要充分考虑飞机的特性、航线条件、机组人员的培训情况等因素，确保预案的实用性和有效性。

(2) 机组人员需要接受严格的应急训练。这些训练不仅包括理论知识的学习，如应急设备的操作、紧急疏散程序等，还包括模拟演练，使机组人员能够在真实环境中熟悉并掌握应急技能。通过训练，机组人员能够在紧急情况下迅速做出反应，采取正确的措施。

(3) 应急设备的管理和维护也是应急管理的重要组成部分。飞机上的应急设备，如救生衣、氧气面罩、灭火器等，需要定期检查和维护，确保其处于良好状态。同时，机组人员需要熟悉这些设备的存放位置和使用方法，以便在紧急情况下能够迅速取用。

(4) 在飞行过程中，机组人员需要时刻保持警惕，密切关注飞行状态和外部环境的变化。一旦发现异常情况或潜在风险，应立即采取措施进行处置，并及时与地面指挥部门沟通，获取必要的支持和协助。

(5) 应急管理还需要与航空公司的整体安全管理体系相结合。航空公司需要建立完善的应急管理机制，包括应急响应中心、信息传递系统、资源调配机制等，以确保在紧急情况下能够迅速、有效地进行应对。

(六) 最新修订情况

《大型飞机公共航空运输承运人运行合格审定规则》1999 年 5 月 5 日首次发布，分别于 2000 年 7 月 18 日、2005 年 2 月 25 日和 2006 年 10 月 30 日由时任民航总局局长签署完成过 3 次修订，后续又分别于 2016 年 3 月 4 日、2017 年 9 月 4 日、2020 年 5 月 11 日和 2021 年 3 月 15 日由交通运输部部长签署完成过 4 次修订，较好地适应了我国民航公共运输行业的发展需要，有力支撑我国逐步发展为民航大国、民航强国。

为全面落实党的二十大以来党中央关于国家整体安全观的新要求，对标《国际民用航空公约》附件近年来更新的政策和标准，促进新形势下中国民航高质量发展，对 CCAR-121 进行了第八次系统性修订。《大型飞机公共航空运输承运人运行合格审定规则》（交通运输部令 2024 年第 7 号）已于 2024 年 4 月 12 日经第 6 次部务会议通过并施行。

此次 CCAR-121 修订，除针对《国际民用航空公约》附件的新变化进行了国内规章转化外，还结合《安全生产法》，对运输航空公司安全管理体系、飞行运行管理体系、持续适航管理体系、人员资质管理体系等方面的管理政策和标准进行了梳理和完善，具体内容如下：

(1) 在运输航空公司准入条件方面，根据目前行业运行实践和国产飞机发展情况，结合通航法规体系重构的制度安排，调整 CCAR-121 的适用范围为“多发涡轮驱动的运输类飞机”，提高 CCAR-121 运输航空公司的准入门槛和运行安全标准，以适应行业高质量发展需要。

(2) 在运输航空公司安全管理体系建设方面，一是根据《安全生产法》，增加了对企业主要负责人的职责和条件要求，细化了对安全管理体系和落实岗位责任的相关政策，全面落实“三管三必须”。二是明确了飞行数据分析方案的定义和实施的基本原则，进一步严格了运输航空公司对 FDR、CVR、QAR 等数据的使用限制和适用范围，强化了合理使用各类安全和运行数据，强化实施飞行数据分析方案的重要性。三是完善了运行合格审定的内容和标准，要求申请人必须建立与其运行性质和范围相匹配的组织管理体系，并能够对外委方实施有效的管理。

(3) 在航空公司飞行运行管理方面，根据行业内的特定风险，结合国际民航组织公约附件，一是对于航空公司的政策制定和手册管理，进一步细化了《运行手册》的内容，规范了航空公司对《飞机飞行手册》的管理方式，完善了公司《运行手册》在飞行、运控、安保、危险品运输、航卫等方面的内容，明确了局方和公司在制定标准操作程序、细化性能数据编排等方面的责任和要求，并根据目前行业内手册电子化的新业态以及电子飞行包（EFB）等技术的推广和运用，调整监管政策，推进无纸化管理进程。二是对于航空公司的运行控制能力建设，调整了“运行控制”的定义，强调运行控制在确保飞行安全以及保障运行正常和效率方面的核心属性；完善运控中心的定位和在组织架构、授权及职责方面的建设要求，进一步明确航空公司、飞行机组和签派员在签派放行、飞行前准备、技术支援、改航备降等运行控制环节的职责；结合国内空中交通管制网络布局以及卫星通信等新技术的发展，调整了公司运控和机组之间空地通信能力的管理要求。三是对于飞行运行标准和政策，梳理了 CCAR-121 与机场、空管、安保等规章之间的关系，细化了对新开运行区域和航路的管理要求，完善制定机场最低运行标准的方法以及运行中掌握相应标准的政策，修订了飞机性能使用限制，强化对各类运行风险的预先控制；调整了在目的地备降场选择方面的标准，容许运行控制能力强的公司更加灵活地制订飞行计划，进一步提升运行效率；完善了对基于性能导航（PBN）、低能见运行、运行增益、延程和极地运行等特殊运行的批准要求，调整了在跨水运行、机组和旅客氧气配备等方面的政策，提高运行安全裕度；增加对客舱乘务员的配备要求，明确了航空公司在应急出口座位管理、旅客行李管理、移动电子设备使用等方面的责任，强调公司在航班生产中所分配的任务不得影响客舱乘务员履行安全职责。四是对于机组成员的运行作风，调整了飞行关键阶段的定义，进一步严格了对机组成员行李和物品摆放及固定、飞行机组安全带及通信设备使用等方面的要求。五是对于运行中的应急处置和报告，完善了航空公司和机组成员对飞行中紧急医学事件、可疑传染病、航空器气象观测等方面的报告要求，增加完善了飞机追踪的政策，细化了公司运行部门在协助搜救和救援方面的职责。六是对于航空卫生保障，修订了对运输航空公司航空卫生保障管理的相关规定，强化了航空公司航空卫生工作的安全属性。

（4）在航空公司持续适航管理方面，一是对于机载仪表和设备，调整了对第二驾驶员的仪表设备要求，细化了涡轮驱动发动机所需的仪表，按照国际民航组织公约附件最新修订，修改了舱音记录器（CVR）的记录时长、氧气设备的配备标准以及地形感知和警告系统（TAWS）的功能表述，增加了安装 8.8 Hz 水下定位装置（ULD）、预测冲出跑道感知和告警系统（ROAAS）等设备的装机要求，并考虑航空公司实际情况，给出了较长的过渡期。删除附录 J 等在适航审定规章中已经明确的内容，在全面符合国际民航组织公约附件的基础上，加强机载设备与适航审定规章间的协调。二是在工程管理方面，严格了维修副总、总工程师的准入条件，优化了航空公司维修体系和培训政策，取消了培训大纲的制定要求，调整人员资质要求，强化关键岗位人员的专业性。修订了对协议维修单位的表述，避免和航线委托维修单位混淆。强调质量安全在航空公司工程管理方面的重要性。增加了可靠性方案中对发动机监控的要求，完善了对维修记录的管理规定。简化“使用困难报告”等在规章中的描述，将具体要求在行政规范性文件中进行明确，便于后续的更新调整，增加了对于设计制造缺陷问题运营人向型号合格证持有人报告的要求。

（5）在航空公司人员资质管理方面，强化了岗位胜任这一关键要素，一是根据国际民航组织附件，修订原 R 章“高级训练大纲”为“基于胜任力的培训和评估方案”，全面满足国际民航组织对新一代航空器机组成员训练的要求。二是完善了对飞行机组、客舱乘务组、飞行签派员训练大纲在危险品训练、安保训练和应急生存训练方面的内容及合格要求，要求航空公司强化各方应急处置程序的协调性和连贯性，明确在机组成员应急生存训练中必须包含联合演练。三是细化对飞行机组的训练要求，增加了与实际运行区域相关的训练内容，调整了附件 D 和 E 的训练内容及设备要求，进一步提升飞行训练与实际运行的匹配度。细化了合格证持有人在授权签派员执行飞机签派任务前，对其掌握的知识和能力进行验证检查的要求，严格对飞行签派员的资质管理。

四、《外国公共航空运输承运人运行合格审定规则》（CCAR-129）

《外国公共航空运输承运人运行合格审定规则》旨在确保外国公共航空运输承运人在中华人民共和国境内的运行安全、高效且合规。

（一）制定背景与目的

在全球航空业蓬勃发展的今天，各国间的航空交流与合作日益频繁。为了确保外国航空公司在我国境内的飞行活动符合国际标准和国内法规，保障广大旅客的生命财产安全，中国民航局制定了外国公共航空运输承运人运行合格审定规章。这一规章的出台，不仅有助于规范外国航空公司的运行行为，提高运行安全水平，还有助于促进国际航空市场的健康发展。

（二）适用范围

规章适用于所有计划在中华人民共和国境内实施公共航空运输飞行的外国航空公司。这些公司必须持有外国民用航空管理当局颁发的航空运营人合格证和运行规范，并使用飞机或直升机在我国境内进行起降，实施定期或不定期公共航空运输飞行。

（三）审定流程与要求

（1）审定流程方面，外国航空公司需要按照规章的要求，向民航局提交完整的申请材料，包括公司资质、机组成员信息、运行计划等。民航局将对申请材料进行严格审查，对申请人的运行能力、安全管理水平等进行全面评估。同时，民航局还将对外国航空公司的运行设施、飞行机组资质、飞行计划等进行现场检查，确保其符合规章的要求。

（2）在要求方面，规章对外国航空公司的运行标准、安全管理、应急处置等方面都作出了明确规定。例如，外国航空公司必须遵守我国的航行规则，确保飞行安全；必须建立完善的安全管理体系，加强机组人员的安全培训；必须制定有效的应急处置预案，以应对可能出现的紧急情况。

（四）监督管理与法律责任

规章强调了对外国航空公司的监督管理和法律责任。民航局将定期对获得运行合格证的外国航空公司进行监督检查，确保其持续符合规章的要求。对于违反规章的行为，民航局将依法进行处罚，包括警告、罚款、暂停或撤销运行合格证等。同时，对于造成严重后果的违法行为，还将依法追究相关人员的刑事责任。

五、《民用航空危险品运输管理规定》（CCAR-276）

（一）规定明确了适用范围和监督管理职责

它适用于国内公共航空运输经营人、在外国和中国地点间进行定期航线经营或者不定期飞行的外国公共航空运输经营人，以及与危险品航空运输活动有关的任何单位和个人。中国民用航空局负责对全国危险品航空运输活动实施监督管理，而地区管理局则负责辖区内的相关活动。

（二）对于从事民用航空危险品运输的单位和个人的要求

必须严格遵守《国际民用航空公约》附件18《危险物品的安全航空运输》及《技术细则》的要求。这些规定详细列出了危险品的分类、包装、标记、标签和运输要求，以确保危险品在航空运输过程中的安全。

（三）规定明确了危险品运输的限制条件

任何单位和个人都不得在行李中携带或在货物、邮件中托运、收运、载运特定危险品，这些危险品包括在《技术细则》中明确禁止航空运输的，以及受到感染的活体动物等。对于某些特定危险品，除非经过特殊批准或豁免，否则也禁止运输。

托运、收运、载运含有危险品的邮件也需要符合相关邮政法律法规、本规定及《技术细则》的要求。这包括邮件的包装、标记、标签以及相关的运输文件等，都需要符合规定，以确保危险品邮件的安全运输。

（四）规定明确了对于危险品培训机构和教员的要求

对于危险品培训机构，需要具备相关的资质和认证，确保其具备提供危险品培训所需的专业知识和实践经验。这些机构需要按照规定的标准和程序进行运作，确保培训内容的准确性和有效性。对于教员，需要具备相应的资格和证书，包括危险品管理、安全操作等方面的专业知识。教员需要接受定期的培训和考核，以确保其具备最新的知识和技能，能够向学员提供高质量的教学和指导。培训机构和教员还需要遵守相关的安全规定和程序，确保培训过程中的安全。他们需要了解并熟悉各种危险品的特性、风险以及应对措施，以便在紧急情况下能够迅速、有效地进行处理。

（五）违规处罚

具体的罚则内容可能包括警告、罚款、暂停运营、吊销许可证等措施，针对不同程度的违规行为进行相应的处罚。例如，对于未经许可擅自进行危险品操作或培训的行为，可能会受到严厉的处罚，包括罚款和吊销相关资格等。

第三节　通用航空运输类安全规章

一、《一般运行和飞行规则》（CCAR-91）

《一般运行和飞行规则》的主要内容涵盖了飞行活动的各个方面，以确保飞行活动的安全、有序和高效进行。需要注意的是大型飞机公共航空运输承运人也需要满足本规则的要求。以下是规章的主要内容。

（一）飞行活动规范

运行和飞行规则的首要目标是维护国家领空主权，规范飞行活动，保障安全有序。所有拥有航空器的单位、个人以及与飞行有关的人员都必须遵守这些规则。飞行活动需要得到批准，并严格按照规定的程序进行，包括飞行预先准备、飞行直接准备、飞行实施和飞行讲评等阶段。

（二）空域管理

高空交通管理规则确保飞行器在高空飞行时保持安全距离，避免相互接触的风险。飞行器和航班的运行需遵守航班计划和航空交通管制的相关规定，包括出发地、目的地、预计起飞和到达时间等。

（三）设备安全规范

航空器的设计、制造和维护都必须符合严格的安全标准。这包括航空器结构强度、材料性能、电子系统可靠性等方面的设计规范。航空发动机的设计和制造也需遵循相应的标准，确保其正常工作和安全可靠。

（四）人员安全培训与管理

飞行人员必须经过严格的安全训练和培训，确保他们具备足够的安全意识和应急处置能力。地面人员也需接受相应的安全管理培训，以在飞行过程中发挥辅助作用。

（五）安全要求与预防措施

运行规程通常包括必要的安全要求，如穿戴适当的个人防护装备、遵循使用设备的安全指南、熟悉紧急停机和撤离程序等。飞行人员和其他相关人员必须遵守现场标识和标记，确保对危险区域和出口位置有清晰的认知。

（六）公司规章与政策

民航公司和其他拥有飞行器的单位通常有独特的运行规章，包括飞行员的作业手册、机组成员的职责和行为准则等。这些规章旨在确保公司的飞行安全和高效运营，同时也遵守行业标准和规章要求。

二、《民用无人驾驶航空器运行安全管理规则》（CCAR-92）

《民用无人驾驶航空器运行安全管理规则》涵盖了从无人机适航性、飞行人员资质、飞行计划与行为规范、飞行区域限制、安全管理责任到法律责任等多个方面。这些规定和要求共同构成了无人机飞行的安全保障体系，为无人机的安全、高效运行提供了有力保障。

（一）适航性与设备要求

规则详细规定了无人机的适航标准，包括其设计、制造、材料、设备等方面的要求。同时，也对无人机所使用的各种工具和设备提出了具体要求，比如设备需确保可用状态、合格状态，工作环境要满足要求等。

（二）操控员资质

规则对操控员的资质进行了严格规定，要求操控员必须持有相应的执照，并经过专业培训，具备丰富的经验。此外，操控员还需了解并遵守所有与无人机飞行相关的法规和规定。

（三）飞行计划与行为规范

规则要求无人机在飞行前必须提交详细的飞行计划，并遵循规定的交通空域、飞行计划、指挥塔指令等。飞行行为应严格遵守限制条件、安全飞行程序和飞行安全防护措施。

（四）飞行区域限制

规则明确规定了无人机的飞行区域限制，包括禁止或限制无人机在机场、国家重点保护区、地震灾区等特定区域的飞行。同时，无人机操控员应准确掌握无人机的位置，防止其误入空中危险区和禁区。

（五）安全管理责任

规则对无人机的安全管理责任进行了详细规定，明确了无人机所有者、操作者以及相关部门的安全管理职责。这包括无人机的日常检查、维护、修理以及飞行过程中的安全监控等。

（六）实名登记与飞行计划申报

规则还规定了无人机的实名登记制度，要求无人机的持有人、驾驶员必须登录相关系统进行信息登记、飞行计划申报等。这有助于无人机进行有效管理和监控，防止其被用于非法活动。

（七）法律责任

对于违反规则的行为，规则也明确了相应的法律责任和处罚措施。这有助于维护无人机飞行的秩序和安全，防止事故的发生。

三、《小型商业运输和空中游览运营人运行合格审定规则》（CCAR-135）

《小型商业运输和空中游览运营人运行合格审定规则》旨在确保运营活动的安全、有序和高效，为旅客提供优质的飞行体验。需要注意的是本规则不适用于无人驾驶航空器。

规则适用于在中华人民共和国境内依法登记的运营人所实施的以取酬为目的的下列商业飞行活动：

（1）使用小型航空器实施的定期、不定期载客或者载货飞行，以及长途空中游览飞行。

（2）使用下列运输类飞机实施的载货或者不定期载客飞行：

1）旅客座位数（不包括机组座位）30座及以下。

2）最大商载3400 kg及以下。

（3）使用运输类直升机实施的定期、不定期载客或者载货飞行。

（4）下列短途空中游览飞行：

1）除自由气球外，航空器的起飞和着陆满足下列条件之一的空中游览飞行：

① 在同一起降点完成，并且航空器在飞行时距起降点的直线距离不超过40 km。

② 在两个直线距离不超过40 km的起降点间实施。

2）使用自由气球在运营人的运行规范中经批准的飞行区域内实施，并且每次飞行的起飞和着陆地点应当包含在该区域之内的空中游览飞行。

《小型商业运输和空中游览运营人运行合格审定规则》是一个旨在确保小型商业运输和空中游览运营活动安全、有序、高效的全面而详细的规范。主要内容如下所述。

（一）运营人资质要求

（1）证照与资质：运营人必须持有由民航主管部门颁发的运营许可证，并具备相应的运营资质。这些证照和资质必须定期进行更新和审查，以确保运营人始终符合相关要求。

（2）经验与技能：运营人的关键管理人员和飞行人员应具备丰富的行业经验和专业技能。他们应接受定期的培训，包括飞行操作、安全管理、应急处置等方面的内容，以保持和提升其专业能力。

（3）组织与管理：运营人应建立完善的组织架构和管理体系，包括明确的职责划分、有效的沟通机制以及严格的监督制度。此外，运营人还应制定并执行相应的管理制度和操作规程，以确保运营活动的顺利进行。

（二）飞行器要求

（1）适航性：所有用于商业运输和空中游览的飞行器必须符合国家及民航局颁布的适航标准。这包括飞行器的设计、制造、维修和使用等方面都必须符合相关要求。

（2）维护与检查：飞行器应定期进行维护和检查，以确保其机体状态良好、性能稳定。维护记录应详细、完整，并随时可供检查。

（3）安全设备：飞行器应配备必要的安全设备和紧急救援设备，如救生设备、灭火器等。这些设备应定期检查，确保其处于良好状态。

（三）运行要求

（1）飞行规则与操作规程：运营人的飞行活动必须严格遵守民航局的飞行规则和操作规程。这包括起飞、降落、巡航、通信等各个环节的操作要求。

（2）飞行安全管理制度：运营人应建立完善的飞行安全管理制度，包括飞行前的安全检查、飞行中的实时监控、飞行后的安全评估等。这些制度应确保飞行活动的安全性和规范性。

（3）安全记录：运营人应保持良好的飞行安全记录，包括事故、故障、违规等情况的记录和分析。这些记录有助于运营人识别潜在的安全风险，并采取相应的措施进行改进。

（四）旅客服务要求

（1）服务质量：运营人应提供优质的旅客服务，包括航班信息查询、票务服务、行李托运等。服务过程中应注重旅客的需求和体验，确保旅客的满意度。

（2）旅客安全与舒适：运营人应确保旅客的安全和舒适，包括提供符合规定的座椅、安全带等设施，以及确保飞行过程中的客舱环境整洁、舒适。

（3）消费者权益保护：运营人应遵守相关的消费者权益保护法律法规，不得侵犯旅客的合法权益。对于旅客的投诉和纠纷，运营人应积极处理并妥善解决。

（五）保险责任要求

（1）保险购买：运营人必须购买合法的航空保险，包括旅客意外伤害保险、第三者责任险等。这些保险应覆盖运营人可能面临的各种风险。

（2）保险责任与赔偿：保险责任应明确，并在保险合同中详细列明。在发生意外事件时，运营人应及时向保险公司报案，并按照保险合同的约定进行赔偿。

（六）监督与处罚

规则还可能包含对运营人的监督检查要求，包括对运营人的资质、飞行器状态、运行管理等方面的定期或不定期检查。对于违反规则的行为，将依法进行处罚，以维护行业的秩序和安全。

四、《特殊商业和私用大型航空器运营人运行合格审定规则》（CCAR-136）

《特殊商业和私用大型航空器运营人运行合格审定规则》的内容涵盖了运营人资质、航空器适航性、运行规则、特殊作业规定等多个方面，为航空器的安全、高效运营提供了有力的保障。需要注意的是本规则不适用于无人驾驶航空器。

规则适用于在中华人民共和国境内依法登记的运营人所实施的下列飞行活动：

（1）以取酬为目的的下列商业飞行活动：

1）使用航空器实施的农林喷洒作业飞行。

2）使用直升机实施的机外载荷作业飞行。

3）使用航空器实施的跳伞服务飞行。

（2）使用由航空器代管人代管的航空器实施的私用飞行。

（3）使用大型航空器实施私用飞行。

（一）运营人资质与人员要求

（1）运营人资质：运营人需持有相应的运营许可证，并具备符合规定的资质要求。

（2）飞行与地勤人员：飞行人员必须持有有效的飞行执照，并具备相应的飞行经验和技能。地勤人员也需经过专业培训，能够熟练处理各种突发情况。

（二）航空器适航性与维修

（1）适航性要求：航空器必须满足 CCAR-91 的相关要求，包括适航标准、仪表和设备安装等。

（2）维修与检查：运营人需按照规则要求对航空器进行维修和检查，确保其处于良好的适航状态。维修记录应详细完整，以备检查。

（三）运行规则与程序

（1）飞行规则：运营人需遵守飞行规则，包括起飞、巡航、降落等各个阶段的操作要求。

（2）内部安全报告程序：特殊商业运营人和私用大型航空器运营人应建立内部匿名安全报告程序，鼓励员工报告安全隐患，以提高运营安全性。

（四）特殊作业规定

（1）机外载荷作业：当进行机外载荷作业时，运营人需遵守相关要求，确保操作安全，避免对地面人员和财产造成危害。

（2）农林喷洒作业：实施农林喷洒作业时，运营人需采取足够的保护措施，遵守作业飞行区域的政府部门要求，并向公众发出作业飞行通知。

（五）其他要求

（1）载重与平衡控制：运营人需对航空器的载重和平衡进行严格控制，确保飞行安全。

（2）飞行计划：运营人需提交完整的飞行计划，包括飞行路线、高度、速度等详细信息，并获得相关部门的批准。

（3）应急措施：运营人应制定应急措施，包括应对突发天气、机械故障等情况的预案，以确保飞行安全。

（六）监督检查与违规处理

（1）监督检查：民航主管部门将对运营人的运行情况进行定期或不定期的监督检查，确保其遵守规则要求。

（2）违规处理：对于违反规则要求的运营人，民航主管部门将依法进行处罚，包括罚款、吊销运营许可证等。

第四节　机场运行类安全规章

一、《民用机场专用设备管理规定》（CCAR-137CA）

《民用机场专用设备管理规定》为民用机场专用设备的管理提供了明确的指导和规范，有助于确保机场运行的安全和高效。

（1）规定明确了其制定目的和适用范围。它旨在规范和加强民用机场专用设备的管理，确保这些设备的安全适用，从而保障航空安全。该规定适用于中华人民共和国领域内所有民用机场专用设备的检验、使用和安全管理。

（2）规定对“民用机场专用设备”进行了明确定义。它指的是在民用机场（包括军民合用机场的民用部分）内使用，用于保障机场运行、航空器飞行和地面作业安全的各类设备，包括航空器地面服务设备、目视助航及其相关设备以及其他地面服务设备等。

（3）规定对机场设备的技术标准和检验要求进行了详细规定。机场设备必须符合国家规定的标准和技术规范，且必须经过民航局认定的机场设备检验机构检验合格后才可在民用机场内使用。这确保了机场设备的安全性和可靠性。

（4）规定还明确了民航局和相关部门的职责。民航局负责制定有关标准和技术规范，认定检验机构，发布机场设备目录和合格的机场设备通告，并建立机场设备信息系统。同时，民航局还对机场设备的检验和使用实施安全监督管理。

（5）规定还对机场设备制造商和使用单位提出了要求。这些单位必须遵守相关法律法规和规章，加强机场设备的安全和节能管理，建立健全相关责任制度。

二、《运输机场使用许可规定》（CCAR-139CA）

《运输机场使用许可规定》旨在规范运输机场使用许可工作，保障运输机场安全、正常运行。规定适用于运输机场（含军民合用机场民用部分）的使用许可及其相关活动管理。

（1）规定明确了民用机场的定义和分类。民用机场是指供民用航空器起飞、降落、滑行、停放以及进行其他活动使用的划定区域，包括附属的建筑物、装置和设施。根据规定，我国的民用机场分为公共航空运输机场和通用航空机场，同时根据规模和路线等因素，还可以进一步细分为国际性、地区性和地方性机场。

（2）规定详细阐述了民用机场使用许可的申请和审批流程。对于符合法律法规和技术标准要求的机场，经过民航局的审核，可以颁发相应的使用许可证书。许可内容主要包括机场的名称、代码、类型、建设历史和规模、接收能力、运行管理、安全防护等方面的信息。

（3）规定还明确了民用机场使用许可的管理机构及其职责。中国民用航空局负责民用机场使用许可的统一管理和持续监督检查，包括制定相关规章、标准，审批并颁发特定级别的机场使用许可证，负责运输机场名称的批准，以及设立国际机场的审核等。

（4）该规定还强调了民用机场使用许可的重要性。机场取得使用许可证后，方可开放使用，这是保障机场安全、正常运行的重要措施。同时，对于违反规定的行为，也会有相应的法律责任和处罚措施。

三、《运输机场运行安全管理规定》（CCAR-140）

《运输机场运行安全管理规定》内容涵盖了机场运行安全管理的各个方面，从安全管理体系、安全管理制度、机场使用手册到运行管理等多个层面进行了详细规定，以确保民用机场的安全、高效运行。

（一）总则与管理体系

（1）总则：明确了规定的制定目的、适用范围和基本原则，强调机场运行安全管理的重要性和必要性。机场管理机构与航空运输企业及其他驻场单位应当签订有关机场运行安全的协议，明确各自的权利、责任、义务。机场管理机构应当组织成立机场安全管理委员会。机场安全管理委员会由机场管理机构、航空运输企业或其代理人及其他驻场单位负责安全工作的领导组成，负责人由机场管理机构负责安全工作的领导担任。

（2）机场安全管理体系：规定了机场安全管理体系的建立、实施和维护要求。机场安全管理体系主要包括机场安全管理的政策、目标、组织机构及职责、安全教育与培训、文件管理、安全信息管理、风险管理、安全事件调查、应急响应、机场安全监督与审核等。机场安全管理体系应当包含在机场使用手册中。

（二）安全管理制度与人员资质

（1）机场安全管理制度：详细阐述了机场安全管理的各项制度，包括安全检查、安全培训、应急预案等，确保各项安全制度得到有效执行。机场管理机构应当依据《运输机场使用许可规定》的有关要求，就机场、跑道、滑行道、机坪关闭或临时关闭部分跑道、滑行道、机坪（以下简称机场关闭）制定具体管理规定。

（2）人员资质及培训：对机场工作人员的安全资质和培训提出了明确要求，确保人员具备相应的安全知识和技能，能够胜任各自的工作。机场内所有与运行安全有关岗位的员工均应当持证上岗。与运行安全有关的岗位主要包括：场务维护工、场务机具维修工、运行指挥员、助航灯光电工、航站楼设备电工、航站楼设备机修工、特种车辆操作工、特种车辆维修工、特种车辆电气维修工等。

（三）机场使用手册与运行管理

（1）民用机场使用手册：机场管理机构应当依据法律法规、涉及民航管理的规章和标准编制机场使用手册。手册应当满足机场运行安全管理工作需要，有利于不断提高机场的安全保障能力和运行效率。规定了手册的编制、批准、发放、使用管理和修改等要求，确保手册的准确性和适用性。

（2）飞行区管理：涉及飞行区设施设备的维护要求、巡视检查、跑道摩擦系数测试及维护等，确保飞行区的安全运行。机场跑道、滑行道、机坪的几何构型以及平面尺寸应当符合《民用机场飞行区技术标准》的要求。机场管理机构应当确保跑道、滑行道和机坪的道面（含道肩，下同）、升降带及跑道端安全地区、围界、巡场路和排水设施等始终处于适用状态。机场管理机构应当根据跑道、滑行道和机坪道面的破损类型、部位等情况制定道面紧急抢修预案。道面出现破损时，应当及时按照抢修预案进行修补，尽量减少道面破损和修补对机场运行的影响。

（3）目视助航设施管理：明确了目视助航设施的运行要求和助航灯光系统的维护，以保障航空器的起降安全。目视助航设施包括风向标、各类道面（含机坪）标志、引导标记牌、助航灯光系统（含机坪照明）。机场管理机构应当明确目视助航设施的运行维护单位，并确保目视助航设施始终处于适用状态。机场管理机构应当提供符合在航行资料中公布的并与实际天气情况相适应的目视助航设施服务。各类标志物、标志线应当清晰有效，颜色正确；助航灯光系统和可供夜间使用的引导标记牌的光强、颜色、有效完好率、允许的失效时间，应当符合《民用机场飞行区技术标准》的要求。

（4）机坪运行管理：涵盖了机坪检查、机位管理、航空器机坪运行、机坪车辆及设施设备、机坪作业人员管理、机坪环境卫生和消防管理等多个方面，确保机坪的安全、有序运行。机坪的物理特性、标志线、标记牌等应当持续符合《民用机场飞行区技术标准》及其他有关标准和规范的要求。机场管理机构负责机坪的统一管理，机场管理机构应当建立机坪运行的检查制度，并指派相应的部门和人员对机坪运行实施全天动态检查。机场管理机构应当与航空运输企业签订协议，明确航空运输企业专有机坪的管理责任。

（四）环境保护与电磁管理

机场净空和电磁环境保护：规定了净空管理的基本要求、障碍物的限制和日常管理，以及电磁环境的管理，确保机场的净空和电磁环境安全。

1. 净空管理

（1）机场管理机构应当依据《民用机场飞行区技术标准》，按照本机场远期总体规划，制作机场障碍物限制图。机场总体规划调整时，机场障碍物限制图也应当相应调整。

（2）机场管理机构应当及时将最新的机场障碍物限制图报当地政府有关部门备案。

（3）机场管理机构应当积极协调和配合当地政府城市规划行政主管部门按照相关法律法规、规章和标准的规定制定发布机场净空保护的具体管理规定，明确政府部门与机场的定期协调机制；在机场净空保护区域内的新建、改（扩）建建筑物或构筑物的审批程序、新增障碍物的处置程序；保持原有障碍物的标识清晰有效的管理办法等内容。

2. 电磁环境管理

机场飞行区电磁环境保护区域，是指影响民用航空器运行安全的机场电磁环境区域，即机场管制地带内从地表面向上的空间范围。机场管理机构应当及时将最新的机场电磁环境保护区域报当地政府有关部门备案。

（五）鸟害及动物侵入防范

（1）机场管理机构应当采取综合措施，防止鸟类和其他动物对航空器运行安全产生危害，最大限度地避免鸟类和其他动物撞击航空器。

（2）机场管理机构应当指定部门和人员负责鸟类和其他动物的危害防范工作，并配置必要的驱鸟设备。

（3）机场管理机构应当每年至少对机场鸟类危害进行一次评估。评估内容包括：机场鸟害防范管理机构设置及职责落实情况、机场生态环境调研情况、鸟害防范措施的效果、鸟情信息的收集、分析、利用及报告等。

（六）除冰雪管理

（1）机场管理机构应当结合本机场的实际情况，制定除冰雪预案，并认真组织实施，最大限度地消除冰雪天气对机场正常运行的影响。

（2）机场管理机构承担航空器除冰作业的，机场管理机构应当会同航空运输企业、空中交通管理部门结合本机场的实际情况，制定航空器除冰预案，配备必要的除冰车辆、设备和物资，并认真组织演练，最大限度地消除天气对航空器正常运行的影响。

（七）不停航施工管理

机场管理机构应当制定机场不停航施工管理规定，对不停航施工进行监督管理，最大限度地减少不停航施工对机场正常运行的影响，避免危及机场运行安全。

（八）航空油料供应安全管理

在机场内从事航空油料供应的单位，应当按照国家有关规定取得成品油经营许可证、危险化学品经营许可证、民用机场航空燃油供应安全运营许可证。在机场内从事航空油料供应的单位，应当根据国家、民航局、地方政府有关部门的规定，结合本单位的实际，制定各项安全管理规章制度、操作规程、作业程序、应急预案等。

（九）机场运行安全信息管理

机场管理机构应当向民航地区管理局报告机场运行安全信息。运行安全信息包括机场使用细则资料的变更、安全生产建议、影响运行安全的事件或隐患等与安全生产有关的信息。发生影响机场运行安全的事件或隐患时，各运行保障单位均应当立即报告机场管理机构。机场管理机构应当与航空运输企业及其他驻场单位建立信息共享机制，相互提供必要的生产运营信息，为旅客和货主提供及时准确的信息和服务。

（十）最新修订情况

《运输机场运行安全管理规定》（以下简称《规定》）于2008年正式施行，之后进行两次局部修正。近年来，随着机场数量不断增加、规模日益扩大，机场运行安全管理工作出现新变化和新问题，现有《规定》在落实上位法最新规定、衔接平行规章、为规范性文件提供上位法依据、促进重点工作落实、突出规章纲领性作用、与时俱进等方面均有不足，亟须进行修订。民航局2023年依据《中华人民共和国安全生产法》《民用机场管理条例》以及《国际民用航空公约》附件等文件最新要求，针对目前运输机场运行安全管理中的突出问题及实际情况，对《规定》的规章结构和具体条款内容进行全面系统的修改调整，目前处于征求意见阶段。修订的主要内容有：

（1）修订章节结构。现行《规定》共14章310条，修订后章节数量不变（部分章节进行调整，新增两章，删除两章），条款数量调整为232条，减少78条，条款体量缩减25%。新增两章：分别为第三章“地面车辆和人员跑道侵入防范管理”和第五章“外来物防范管理”，删除两章：分别为现行规章第三章“机场使用手册”和第十一章“航空油料供应安全管理”。

（2）完善组织机构建立和人员资质能力要求，强化机场运行安全主体责任落实。本次修订增加了对航空运输企业代理人、空中交通管理机构、航油供应企业等重要驻场单位以及机场集团履行机场运行安全管理责任的要求。在组织机构方面，进一步完善机场运行安全管理委员会和各专业工作委员会（小组）的工作要求，提出设立机场飞行区运行安全管理部门、机场运行指挥中心要求。

（3）全面梳理对标，切实落实《国际民用航空公约》附件等文件的新要求。依据国际民航组织附件4《航图》、附件14《机场设计和运行》、附件19《安全管理》等文件最新要求，修订完善现行《规定》中的相关要求。

（4）大幅优化管理要求，有效满足机场当前运行实际及未来一定时期发展的管理需要。一是结合机场实际运行中的突出问题及管理经验完善相关内容。二是综合考虑全国不同规模机场运行特点，明确差异化管理要求。三是鼓励机场运行安全技术创新和管理创新。

（5）聚焦机场运行安全，将不属于运行安全内容或与其他规章重复、不一致的内容调整出规章。

（6）细化完善法律责任，有效丰富监督管理行政处罚措施。

第五节　适航维修类安全规章

一、《民用航空产品和零部件合格审定规定》（CCAR-21）

《民用航空产品和零部件合格审定规定》为保障民用航空产品和零部件的适航性，适用于民用航空产品和零部件的型号合格审定、生产许可审定和适航合格审定。规定涉及民用航空产品和零部件从设计到生产，再到适航使用的全过程的合格审定要求。

（1）规定明确了审定机构及相关定义。民航局负责对民用航空产品和零部件进行严格的审定工作，确保其符合相关的技术规范、航空法规、行业标准和适航性标准。相关定义如下：

1）设计批准：指局方颁发的用以表明该航空产品或者零部件设计符合相关适航规章和要求的证件，其形式可以是型号合格证、型号认可证、型号合格证更改、型号认可证更改、补充型号合格证、改装设计批准书、补充型号认可证、零部件设计批准认可证，或者零部件制造人批准书、技术标准规定项目批准书对设计部分的批准，或者其他方式对设计的批准。

2）生产批准：指局方颁发用以表明允许按照经批准的设计和经批准的质量系统生产民用航空产品或者零部件的证件，其形式可以是生产许可证或者零部件制造人批准书、技术标准规定项目批准书对生产部分的批准。

3）适航批准：指局方为某一航空器、航空发动机、螺旋桨或者零部件颁发的证件，表明该航空器、航空发动机、螺旋桨或者零部件符合经批准的设计并且处于安全可用状态。

（2）在审定程序方面，规定详细描述了从产品规划、设计、开发、制造、试验、认证到监管的各个环节。在这个过程中，审定机构会对产品和零部件进行全方位的审核和评估，包括技术分析、测试、试飞、现场检查等，确保每一个环节都符合相关要求。

（3）规定还明确了适航性证书的颁发条件。对于通过审定的民用航空产品和零部件，审定机构会颁发适航性证书，这是证明这些产品和零部件已经符合了相关的安全和技术标准的重要凭证。

（4）规定还强调了监管措施的重要性。在产品和零部件的整个生命周期中，审定机构会对其进行持续地监管和审查，确保其一直符合适航性标准。对于任何出现的安全问题，机构会及时跟进调查和处理，确保航空安全。

（5）对于具体的审定标准和要求，规定也做了详细的阐述。这些标准包括技术规范、航空法规、行业标准等，都是审定工作的重要依据。同时，对于不同类型的民用航空产品和零部件，如初级类航空器、发动机和螺旋桨等，规定还提出了特定的设计要求和适航标准。

二、《运输类飞机适航标准》（CCAR-25）

《运输类飞机适航标准》旨在为运输类飞机的设计、制造、运营和适航提供全面的指导和要求。

（一）飞机设计方面的规定

（1）结构设计与材料选择：标准详细规定了机身、机翼、尾翼等关键部件的结构设计原则，包括构件的布局、连接方式和强度要求。同时，对使用的材料也进行了明确规定，要求材料必须满足强度、耐久性和防火性等性能要求。

（2）燃油系统设计：除了对燃油系统的容量、布局和安全性提出要求外，还详细规定了燃油的供应、消耗和排放等过程，以确保飞机在长时间飞行中能够稳定、安全地获取燃油。

（二）飞机动力系统要求

（1）发动机与螺旋桨：标准详细规定了发动机的类型、功率、推重比等参数，以及螺旋桨的转速、桨距等要求。同时，还对发动机与螺旋桨的匹配性、协调性和安全性进行了详细的规定。

（2）动力系统控制与监测：要求飞机具备完善的动力系统控制和监测系统，能够实时监测发动机、螺旋桨等部件的工作状态，并在出现异常时及时发出警报或采取相应措施。

（三）飞机操纵特性要求

（1）操纵系统设计与布局：标准对操纵系统的设计和布局进行了明确规定，要求操纵装置的位置、尺寸和操作力等参数必须满足飞行员的生理和心理需求。

（2）操纵稳定性与灵敏性：要求飞机在各种飞行条件下都能保持良好的操纵稳定性和灵敏性，以便飞行员能够准确地控制飞机的飞行轨迹和姿态。

（四）航电系统规定

（1）航电设备选型与集成：标准对航电设备的选型、性能和集成方式进行了详细规定，以确保航电系统的稳定性和可靠性。

（2）导航与通信性能：要求飞机具备高精度的导航和通信能力，能够在各种环境下实现准确的定位和通信功能。

CCAR-25 还涉及飞机的性能要求、飞行特性要求、载重与重心限制等方面的内容，为飞机的全面适航提供了有力保障。

三、《民用航空器国籍登记规定》（CCAR-45）

《民用航空器国籍登记规定》旨在加强对民用航空器国籍的管理，保障民用航空活动安全，维护民用航空活动秩序。规定所称民用航空器，是指除用于执行军事、海关、警察飞行任务外的航空器。

（一）登记范围与主体

规定明确了需要进行国籍登记的民用航空器范围，包括国家机构、企业法人、中国公民所有的民用航空器，以及民航局准予登记的其他民用航空器。同时，对申请登记的主体也进行了明确规定，确保了登记工作的有序进行。

（二）登记机关与职责

民航局负责主管中华人民共和国民用航空器国籍登记工作，并设立民用航空器国籍登记簿，统一记载民用航空器的国籍登记事项。登记机关负责审查申请材料，核实航空器的所有权和身份，确保登记信息的准确性和完整性。

（三）登记程序与要求

申请人需要按照规定的格式和要求填写申请书，并提交相关证明文件。登记机关在收到申请后，会进行严格的审查，包括核实航空器的所有权、技术状况等。符合登记要求的航空器将被授予国籍标志和登记标志，并颁发国籍登记证书。

（四）国籍标志与登记标志

国籍标志和登记标志是识别航空器国籍和身份的重要标识。规定详细规定了这些标志的绘制标准、位置要求以及颜色等，确保它们能够在航空器上清晰、准确地显示。同时，还规定了标志的变更、注销等程序和要求。

（五）法律责任

对于违反规定的行为，如未按规定进行国籍登记、使用伪造或冒用的国籍标志等，规定明确了相应的法律责任，包括罚款、吊销国籍登记证书等处罚措施。

四、《民用航空器维修单位合格审定规则》（CCAR-145）

《民用航空器维修单位合格审定规则》旨在规范民用航空器维修许可证的颁发和管

理，保障民用航空器持续适航和飞行安全。维修单位，包括独立的维修单位和航空器运营人的维修单位；独立的维修单位包括国内维修单位和国外维修单位。

（一）维修许可证的申请、颁发和管理

（1）维修许可证申请人应当具备下列条件：

1）申请人为依法设立的法人单位，具备进行所申请项目维修工作的维修设施、技术人员、质量管理系统等基本条件；

2）国外维修单位申请人申请的项目应当适用于具有中国登记的民用航空器或者其部件。

（2）维修许可证的有效期。维修许可证自颁发之日起 3 年内有效。维修单位可以申请延续有效期，但是应当在有效期届满前至少 6 个月向局方提出延续维修许可证有效期的书面申请，并提交申请书等民航局规定的申请材料。

（二）维修类别

（1）维修工作类别包括检测、修理、改装、翻修、航线维修、定期检修等。

（2）维修项目类别包括机体、发动机、螺旋桨、飞机部件等。

（三）维修单位的基本条件和管理要求

（1）厂房设施：维修单位应当具备符合要求的工作环境以及厂房、办公、培训和存储设施。

（2）工具设备：维修单位应当根据维修许可证限定的维修范围和有关技术文件确定其维修工作所必需的工具设备，并按规定对其进行有效的保管和控制，保证其处于良好可用状态。

（3）器材：维修单位应当按规定具备其维修工作所必需的器材，对其进行有效的保管和控制，保证其合格有效。

（4）人员：维修单位应当具备足够的符合资质要求的维修、放行、管理和支援人员。

（5）技术文件：维修单位在实施航空器维修时，应当具备相关技术文件，并建立有效的控制，保证相关技术文件的有效和方便使用。

（6）系统：维修单位应建立的系统包括：质量系统、安全管理体系、工程技术系统、生产控制系统、培训管理系统。

（7）维修单位手册：维修单位应当制定完整的手册以阐述满足规则要求的方法。维修单位手册由维修管理手册和工作程序手册组成。维修管理手册应当载明维修单位实施所有经批准的维修工作的总体要求和基本依据；工作程序手册应当根据维修管理手册载明部门或者车间的具体工作程序并应当获得局方认可。局方可以提出修订要求。

（8）维修记录：建立避免水、火毁坏或者丢失等管理制度，使用计算机系统保存维修记录应当建立有效的备份系统及安全保护措施，防止未经授权的人员更改；航线维修工作的记录应当至少保存 30 天，其他维修记录应当至少保存两年。

第六节　空中交通管理类安全规章

一、《民用航空使用空域办法》（CCAR-71）

《民用航空使用空域办法》旨在规范民用航空活动相关空域的建设和使用，保证航空器运行的安全和效率，充分开发和合理使用空域资源。主要内容如下所述。

（一）空域的分类

空域应当根据航路、航线结构，通信、导航、气象和监视设施以及空中交通服务的综合保障能力划分，以便对所划空域内的航空器飞行提供有效的空中交通服务。航路、航线地带和民用机场区域设置高空管制区、中低空管制区、终端（进近）管制区和机场塔台管制区。高空管制区、中低空管制区、终端（进近）管制区和机场塔台管制区内的空域分别称为A、B、C、D类空域。

（1）A类空域内仅允许航空器按照仪表飞行规则飞行，对所有飞行中的航空器提供空中交通管制服务，并在航空器之间配备间隔。

（2）B类空域内允许航空器按照仪表飞行规则飞行或者按照目视飞行规则飞行，对所有飞行中的航空器提供空中交通管制服务，并在航空器之间配备间隔。

（3）C类空域内允许航空器按照仪表飞行规则飞行或者按照目视飞行规则飞行，对所有飞行中的航空器提供空中交通管制服务，并在按照仪表飞行规则飞行的航空器之间，以及在按照仪表飞行规则飞行的航空器与按照目视飞行规则飞行的航空器之间配备间隔；按照目视飞行规则飞行的航空器应当接收其他按照目视飞行规则飞行的航空器的活动情报。

（4）D类空域内允许航空器按照仪表飞行规则飞行或者按照目视飞行规则飞行，对所有飞行中的航空器提供空中交通管制服务；在按照仪表飞行规则飞行的航空器之间配备间隔，按照仪表飞行规则飞行的航空器应当接收按照目视飞行规则飞行的航空器的活动情报；按照目视飞行规则飞行的航空器应当接收所有其他飞行的航空器的活动情报。

（二）空中交通服务

空中交通服务是空中交通管理的主要组成部分，包括空中交通管制服务、飞行情报服务和告警服务。

（1）空中交通管制服务的任务是防止航空器与航空器相撞以及在机动区内航空器与障碍物相撞，维护并加速空中交通的有序活动。

（2）飞行情报服务的任务是向飞行中的航空器提供有助于安全和高效地实施飞行的建议和情报。

（3）告警服务的任务是向有关机构发出需要搜寻与援救航空器的通知，并根据需要协助该机构或者协调该项工作的进行。

（三）空域规范

民用航空活动涉及的各类空域的建设和使用应当按照空域建设和使用的工作程序和其他有关规定进行。空域使用方案确定后，应当根据空域使用和空中交通服务的需要，建设必需的通信、导航、监视、气象和航行情报设施。

（四）空域数据

空域数据应当标准化，保证其准确性、完整性和真实性，同时兼顾已经建立的质量系统程序的要求。空域数据的准确性应当按照95%概率的可信度确定，并且应当按照测量的、计算的和公布的三种类别列出。

（五）空域使用程序

民航局空中交通管理局负责提出民用航空活动对空域的建设和使用意见，按照国家规定组织建设和使用相应的空域，监督和检查民用航空活动使用空域的情况。民航地区管理局负责监控本地区民用航空活动使用空域的情况，协调民用航空活动在空域内的日常运行，提出民用航空活动对空域设置的改进意见和建议并报民航局或者根据有关规定协商解决。

二、《民用航空空中交通管理规则》（CCAR-93TM）

《民用航空空中交通管理规则》为空中交通管理提供了明确的指导和规范，确保了飞行活动的安全、有序和高效进行。

（一）总则与适用范围

规则明确指出，空中交通管理的核心目标是维护空中交通安全，确保飞行秩序，并促进空中交通的顺畅。它适用于所有在中华人民共和国领域内进行的民用航空飞行活动，以及根据我国参与的国际条约规定，由我国提供空中交通服务的飞行活动。

（二）空中交通服务

1. 空中交通管制服务

（1）机场管制服务：针对在机场机动区内运行的航空器，以及在机场附近飞行但不受进近和区域管制服务的航空器提供管制。这包括起飞、降落、滑行等阶段的管制。

（2）进近管制服务：主要针对进场或离场飞行阶段的航空器提供管制，确保它们安全、有序地接近或离开机场。

（3）区域管制服务：向接受机场和进近管制服务以外的航空器提供管制，确保它们在航路上安全飞行。

2. 飞行情报服务

（1）提供飞行前和飞行中的气象、航路、导航等必要信息，帮助飞行员做出安全决策。

（2）提供告警和通知服务，如遇到紧急情况或潜在危险时，及时通知相关单位。

（三）空中交通流量管理

（1）当空中交通流量接近或达到管制可用能力时，采取一系列措施，如调整航班起飞和降落时间、改变航路等，以优化空中交通流量，提高机场和空域的利用率。

（2）建立流量管理单位，负责监控和预测空中交通流量，及时发布流量管理指令。

（四）空域管理

（1）根据国家政策和空中交通需求，合理规划空域结构，划分不同的空域类型（如管制空域、非管制空域等）。

（2）协调和管理空域内的各类飞行活动，确保各类航空器在空域内安全、有序地运行。

（五）人员培训与设施要求

（1）对从事空中交通管理的人员进行严格的培训，确保他们具备扎实的专业知识和技能，能够胜任相应的工作。

（2）对空中交通管制设施进行定期维护和检查，确保其处于良好状态，能够满足空中交通管理的需求。

（六）安全管理与事故调查

（1）建立完善的安全管理体系，明确各级管理机构和人员的安全职责，确保飞行活动的安全。

（2）对于发生的事故或异常情况，及时进行调查和分析，查明原因，采取措施防止类似事故再次发生。

（七）其他内容

（1）附则与解释：对规则中的术语、定义和具体实施细节进行解释和说明，有助于更好地理解和执行规则内容。

（2）规则还涉及了空中交通管理的多个方面，如空中交通管制程序、飞行计划申报与审批、航空器适航管理等。

第八章　民航安全管理类规范性文件

本章重点介绍安全管理类的民航规范性文件，主要包括《民用航空安全管理规定》（CCAR-398）相关的规范性文件、民航安全从业人员作风建设相关规范性文件，以及航空公司、机场、维修单位、空管单位安全管理体系建设相关规范性文件。其中部分最新的规范性文件正在修订或征求意见，相关指导精神以民航局正式发布的文件为准。如：为以审促建、以审促效，民航局组织修订了《民航安全管理体系审核管理办法》（AC-398-06）和《民航安全管理体系（SMS）审核员培训管理办法》（AC-398-07），进一步明确 SMS 审核和审核员培训的相关要求。这两份规范性文件目前正在全行业进行征求意见。

第一节　民用航空安全培训与考核规定

《民用航空安全培训与考核规定》从多个方面对民用航空安全培训与考核工作进行了规范和要求。通过严格执行这一规定，可以确保从业人员具备足够的安全素质和能力，为民用航空的安全和正常运行提供有力保障。

一、总则与目的

该规定阐明了其制定背景和目的，即为了规范民航生产经营单位从业人员在安全生产知识和管理能力方面的培训与考核工作，进而提升整个行业的安全管理水平。同时，规定强调了“培训不到位是重大安全隐患”的理念，要求各单位务必高度重视安全培训工作，确保每一项工作都落到实处。

二、适用范围与对象

规定明确了其广泛的适用范围，涵盖了所有从事民用航空生产经营活动的单位，包括但不限于航空公司、机场、空管部门、维修企业等。同时，规定明确指出，这些单位中的从业人员，无论其岗位和职责如何，都应接受相应的安全培训与考核。

（一）民航生产经营单位负责人和安全生产管理人员

民航生产经营单位负责人和安全生产管理人员应当在从事民航安全生产相关工作 6 个月内完成初始安全培训并通过考核，且应当每 3 年完成复训。民航生产经营单位负责人和安全生产管理人员初始安全培训的时间分别不得少于 32 学时和 64 学时。复训时间不得少于 24 学时。

（二）民航生产经营单位其他从业人员

民航生产经营单位其他从业人员初始安全培训的时间不得少于 24 学时，根据其他从业人员的不同岗位，确定每年复训学时并分类组织完成复训。

三、培训与考核内容

（一）民航生产经营单位负责人和安全生产管理人员

安全培训应当至少包括下列内容：习近平总书记关于安全生产重要论述和对民航工作的重要指示批示、党中央和国务院关于安全生产的重大决策部署、安全生产法律法规体系、安全生产责任制、安全管理理论与方法、安全管理体系（SMS）、安全信息、安全作风、安全文化、应急管理、典型事件案例分析与讨论等。

（二）民航生产经营单位其他从业人员

安全培训应当至少包括下列内容：习近平总书记关于安全生产重要论述和对民航工作的重要指示批示、党中央和国务院关于安全生产的重大决策部署、安全生产法律法规体系、本单位安全规章制度、岗位安全职责和安全操作规程、相关安全知识与技能等。

四、培训与考核方式

（一）民航生产经营单位负责人和安全生产管理人员

安全培训可采用集中和网络教学方式，民航生产经营单位负责人和安全生产管理人员在满足培训学时要求后方可参加考核。考核采用计算机考核方式。参加考核的人员应当登录安全培训考核管理平台，录入考核申请资料，注册通过后方可申请安全考核。考核合格证有效期为3年。

（二）民航生产经营单位其他从业人员

民航生产经营单位其他从业人员的安全培训与考核由所在单位组织实施。

五、监督与责任

民航局和各地区管理局依照本规定对安全培训机构的培训工作进行监督，将安全培训机构开展安全培训活动的情况列入监管执法内容，重点检查安全培训机构从事安全培训工作所需要条件的保持、培训制度的执行、培训档案的建立和培训保障情况等，发现违法行为的，依法给予行政处罚。

民航生产经营单位负责人和安全生产管理人员因未履行法定安全生产管理职责受到行政处罚、导致发生典型安全事件或民航行政机关认为应该重新培训的，原考核合格证作废。按照有关规定接受处理后继续从事安全生产管理工作的，应当重新进行安全考核。

第二节 民航安全培训机构管理办法

《民航安全培训机构管理办法》详细规定了民航安全培训机构的管理要求、培训内容、培训方式以及监督与责任等方面，为提升民航安全培训质量和保障民航安全生产提供了有力的制度保障。

一、立法目的与原则

该办法明确提出了规范民航安全培训机构管理的立法目的，强调了保障民航安全生产的重要性。同时，它确立了一系列管理原则，如公正、公开、公平，确保管理活动的透明性和公正性。

二、适用范围与对象

办法明确了其适用范围，包括所有在中国境内从事民航安全培训活动的机构。同时，对安全培训机构、民航生产经营单位负责人和安全生产管理人员的定义进行了更加详细和明确的阐述，明确了地区管理局对安全培训机构的监管责任。

（1）安全培训机构是指实施民航生产经营单位负责人、安全生产管理人员的安全生产知识和管理能力培训的机构。

（2）生产经营单位负责人是指民航生产经营单位的高级管理人员，包括党政负责人，分管安全、作风、运行、训练、质量、维修、空管、货运、安保、财务、人事等工作的负责人、总监、总师。

（3）民航生产经营单位安全生产管理人员是指民航生产经营单位从事安全管理工作或履行安全管理职责的专职、兼职管理人员，包括安全部门的负责人及工作人员，飞行、客舱、航卫、维修、运控、空管、训练、安保、货运、地服等生产运行和保障部门的负责人及安全工作相关人员。

（4）民航地区管理局负责本辖区安全培训机构的监督管理。

三、培训机构的设立与资质要求

办法详细规定了安全培训机构的设立条件，包括：法人资格、管理人员及办公场所、教材与课件、培训教员、考试题库、教学及后勤保障设施和培训管理手册等方面的要求不仅包含上述方面的资质和数量，也对教材与课件、培训教员等提出了质量持续保持的细化要求。

对培训机构的资质认定和审核流程进行了明确规定，确保培训机构具备开展安全培训的必要条件和能力。

四、培训内容与方式

（一）培训方式

办法对培训内容进行了全面规定，包括安全生产法律法规、安全管理知识、应急处理技能等多个方面。同时，鼓励培训机构采用多种培训方式，如理论授课、案例分析、实践操作等，以增强培训效果。此外，还规定了培训周期和时长，确保培训活动的系统性和连续性。安全培训可采用集中和网络教学方式，其中集中教学时间不得低于规定总学时的65%。

（二）考核方式

民航生产经营单位负责人和安全生产管理人员考核采用计算机考核方式，考核时间为150 min，考核合格成绩为80分（含）以上。

安全培训机构应当组织符合考核条件的人员登录安全培训考核管理平台进行考核。考核前，安全培训机构应当对参加考核的人员进行考场纪律教育。考核期间，安全培训机构应当安排监考人员进行严格监考，监考人员应当实施回避原则。对于违反考核纪律的，监考人员应当取消其考核资格，安全培训机构应当在事发后24 h内向民航局及所在地地区管理局报告情况。考核结束后，监考人员填写考场记录，并由安全培训机构存档。安全培训机构应当对考核过程进行全程录像，建立录像资料档案，妥善保管，保存期限不少于3年。

五、培训质量管理与评估

办法强调了对培训质量的管理与评估，要求培训机构建立完善的质量管理体系，定期对培训活动进行评估和改进。同时，民航局将定期对培训机构进行监督检查，对不符合要求的培训机构进行整改或撤销其培训资质。

六、监督与责任

办法明确了民航局在监督和管理安全培训机构方面的职责和权力，包括制定和监督执行相关标准、对培训机构进行定期检查和评估、处理违规行为等。同时，也规定了培训机构和相关人员的法律责任，对违反规定的行为将依法进行处罚。

第三节　民航安全风险分级管控和隐患排查治理双重预防工作机制管理规定

一、目的和适用性

制定本规定的目的是落实《安全生产法》，明确安全风险分级管控和隐患排查治理双重预防工作机制在民航安全管理体系（SMS）内的相关定义，以及基本逻辑关系、功能定位和运转流程，推动SMS与双重预防机制的有机融合，更加有效地防范化解安全风险。

适用范围为中华人民共和国境内依法设立的建有SMS的民航生产经营单位开展的安全风险分级管控和隐患排查治理工作，以及民航行政机关相关监管活动。

二、相关定义

（1）危险源：可能导致民用航空器事故、民用航空器征候以及一般事件等后果的条件或者物体。

（2）重大危险源：长期地或者临时地生产、搬运、使用或者储存危险物品，且危险物品数量等于或者超过临界量的单元。

（3）安全风险：危险源后果或结果的可能性和严重程度。根据容忍度不同，分为可接受、缓解后可接受、不可接受三级。

（4）重大风险：风险分级评价中被列为“不可接受”的风险，或者被列为“缓解后可接受”但相关控制措施多次出现失效的风险。

（5）剩余风险：实施风险控制措施后仍然存在的安全风险。

（6）安全隐患：民航生产经营单位违反法律法规、规章、标准、规程和安全管理制度规定，或者因风险控制措施失效或弱化可能导致事故、征候及一般事件等后果的人的不安全行为、物的危险状态和管理上的缺陷。

（7）重大安全隐患：危害和整改难度较大，应当全部或者局部停产停业，并经过一定时间整改治理方能排除的安全隐患，或者因外部因素影响致使民航生产经营单位自身难以排除的安全隐患。

三、双重预防机制与SMS的关系

（1）双重预防机制的第一重预防机制——安全风险分级管控，对应民航SMS的第二大支柱——安全风险管理，本质相同。

（2）双重预防机制的第二重预防机制——安全隐患排查治理，属于民航安全管理体系的第三大支柱——安全保证的一部分，安全隐患排查同时也是获取安全绩效监测数据的一种方式，并且可能发现新的危险源。

四、相关职责

规定中明确了民航生产经营单位的主要负责人和其他负责人、安全管理部门和其他部门、从业人员、工会在双重预防机制中的职责。同时明确了外包方的监管职责，同一作业区域的监督职责。

五、安全风险分级管控

（一）系统描述

1. 系统描述的内容

系统描述通常包含带有必要注释的组织机构图、核心业务流程图（包含内外部接口），以及各项相关政策、程序的列表，但民航生产经营单位应当使用适合其自身的方法和格式编制适合本单位运行特点和复杂程度的系统描述。

2. 系统描述的方法

一般按照民航生产经营单位的保障目标和工作特点，按照公司业务特点进行梳理，划分为几大主业务系统。为使系统和工作分析细化到足以识别危险源的程度，将每个系统按照目标、功能和任务分级划分为子系统。在系统运行前，以子系统为单元，形成系统描述。每个子系统的描述包括：

（1）组织机构：该子系统的组织方式、工作机制，涉及的所有管理及运行人员。

（2）业务流程：该子系统的具体流程，细分为一级流程、二级流程，对于复杂的子系统，甚至分解到三级流程。

（3）设备设施：列出该子系统中各流程涉及的所有设备、设施，形成清单。

（4）运行环境：列出该子系统各流程的运行环境。

（5）规章制度和操作规程：列出该子系统各流程现有的规章制度和操作规程，形成清单。

（6）接口要素：列出该子系统各流程与其他系统/子系统/流程的接口。

3. 系统描述的作用

在满足风险管理启动条件后，针对需要开展风险管理的情形或事件，识别与其相关的系统、子系统以及工作流程，识别对应的流程要素，包括组织机构、设备设施、运行环境、规章制度、操作规程、接口要素。系统描述是开展危险源识别、梳理现有控制措施以及风险分析与评价的基础。

（二）危险源识别

民航生产经营单位应当综合使用被动和主动的方法，识别与其航空产品或服务有关、影响航空安全的危险源，描述危险源可能导致的事故、征候以及一般事件等后果，从而梳理出危险源与后果之间存在可能性的风险路径。

对重大危险源应当专门登记建档，进行定期检测、评估、监控，并制定应急预案，告知从业人员和相关人员在紧急情况下应采取的应急措施。民航生产经营单位应当按照国家有关规定将本单位重大危险源及有关管控措施、应急措施报所在地地方人民政府应急管理部门和所在地监管局备案，并抄报所在地地区管理局。

（三）风险分析和风险评价分级

1. 风险分析

对所有已辨识的危险源，进行风险评价，以确定在现有风险控制措施下，其风险是否在可接受程度，对于不可接受的风险，必须采取措施进行缓解，使之降至可接受的程度。风险的可接受程度主要从公司根据有关法律法规、规章制度、行业标准的要求、公司安全政策和安全目标、公司的管理要求以及人们的普遍接受程度等方面来界定。

风险分析方法可以是定性的，也可以是定量的或半定量的，需依据实际应用情况、历史数据及相关信息的可获得性、管理经验以及组织决策的要求来选定合适的分析方法。通常风险分析是采用传统的方法将风险分解为有害结果出现的可能性和该后果严重性，常用的工具是风险矩阵。根据 ICAO Doc9859：风险度（risk）= 可能性（likelihood）× 严重度（severity）。

2. 风险等级评价

民航生产经营单位应当明确安全风险分级标准，对其所识别的、影响航空安全的危险源进行风险分析和评价分级，从高到低分为不可接受风险、缓解后可接受风险和可接受风险三个等级（采用更多等级的单位，需明确对应关系）。安全风险矩阵和分级标准由民航生产经营单位按民航局相关业务文件规定和本单位特点自行制定。

风险矩阵法是分析风险等级的一种结构性方法，风险矩阵方法综合考虑了危险源的可能性和危险源后果的严重性两方面的因素，将这两方面因素对安全的影响进行最直接的评估。该方法是通过事先对可能性和严重性确定等级划分，采用公司认定的方法判断出可能性和严重性所处的量化等级并标注在以严重性为横轴、可能性为纵轴的风险矩阵内，所标注点的位置称为“风险等级点”，风险等级点在矩阵表的位置反映了危险源的风险等级。

（四）风险控制

开展风险控制工作应综合考虑时间、成本、控制风险的效果和减少或消除安全风险所采取措施的难度等因素，从而使风险控制措施具有一定的有效性和可行性，确保在有限的资源条件下实现最大的风险控制效果。

1. 安全风险分级管控

民航生产经营单位应依据危险源识别和安全风险评价分级结果，按“分级管控”原则建立健全风险管控工作机制。

（1）对于重大危险源和重大风险，由主要负责人组织相关部门制定风险控制措施及专项应急预案；

（2）对于其他缓解后可接受风险，由安全管理部门负责组织相关部门制定风险控制措施；

（3）对于可接受风险，仍认为需要进一步提高安全性的，可由相关部门自行制定措施。

2. 风险管控措施制定原则

（1）风险控制措施的制定应注明依据法律法规要求、行业标准、部门/分子公司内部规章或实际控制的具体记录，切忌措施与实践脱节，禁止使用“加强”“定期”“提高”“严格”等宽泛性描述文字。

（2）风险控制措施在制定时应尽可能首先从系统设计的源头消除风险，其次考虑上述其他手段。分析可能给公司带来的成本和效益以及减少或排除风险所需要的时间、成本及所遇到的困难等因素。在为一个危险源制定风险控制措施时，应采用有效的方法避免或尽可能减少衍生危险源的产生，应采用有效的方法防止现有相关危险源的可能性和后果的严重性（即风险等级）被增大。当衍生危险源不可避免时，应同样对衍生危险源实施完整的风险管理，当衍生危险源所产生的风险难以被接受时，则应调整为原危险源所制定的风险控制措施。

六、安全隐患排查治理

（一）安全隐患排查

民航生产经营单位应当根据自身特点，采取但不限于安全信息报告、法定自查、安全审计、SMS 审核以及配合行政检查等各种方式进行安全隐患排查。

（二）重大安全隐患治理

（1）及时停止使用相关设施、设备，局部或者全部停产停业，并立即报告所在地监管局，抄报所在地地区管理局。

（2）回溯到“系统描述”环节进行梳理，按照“安全风险分级管控”要求启动安全风险管理，制定治理方案。

（3）组织制定并实施治理方案，落实责任、措施、资金、时限和应急预案，消除重大安全隐患。

（4）被责令局部或者全部停产停业的民航生产经营单位，完成重大安全隐患治理后，应当组织本单位技术人员和专家，或委托具有相应资质的安全评估机构对重大安全隐患治理情况进行评估；确认治理后符合安全生产条件的，向所在地监管局提出书面申请，经审查同意后方可恢复生产经营。

（三）一般安全隐患治理

（1）对于排查出来风险控制措施失效或弱化产生的一般安全隐患，治理过程中应当回溯到“风险控制”环节对风险控制措施进行审查和调整；对于涉及组织机构、政策程序调整等需要较长时间的风险管控措施，民航生产经营单位应当采取临时性安全措施将安全风险控制在可接受范围，且上述类型的风险控制措施制定后，应当重新回到“系统描述”，按需开展变更管理，并分析和评价剩余风险可接受后，方可转入系统运行环节。

（2）对于暂未关联到已有风险管控措施、因违规违章等情况被确定的安全隐患，如涉及重复性违规违章行为，回溯到“系统描述”环节进行梳理，并按需启动安全风险管理；如不属于重复性违规违章，可立即整改并关闭。

（四）安全隐患治理措施及相关要求

安全隐患治理应详细分析安全隐患出现的具体原因，从人、机、环、管等方面分析导致隐患发生的直接原因（一线运行层面或基层操作层面存在的、导致行为偏离法律法规标准的原因）、系统原因（本部门/分子公司自身系统管理方面的原因，可从制度程序、职责分工、人员配备、设施设备、落实执行、监督检查、效果验证等方面进行分析）和其他原因（不能归入直接原因和系统的其他原因），从完善管理体系、优化工作程序、加强人员培训、改进设备设施等方面提出治理措施（包括恢复符合性措施和预防性措施），并尽量将措施融入现有的工作程序、标准中，确保措施的持续有效实施。

（五）安全隐患治理措施效果验证

（1）严格区分措施落实和效果实现，不能将措施落实等同于达到了预期效果；

（2）措施效果验证大多需要一个周期，一般在措施落实完成后持续监测一段时间（如三个月、六个月等），方可对其实际效果进行评估和验证；

（3）针对治理效果设置安全绩效指标时，一般采用过程类事件作为效果验证标准，不宜采用严重后果类事件作为效果验证标准。

第四节　民航局安全生产行政约见实施办法

一、目的和适用范围

（1）目的。为进一步突出民航“安全隐患零容忍”的要求和“严”的导向，推动落实安全责任，结合民航实际，制定本办法。

（2）适用范围。办法适用于民航局对民航生产经营单位组织实施的行政约见，或对民航行政机关组织实施的行政约见相关工作。

（3）定义。行政约见是指民航行政机关在职责范围内，为督促落实安全责任，指导加强安全管理，而对民航生产经营单位主要负责人或民航行政机关负责人的警示性谈话。

二、行政约见的承办部门和启动条件

民航局行政约见原则上由民航局安委会办公室承办。民航局其他部门或民航地区管理局可经民航局安委会授权后承办，并代表民航局实施行政约见。

行政约见的启动条件包括：

（1）民航生产经营单位发生运输航空责任事故、责任原因严重征候、通航或地面较大事故或其他造成严重影响的不安全事件；

（2）民航生产经营单位安全生产主体责任严重缺位，主要负责人履行安全生产管理职责存在较大问题；

（3）民航行政机关未按照《民航行政机关及其工作人员安全监管责任追究办法》所列情形进行调查、履职反思、监管自查或责任追究；

（4）民航生产经营单位或民航行政机关对民航局部署或督办的重要安全事项未按期完成或质量不合格；

（5）民航生产经营单位或民航行政机关收到安全工作警示函后重视程度不够、措施

不到位，或半年内收到民航局 2 次（含）以上警示函；

（6）民航局认为有必要进行行政约见的其他情形。

三、行政约见程序

（一）约见准备

（1）民航局各部门向安委会办公室提出计划行政约见的申请，经民航局领导批准后实施。

（2）承办部门得到批准后应将拟定约见日期等内容告知被约见单位所在地的民航地区管理局，约见的启动条件涉及不安全事件的，还应告知负责该事件调查的民航地区管理局。

（3）被告知的民航地区管理局应在不晚于拟约见前 5 个工作日，向承办部门提交书面材料，主要包括：被约见单位基本情况、近期安全状况、存在的主要问题及局方监管方面的反思；约见的启动条件如涉及不安全事件的，负责该事件调查的民航地区管理局应提交调查处理的翔实材料。

（4）承办部门完成上述材料汇总后，应向被约见单位下发通知，明确约见的时间、地点和拟谈主题等内容。必要时可同时通知被约见单位的上级单位派员列席。

（5）被约见的民航生产经营单位主要负责人不能按要求参加行政约见的，需书面说明原因并得到批准。

（二）约见流程

（1）由约见方代表宣读《行政约见现场告知书》，并由约见方、被约见方双方代表签字确认。

（2）民航生产经营单位汇报近期安全状况，针对被约见事由的认识、已采取的措施和进一步整改计划。

（3）相关民航地区管理局汇报对被约见单位的安全监管情况、事件调查处理情况。

（4）民航局各相关部门进行点评。

（5）民航局领导作指示。

（三）约谈内容

（1）警示告诫被约见单位相关问题隐患的严重性；

（2）剖析问题，责令采取措施消除隐患；

（3）对被约见单位及相关地区管理局提出工作要求；

（4）视情通报相关处理意见。

第五节　关于落实民航安全责任的管理办法

《关于落实民航安全责任的管理办法》明确了民航安全“四个责任”的内容，为民航生产经营单位和民航行政机关落实安全责任机制、有效履行安全责任，提供了实施方案和细则。

管理办法于 2023 年 12 月 15 日生效，一年过渡时间。民航生产经营单位需要在过渡期时间内按照管理办法要求，重新梳理构建公司的安全责任体系。

一、目的和适用范围

本办法制定的目的是指导民航安全管理体系建设，推动民航安全生产领域“四个责任”落实。四个责任包括：主体责任、监管责任、领导责任和岗位责任。

民航安全责任是指民航安全工作中应当履行的职责和义务，包括民航生产经营单位的主体责任、民航行政机关的监管责任、单位负责人的领导责任和职工的岗位责任四个责任。全员安全生产责任制指民航生产经营单位通过定岗位、定人员、定安全责任，加强教育培训、强化管理考核和严格奖惩等方式，建立起的安全生产工作“层层负责、人人有责、各负其责”的责任制度和工作体系。

本管理办法适用于中华人民共和国境内依法设立从事民用航空生产经营活动的单位、民航行政机关的民航安全责任体系建设和实施。

二、主体责任

（一）民航生产经营单位的安全主体责任

民航生产经营单位的安全主体责任至少包括“10+4”的形式。其中10项基本安全责任包括：守法合规、安全投入、健全责任制、应急管理、事故预防、安全检查、信息管理、事件调查、教育培训及接口管理。4项安全管理体系相关责任包括：构建SMS，安全政策、安全目标安全绩效，变更管理，安全沟通。以上安全责任的要求主要来源于《安全生产法》、国际民航组织附件19及国内相关规章规定。对于民航生产经营单位内部管理中，安全监管部门和集团公司设定的“监管责任”，作为履行其主体责任的一部分。

民航生产经营单位需要基于以上14项安全责任构建安全责任机制，落实责任履行、责任考核等工作。

（二）全员安全生产责任制

民航生产经营单位应当将本单位安全主体责任中的各项内容自上而下进行分解，逐步建立健全本单位的全员安全生产责任制。通过落实全员安全生产责任制，最终落实民航生产经营单位的安全主体责任。

为推动以全员安全生产责任制落实安全主体责任，民航生产经营单位需要按照完成全员安全生产责任全流程梳理和重构。包括：全员安全生产责任制的建立，全员安全生产责任制的落实，全员安全生产责任制的公示，全员安全生产责任制的教育培训，全员安全生产责任制的监督考核等方面内容。管理办法对每方面内容的细则进行了规定，对相关重点注意事项进行了提示，例如以下几方面。

1. 全员安全生产责任制的建立方面

（1）民航生产经营单位的全员安全生产责任制涵盖本单位包括高层领导、中层管理干部、基层管理干部和其他职工等单位上下所有层级和岗位，且相关责任应当以书面形式载明，如编入本单位的安全管理手册、部门工作手册或者岗位说明书等手册或文书之中。

（2）民航生产经营单位不得为推卸责任而增设管理层级、设置“防火墙”。不同层级的部门和岗位的安全责任应当符合法律法规、规章和规范性文件等要求，且简明扼要、内容完整、表述清晰、更新及时，避免职责之间的冲突。

需要注意的是在安全生产责任制建立方面，需要将各管理层级的安全职责描述符合相关法律法规的要求，并且与企业的实际情况保持一致。

2. 全员安全生产责任制的落实方面

全员安全生产责任制应当落实到本单位的规章制度、操作规程，以及各层级人员的责任清单和实际工作之中。

（1）需要注意公司规定的安全责任与部门安全责任之间的衔接。例如，在公司相关手册中规定的安全责任，在各部门的手册中应该有相应的承接。

（2）需要注意公司规定的安全责任与业务责任之间的承接。例如，主要负责人“组织制定并实施本单位安全生产教育和培训计划”的法定职责，不仅应当体现在单位主要负责人的安全责任中，还应当体现在该单位的安全生产教育和培训管理相关的规章制度和工作之中。

3. 全员安全生产责任制的公示方面

民航生产经营单位应当在适当位置，或者以体现在本单位或者部门的手册等形式，对本单位全员安全生产责任制进行长期公示。公示的内容主要包括：所有层级、部门和岗位的责任人员，安全责任、安全责任考核标准等。

4. 全员安全生产责任制的教育培训方面

全员安全生产责任制教育培训的主要内容至少包括该岗位应当履行的职责和义务，未履行或未正确履行职责和义务时应当承担的不利后果，并了解与自身履职密切相关的部门或岗位的责任。

5. 全员安全生产责任制的监督考核方面

全员安全生产责任制落实情况的监督考核机制出自《安全生产法》要求，侧重于安全责任的履职考核。

三、监管责任

民航行政机关根据“三定”职责和民航局、民航地区管理局及其民航安全监督管理局（或者运行办）行业管理职责分工履行安全监管责任，包括但不限于：拟定法律、政策标准规划，飞行安全和地面安全监管，空管安全监管，机场安全监管，适航审定监管，空防安全监管，事故调查及突发事件应急处置 7 个方面的安全监管责任。

民航各级行政机关应当在对应的县级以上人民政府的组织下，依法编制安全生产权力和责任清单。已在县级以上人民政府组织下制定安全生产权责清单的民航安全监督管理局，应当由其所属民航地区管理局对安全生产权责清单内容合法性、合理性和必要性进行审核确认，并进行公布，接受社会监督。

四、领导责任

（一）民航生产经营单位的安全领导责任

民航生产经营单位主要负责人是本单位安全生产第一责任人，对本单位的安全生产工作全面负责；党委主要负责人对党委职责范围内的安全生产工作全面负责。管理办法中对业内比较容易混淆的问题进行了说明：

（1）董事长和总经理均是单位主要负责人时，其安全责任应当至少包括单位主要负责人的安全责任中的所有内容，并在职责清单中明确两者的履职分工。

（2）党政同责是指单位党委书记和行政“一把手”同样对安全生产工作负责，但不表示民航生产经营单位行政“一把手”和党委书记负有同样的责任。

（二）民航行政机关的安全领导责任

民航行政机关主要负责人是辖区民航安全监管第一责任人，对本辖区民航安全监管工作负领导责任；党委主要负责人对党委职责范围内的安全监管工作负领导责任。民航行政机关其他各级领导对职责范围内的安全监管工作负责。

五、岗位责任

岗位安全责任主要来自《安全生产法》，民航生产经营单位和民航行政机关的管理人员和领导干部从事具体岗位工作时，也需要按照要求履行相应的岗位责任。

（一）民航生产经营单位的岗位责任

民航生产经营单位的岗位责任主要来自《安全生产法》，主要包括：遵守本单位的安全生产和安全管理制度和操作规程，正确佩戴和使用劳动防护用品，服从管理，配合监管；接受安全生产教育和培训，掌握本职工作所需的安全生产知识，提高安全生产技能，提升安全素养，增强事故预防和应急处理能力；及时、如实报告安全隐患或者其他不安全因素；落实本单位全员安全生产责任制中的规定职责。各单位应在此基础上结合实际情况进行补充完善。

（二）民航行政机关工作人员的安全岗位责任

《安全生产法》中规定的民航行政机关工作人员的安全岗位责任主要包括：监督检查生产经营单位，调阅有关资料，向有关单位和人员了解情况；当场纠正或者要求限期改正监督检查中发现的安全生产违法行为；依法作出行政处罚决定或者提出处罚建议；责令民航生产经营单位立即排除并治理监督检查中发现的安全隐患；依法查封或者扣押监督检查发现的不符合保障安全生产的国家标准或者行业标准的设施、设备、器材，以及违法生产、储存、使用、经营危险物品的作业场所；法律法规、规章、“三定”规定及规范性文件规定民航行政机关工作人员应当履行的其他安全岗位责任。

六、责任追究

责任追究主要包括：确定责任归属，确定追责处理范围，确定追责处理尺度，形成追责处理文书。管理办法中针对责任追究给出了原则和建议。例如，安全责任追究应当根据依法依规、公平公正、事实清楚、证据确凿、尽职免责、失职追责、错责相当、宽严相济的原则进行。针对同一事件，通常主体责任定责大于监管责任、直接责任大于间接责任、主要领导责任大于重要领导责任。

第六节　民航安全从业人员工作作风长效机制建设指南

《民航安全从业人员工作作风长效机制建设指南》是一份系统而深入的指导性文件，旨在推动民航安全从业人员的工作作风建设，形成长效机制，提升整个行业的安全水平。

一、目的、依据与全面梳理

这份指南首先明确了安全作风建设的目的和依据，为整个工作提供了明确的出发点和理论支撑。它系统梳理了安全作风建设的相关概念、原则和要求，以及与安全管理工作的关系，为长效机制建设提供了必要的基础知识。

（一）目的和依据

为贯彻落实习近平总书记对民航安全工作的重要指示批示和关于安全生产的重要论述，认真落实党中央、国务院关于民航安全工作的重大决策部署和有关要求，切实推动以“敬畏生命、敬畏规章、敬畏职责”为内核的安全从业人员工作作风建设，更好培育“严、细、实”和求真务实、真抓实干的工作作风，健全安全作风建设长效机制，更好解决安全作风建设“抓不实、管不住”的问题，不断提升民航安全从业人员综合素质和整体水平，依据习近平总书记对民航安全工作的有关重要指示批示精神以及《安全生产法》《民用航空安全管理规定》（CCAR-398）制定本指南。

（二）相关概念

1. 安全作风定义

安全作风是指民航安全从业人员在安全生产运行中表现出的稳定的态度和行为，特别是对指导和规定安全生产运行工作的各种行为规范的心理认同和外在反映。主要包括两个层面：一是精神层面，包含思想观念、思维方式、情感态度、自我认知、道德素养等；二是行为层面，包含对工作的计划、执行、评估、反馈、完善等。

2. 民航安全从业人员范围

主要包括飞行、乘务、机务维修、空管、运控、机场运行、安保等专业人员，民航院校上述专业在读学生，航校和飞行训练机构教员、学员，民航生产经营单位负有安全管理职责的人员，以及民航行政机关的安全监察人员。

（三）相互关系

（1）安全作风建设与 SMS 的关系。安全作风建设是安全管理体系的组成部分，是安全风险管理和教育培训的重要内容，应与 SMS 或等效安全管理机制融合开展，并将建设中的好经验好做法通过制度机制固化下来，纳入日常安全管理。应将思想认识、心理和态度层面的安全作风问题视为危险源的一种，运用安全管理体系的理念、方法和工具进行识别与防控，通过安全绩效管理进行监测、评估和改进。

（2）安全作风建设与安全隐患排查治理的关系。安全作风建设是安全隐患排查治理机制的重要方式，应将不良安全行为层面导致的重大安全作风问题视为安全隐患的一种，作为安全隐患排查治理的重要内容，采取隐患排查治理的机制、方法和工具进行识别、分析、评估，及时治理和整顿。

（3）安全作风建设与安全文化建设的关系。安全作风建设是安全文化建设的重要手段和组成部分，安全文化建设是安全作风建设的固本之策和底层支撑。

二、安全作风长效机制建设的六大核心机制

（1）安全作风建设责任机制：该机制明确了各级组织和个人在作风建设中的主体责任、领导责任、监管责任和岗位责任。确保责任到人，形成责任网格。同时，通过定期的

责任考核和问责制度，确保责任得到切实履行。

（2）安全作风养成机制：此机制注重通过教育培训、实践锻炼等多种方式，培养员工良好的职业习惯和作风。此外，还倡导正向激励，对作风优秀的员工进行表彰和奖励，以激发员工的主观能动性。

（3）安全作风问题识别认定及量化评估管理机制：该机制建立了作风问题的识别、认定和量化评估体系，能够及时发现并纠正作风问题。同时，通过定期的数据分析和趋势预测，为作风建设提供决策支持。

（4）问责机制：对于发现的作风问题，该机制明确了问责程序和处罚措施，确保问题得到严肃处理。问责机制不仅针对个人，也针对组织，旨在形成全员参与、共同监督的良好氛围。

（5）监管机制：此机制通过建立完善的监管体系，对作风建设的实施情况进行监督检查。监管方式包括定期检查、随机抽查、专项检查等，确保作风建设各项措施得到有效执行。

（6）持续完善机制：该机制强调作风建设的持续性和动态性，要求根据行业发展和安全形势的变化，及时调整和完善作风建设措施。同时，通过定期总结评估和经验分享，推动作风建设不断向前发展。

三、实施与保障措施

为确保作风建设长效机制的顺利实施，指南还提出了一系列具体的实施与保障措施。这包括加强组织领导，明确各级组织在作风建设中的职责和任务；制订详细的工作计划，确保作风建设有序推进；提供必要的资源保障，包括人力、物力和财力支持；建立健全制度体系，为作风建设提供制度保障；加强宣传教育，提高员工对作风建设重要性的认识；以及强化监督检查，确保作风建设各项措施得到有效执行。

四、典型工作作风问题清单

指南还根据民航行业的实际情况和有效做法，制定了通用、飞行、乘务、机务维修、空管、运控、机场、安检、航空安全员、航校飞行学员、航校飞行教员、管理 12 类安全从业人员典型工作作风问题清单，为行业内的作风建设提供了具体的参考和指导。

《民航安全从业人员工作作风长效机制建设指南》是一份全面而深入的指导性文件，为民航安全从业人员的作风建设提供了明确的方向和具体的实施路径。通过实施这份指南，有望进一步提升民航行业的安全水平，保障人民群众的生命财产安全。

第七节 航空运营人安全管理体系（SMS）建设要求

《航空运营人安全管理体系（SMS）建设要求》（AC-121-FS-26R1）旨在指导按照 CCAR-121 或 CCAR-135 运行的航空运营人建立安全管理体系（SMS）。

一、背景

按照《安全生产法》和国际民航组织相关要求对 SMS 建设要求进行了细化，航空运营人可根据本咨询通告，结合自身规模和运行特点开展SMS建设。

（1）国际民航组织的要求：SMS是国际民航组织提出并要求各缔约国实施的管理安全的系统做法。SMS以安全风险管理和安全绩效管理为核心，将事前管理、过程管理、系统管理、绩效管理等理念融入体系建设之中，通过安全数据的收集和分析，持续评估和监测组织的安全状态，控制组织的安全风险，促进安全绩效水平以及管理质量和效果的提升。

（2）安全生产法的要求：《中华人民共和国安全生产法》（2021年修正）颁布之后，从国家层面对系统化的安全管理进行了深刻的阐述，提出了“三管三必须”“安全生产标准化”“全员安全生产责任制”“安全风险分级管控和隐患排查治理”等一系列更高的要求，为中国民航牢固树立安全发展理念，坚守“人民至上、生命至上”，持续推进SMS建设进一步明确了方向。

二、SMS基本原理

SMS是在以往航空安全管理和运行管理模式的基础上，引入质量管理、风险管理等先进理念，设计的标准化系统性安全管理方法。其内核是通过对危险源的识别和分析，制定合理的风险管控措施，将风险控制在可接受水平。同时，通过明确岗位责任、制定政策文件、强化人员培训、加强安全信息采集分析能力、建立检查/审核机制和绩效监测等手段，落实安全管理职责、形成安全管理标准、持续监控风险管理有效性、改进安全管理效能，促进安全绩效水平的持续提升。

安全风险管理和安全保证是航空运营人各部门开展安全工作的主要路径。生产运行和业务职能部门依据航空运营人的安全管理文件和职责范围，按照安全风险管理流程，制定风险管控措施，实现对安全风险的有效管控。同时，通过对职责范围内的隐患开展排查治理，持续对运行风险及其控制措施进行监控，保证风险管控措施的有效性。

三、安全管理体系与质量管理体系的关系

质量管理体系是组织内部建立的，在提供产品或服务时为实现质量目标所必需的、系统的质量管理模式，包括必要的组织机构、相关责任义务、资源、过程和程序。SMS源于QMS，是质量管理理念在安全管理领域的具体实践，二者相辅相成。

从管理重点上看，SMS侧重于管理安全风险和安全绩效，而QMS侧重于遵守规章和规范性要求，以满足客户的期望和合同义务。从管理目标上看，SMS的目标是识别危险源、评估相关的安全风险并实施有效的安全风险控制措施，而QMS的目标是持续交付符合相关规范的产品和服务。

四、SMS运行合格审定和持续监察

（一）运行合格审定

SMS运行合格审定是局方对航空运营人是否建立SMS框架并具备SMS基本功能的审定，由航空运营人合格证管理局负责。

（二）持续监察

SMS的持续监察是局方对航空运营人SMS有效性开展的监督检查，由航空运营人合

格证管理局负责组织实施，按照飞行标准年度监察大纲和监察计划开展。

五、SMS 组成要素和相关要求

SMS 是管理安全的系统做法，航空运营人的 SMS 包括安全政策和目标、安全风险管理、安全保证和安全促进四个组成部分和十二个二级要素。

（一）安全政策和目标

安全政策和目标通过高层管理者的安全承诺、安全目标的设定及安全管理组织机构的建立等，明确安全管理目标、政策导向、资源保障等 SMS 有效实施的基础。其要素包括：管理者承诺（安全政策管理和安全目标管理）、安全责任、任命关键安全人员、应急预案的协调、SMS 文件。

（二）安全风险管理

安全风险管理是 SMS 的核心要素之一，通过危险源识别、由于航空运行系统不断发展、变化，随时可能带来新的危险源，或原有危险源的风险控制措施不再适用、有效，因此航空运营人应当在全部运行过程中持续动态开展安全风险管理，并通过安全保证过程对安全风险管理的有效性进行持续监测。其要素包括：危险源识别、安全风险评价和控制。

（三）安全保证

安全保证是航空运营人为监测安全绩效、验证安全风险控制措施有效性、评估 SMS 实施效能而开展的各项安全管理过程和活动，其要素包括：安全绩效评估与监测、变更管理、SMS 持续改进。其中安全绩效评估与监测包括内部审核（SMS 审核、安全检查）和安全绩效监测（安全绩效管理、安全报告、事件调查、飞行数据分析、安全信息综合分析和系统评价）。

安全绩效评估与监测中的各项安全管理活动，既是安全绩效管理的主要数据来源，也是隐患排查治理的重要手段。通过安全绩效评估与监测、变更管理、SMS 持续改进等工作发现的问题属于危险源或隐患的，应纳入安全风险管理或隐患治理。针对发现问题制定的纠正和预防措施，经验证有效且需长期实施的，应纳入相关手册或制度程序。

（四）安全促进

安全促进通过安全培训教育、有效的沟通和信息分享，增强各级员工的安全意识和能力，培育积极的安全文化，创建有利于实现安全目标的环境。其要素包括：培训与教育、安全交流。

第八节 运输机场安全管理体系建设指南

制定《运输机场安全管理体系建设指南》的目的是为运输机场建立和实施安全管理体系提供规范和指导。

一、建立和实施安全管理体系的意义

建立和实施安全管理体系，可以实现从事后到事前、从开环到闭环、从个人到组织、从局部到系统的安全管理：

（1）将在完善基于规章符合性的安全管理模式的基础上，形成基于安全绩效的安全

管理模式；

（2）将形成一系列高效、易于操作的风险管理程序，实现主动的安全管理，提高控制安全风险的能力和效率；

（3）将建立一套综合运用被动、主动和预测型安全数据的信息收集系统，形成基于数据驱动的安全管理模式；

（4）制定内部定期监控、评估、审核制度，促进安全管理的闭环运行和持续改进，有利于更好地履行机场的主体安全责任，健全自我监督、自我审核、自我完善的长效机制。

二、安全管理体系的内容

（一）安全政策和目标

机场安全政策概述了安全管理体系实现预期安全成果的基本理念和行动准则，体现机场管理机构安全管理的宗旨，有助于完善安全管理的体制机制，调动全体员工的积极性，展示机场保障安全的坚定决心和举措。

机场的安全目标明确其安全管理的努力方向，为安全绩效评估考核提供依据，在保持机场正常运行的同时，持续提升安全管理水平，达到国家可接受的安全水平。

安全政策和目标部分包含安全管理承诺与责任、安全责任制、任命关键的安全人员、应急预案的协调、安全管理体系文件等要素。

1. 安全管理承诺与责任

安全管理承诺与责任包含安全政策和安全目标。

（1）安全政策：指南中明确了机场管理机构安全政策的主要内容，要求机场管理机构制定安全政策的审核、批准、发布与改进的程序。指南要求机场管理机构应定期审查安全政策，确保其适用，同时对安全政策的签署、发布和传达进行了规范。

（2）安全目标：指南要求机场管理机构制定的安全目标应尽可能量化，并区分层次、逐级细化到岗位，具有明确的责任界定和激励导向作用，确保下一级的目标能满足上一级的目标。要求机场管理机构应逐级签订目标责任书，安全目标由机场管理机构主要负责人以书面文件形式批准并发布。

2. 安全责任制

指南中要求机场管理机构建立适应机场规模和生产发展需要、符合国家及民航行业要求的权责明晰、管理高效的组织机构和运行机制。安全责任制包括主要负责人、负责运行安全领导、其他领导、机场安全管理委员会、机场安全生产委员会、安全管理部门、运行管理和保障部门、职能部门、科室班组、员工、合约方的安全职责。

3. 关键安全人员

指南要求机场管理机构应任命一位安全经理，负责具体实施和维持有效的安全管理体系。安全经理可以为公司副总（含）以上级别人员，特殊情况经所辖管理局备案可由安全管理部门主要负责人担任。

4. 应急预案的协调

指南要求机场管理机构应制定机场应急处置预案，预案应完备并具有可操作性，应至少涵盖机场突发事件的各种类型。机场管理机构应制定机场应急处置演练计划并按照有关规定的要求组织演练，确保预案中各种机场突发事件都得以演练。机场管理机构应建立健全机场应急处置培训制度，通过培训和演练培养胜任机场应急处置的指挥人员和处置人员。

5. 安全管理体系文件

指南要求机场管理机构制定各类文件的制定、审核、批准、发布、发放、受控、搜集、存档、记录、查阅、更新、修订及废止的程序和制度，特别地，机场文件体系的修订应满足国家、行业相关的法律法规、规章、规范性文件和标准的相关要求，并与机场的运行环境、安全政策、安全目标、组织机构等相关要素的调整保持一致。

（二）安全风险管理

安全风险管理包括危险源识别、安全风险评估与缓解措施。

（1）危险源识别：指南要求机场管理机构应制定并不断完善危险源识别的程序，确保能识别出与其运行相关的危险源。危险源识别方法包括岗位基本安全风险评价、分析本机场历年发生的事件、国内外其他机场发生的事件、机场安全信息报告系统、头脑风暴法、对相关人员进行调查和访谈、机场内部安全监督、国家的航空安全自愿报告系统（SCASS）涉及机场的安全信息、失效树理论、系统工程理论、危险与可操作性分析、What-if 分析（结构化假设分析 SWIFT）等方式。

（2）安全风险评估与缓解措施：机场管理机构应该结合《民航安全风险分级管控和隐患排查治理双重预防工作机制》的内容进行安全风险评估，确定风险等级并制定有效的风险管控措施。

（三）安全保证

安全保证是机场管理机构为确定安全管理体系的运行是否符合期望和要求，开展的各项过程和活动。机场管理机构对其内部流程和运行环境进行持续的监测，以便发现有可能引发新的安全风险或使现有风险控制恶化的变化或偏差，然后对其进行安全风险管理。安全保证的输入数据来源于运行的各个环节，其输出结果不仅为了改进安全管理体系的相关工作，还有助于改进与提高运行过程的质量及安全。

安全保证包括：安全绩效监测与评估、变更管理和持续改进等要素。

（1）安全绩效检测预评估：安全绩效管理以安全绩效改进为目的，通过对各项安全绩效指标的评估与分析制定改进方案，实现机场安全管理的自我完善和持续改进。安全绩效监测与评估有助于准确掌握机场运行安全情况，检查机场安全工作的开展是否符合国家法律法规、民航规章、规范性文件和标准的要求，是否有效运行并促进实现安全目标。通过监测反馈的信息，评估安全绩效，肯定成绩、激励士气、增强做好安全工作的信心，同时及时发现薄弱环节，据此做好安全管理体系的持续改进。

（2）变更管理：指南要求机场管理机构应当通过多种手段和途径收集安全信息，第一时间识别影响安全运行的各种变更。机场管理机构在遇到但不限于下列重大变更时应当启动变更管理程序：

1）新建、改建、扩建运行设施设备等建设项目；

2）机场的人员、设备、工作程序或环境发生重大变化时；

3）机场开始运行新的工作、项目以及重大活动时；

4）机场接受新机型、新航空公司时；

5）重大的组织变动，包括新机构的成立，机构扩张或精简，公司合并或收购等；

6）规章要求变化时；

7）其他可能影响安全风险水平的情况。

（3）持续改进：指南要求机场管理机构应当建立并实施安全管理体系管理评审制度，规定安全管理体系管理评审的职责、频次、内容、方法及程序，每年至少进行一次安全管理体系管理评审。

（四）安全促进

安全促进培育积极的安全文化，创建一种有利于实现机场安全目标的环境。积极的安全文化体现了单位的安全工作所秉持的价值观、态度和采取的行为。仅通过命令或要求员工严格遵守规章制度，难以让机场为实现安全目标所做的努力达到预期效果。安全促进影响个人和单位的行为，补充机场的政策、程序和流程，从而带来了支持安全努力的价值观体系。通过培训和教育、有效的沟通和信息分享，促使员工的技术能力不断提高。

（1）培训与教育。机场管理机构应制定和保持安全培训与教育计划，确保人员得到培训教育，提高从业人员的业务水平和综合素质，使其胜任岗位工作，有能力执行其安全管理体系的任务；并强化员工遵章守纪和安全意识，推动安全文化建设，促进安全管理体系的实施。

（2）安全交流。机场管理机构应当制定并完善单位内部的以及与相关单位间的安全交流的制度与程序，明确规定安全交流的职责、对象、内容、途径和流程，将信息在整个组织各个层级中、组织与外部相关单位之间进行共享，以确保员工获得他们需要的安全信息。

三、机场安全管理体系建设与实施

指南要求机场管理机构应建立与机场规模和运行复杂程度相匹配的安全管理体系，至少满足本指南中安全管理体系各要素的相关要求。实施步骤包括：成立领导机构、开展系统描述、进行差异分析、制订实施计划、修订手册和分阶段实施、运行和持续改进等。

第九节　维修单位的质量安全管理体系

《维修单位的质量安全管理体系》（AC-145-FS-015-R1）目的是为维修单位建立规范的质量安全管理体系（QSMS）提供指导，适用于按照CCAR-145获得批准的国内维修单位。

一、背景

安全管理体系既不能独立于原本已有的质量管理体系，也不能仅局限于原来的体系，更多的观点认为是质量管理理念的发展。本文件按照国际民航组织的标准和建议措施，采取在原质量管理体系基础上融入安全管理体系要素和流程的方式。对于航空器或者航空器部件维修单位而言，不同产品或者维修工作对飞行安全的影响程度不同，虽然有些维修质量问题不会对飞行安全造成直接的危害性后果，但同样不可接受。因此，对维修单位安全管理体系的要求主要基于维修质量风险进行衡量，所以建立质量安全管理体系（QSMS）。

二、质量安全管理体系的建立

（1）维修单位应当根据其维修类别和规模建立符合下述要求的质量安全管理体系，以保证其所从事维修项目的维修质量，防止因维修差错对飞行安全带来不利影响。

（2）维修单位的责任经理应当作为质量安全管理的第一责任人，职责包括确定质量安全管理政策，制定质量安全管理目标，明确各相关部门和人员的职责、工作规范，保证足够的质量安全投入，考核质量安全管理效果，促进建立积极、良好的企业安全文化。

三、质量安全管理体系管理规范

（一）质量安全管理政策

维修单位质量安全管理的各项政策应当通过维修管理手册的方式予以发布，并通过制定具体程序手册明确落实各项政策的规范。

（二）质量安全管理委员会

维修单位的质量安全管理委员会作为本单位质量安全管理的最高决策机构，应当以定期和不定期会议的方式对上述责任事项进行讨论和决策。每次会议应当至少包括责任经理、质量经理和讨论议题涉及的主要部门成员参加。

（三）质量安全部门

维修单位需要成立独立的质量安全部门，不应当对质量安全部门赋予与生产进度和效益直接关联的职责。质量安全部门作为维修单位的一个部门，应当根据其职责制定各项质量安全管理工作规范，并按工作程序规范开展工作。

（四）专项质量安全管理工作规范

（1）维修管理手册的编制和更新：维修管理手册应当由质量安全部门组织编制和更新，并明确体现本单位实际的各项质量安全管理政策。

（2）管理程序审核和批准：维修单位具体落实维修管理手册中各项质量安全管理政策的具体管理程序应当由主要责任部门组织编制和更新，并在协调涉及部门意见后提交质量安全部门审核。

（3）关键人员资格评估和授权：需要由质量安全部门进行岗位资格评估并予以授权的人员包括：维修放行人员、发动机孔探人员、发动机试车人员、质量安全管理专业人员、无损检测人员、焊接人员、表面处理和热处理人员、工具设备校验人员等。

（4）内部审核：维修单位的质量安全部门应当定期组织开展对内部各部门落实其管理程序的情况进行内部审核，并涵盖质量安全管理政策的各项管理要素。

（5）外协单位评估：当维修单位开展维修工作需要通过外协的方式提供支持时，外协单位应当通过质量安全部门组织的评估，并以正式清单的方式予以明确可外协的单位和事项。

（6）事件和危害报告系统：维修单位的质量安全部门应当建立高效的事件和危害报告系统，并包括主动收集和自愿报告两种情况。

（7）质量调查：启动质量调查的情况包括：

1）与本单位维修放行工作有关的航空运营人使用困难或者维修差错报告；

2）维修过程中出现了维修差错；

3）维修过程中出现重大工时偏差；

4）维修过程中发生人员受伤或者非正常财产损失；

5）事件和危害报告系统收到了影响维修质量的事件报告。

（8）风险管理系统。维修单位的质量安全部门应当建立有效的风险管理系统，收集、识别和分析与本单位开展的维修工作相关的质量安全风险、风险值和容忍度，研究制定将可能的风险降低到质量安全管理政策可接受程度的风险防控措施，并对其效果进行持续监控。

需要注意的是维修单位的质量安全管理体系应该作为运行安全体系的一部分与航空运营人的安全管理体系充分融合。

第十节　民航空管安全管理体系建设

空管运行单位实施安全管理体系，就是运用系统的方法管理安全，通过科学地制定政策、目标，清楚地界定安全责任，鼓励全员参与，实施风险管理、安全保证、安全促进，有效地配备资源，在满足规章的基础上，不断提高运行水平。这套体系对于空管安全管理提供了指导思想和具体方法，对持续保持安全具有重要意义。

一、概述

空管 SMS 包括管理承诺与策划，安全管理程序，监督、测评与改进等三部分，其中：

（1）管理承诺与策划，包括安全政策、安全目标以及开展安全管理所需的各种资源、组织构架、制度、文件等；

（2）安全管理程序，为达到预期安全目标而持续开展的各项安全管理活动；

（3）监督、测评与改进，为促进空管 SMS 持续改进，对空管运行单位自身的监督、检查和总结。

二、管理承诺与策划

（一）安全政策

（1）安全政策是空管运行单位进行安全管理的行动依据和准则。安全政策由空管运行单位主要负责人批准后形成正式文件发布、传达到全体从业人员。

（2）安全政策应当符合国家、民航局和上级主管部门的要求，体现“安全第一、预防为主、综合治理、持续改进”的方针。

（3）空管运行单位应结合本单位实际情况制定安全政策，体现主要负责人对安全的承诺，根据不断变化的内外部条件和要求，定期评审安全政策，确保其持续适用。

（二）安全目标

安全目标是在一定时期内预期达到的安全水平，由一系列量化的安全指标进行描述。空管运行单位应与相关部门签订安全责任书，将安全目标分解到各部门（包括机关行政部门），各责任部门视情况将安全目标逐层分解，并制定具体计划和措施，形成完整的安全目标管理体系。

（三）组织机构及职责

为有效贯彻安全政策和实现安全目标，空管运行单位应当完善自身组织机构，建立清晰的安全责任体系，明确各个部门、岗位的安全责任及任职要求，并实施责任追究制度。

（四）规章符合性

空管运行单位应建立并保持识别现行有效法律法规、规章和标准的机制，确保安全管理体系符合局方要求。

（五）文件管理

空管运行单位应建立健全文件管理制度，确保文件的有效发放、使用和理解。

三、安全管理程序

（一）安全信息管理

安全信息管理是对与安全相关的数据和信息进行收集、处理、存档、分析和利用的过程。对不正常事件、运行隐患、系统安全缺陷等信息的掌握是安全管理的基础，建立 SMS 应使数据渗透到安全管理的全过程。

（二）安全评估

安全评估和风险管理是实施 SMS 的基本要求，空管运行单位的系统风险处于可接受范围才是安全的状态，安全评估和风险管理是一个识别系统中的危险，进行评估、处理的过程，目的是降低和控制系统风险，消除不可接受的风险。

（三）风险管理

风险管理是对影响空管安全的所有危险进行全面识别，主动控制和持续管理的方法。空管运行单位应结合空管运行持续进行风险管理，每年至少进行一次全面的危险识别。风险管理的实施通常包括危险识别、风险评估、风险缓解、持续监控等 4 个基本步骤。

（四）事件调查与处置

事件调查是指空管运行单位内部进行的事件调查，是对运行安全、正常有影响的事件进行的调查，其目的在于查明事件发生的原因，总结经验教训，提出改进建议，提高本单位的安全水平。

（五）安全教育和培训

民航空管运行单位应当建立健全安全教育和培训制度，组织和安排从业人员进行安全教育和培训，使其具备必要的安全生产知识，熟悉有关的安全生产规章制度和本单位的安全管理理念、政策、程序和方法，掌握本岗位的安全操作规程和操作技能，确保所有从业人员胜任其岗位。

（六）应急保障程序

为提高应对突发事件的能力，保障空中交通安全，空管运行单位应建立健全应急保障机制，确保发生突发事件时应急工作能够协调、有序和高效进行，最大限度地减少突发事件造成的人员伤亡和财产损失。

四、监督、测评与改进

（一）内部安全检查

空管运行单位应建立健全内部安全监督制度，通过安全检查、安全调查或其他适宜的手段，对运行的所有方面进行持续的监控，以确保生产运行与法律法规、标准等相关要求的符合性和安全管理活动的有效性。

（二）安全绩效管理

安全绩效管理是制定安全绩效指标、实施绩效考核，并将绩效融入空管日常管理活动中以激励本单位各部门的安全业绩持续改进并最终实现安全目标的安全监督、测评方式。

（三）内部安全审计

空管运行单位应当通过内部安全审计检查空管 SMS 是否符合安全管理体系的规范和要求，验证体系运行是否达到预期目标，通过实施纠正和预防措施进一步提高空管 SMS 的符合性和有效性管理水平。

（四）管理评审

管理评审是空管运行单位定期对空管 SMS 进行的适宜性、充分性和有效性评价活动。评审应对安全管理工作和体系运行作出明确评价，对未来的改进方向作出决定。对于管理评审作出的决定和措施，由相关部门负责落实。

五、建立空管 SMS 的步骤

建立空管 SMS 通常要经过几个基本步骤，包括：空管 SMS 的准备与策划；空管 SMS 的实施与运行；空管 SMS 的改进和提高。

（一）空管 SMS 的准备和策划

准备与策划阶段主要是做好体系建设的各种前期工作，主要包括：获得领导支持、成立工作组、差异分析、制定安全政策和安全目标、拟定计划、资源保障等。

（二）空管 SMS 的实施和运行

建立和实施 SMS 应对全体从业人员进行相关知识的专项宣贯和培训，以便得到广泛的理解和支持。培训从两个层次上展开：

（1）针对管理人员的宣贯和培训，掌握 SMS 的基本原理、内容及运行模式；

（2）针对运行人员的培训，了解 SMS 建设的基本内容，本岗位在体系中的地位、作用及相关要求。

（三）空管 SMS 的改进和提高

为保持空管 SMS 的适宜性、充分性和有效性，空管运行单位应持续开展安全监督和测评活动，制定和实施改进措施，不断改进和提高 SMS。空管运行单位应通过加强和完善安全管理，努力形成积极的安全文化，建立安全管理的长效机制。

附录　引用有关法律法规、条例等名录

《中华人民共和国安全生产法》（2021 修正　主席令第 88 号〔2021〕）
《中华人民共和国民用航空法》（2021 修正　主席令第 81 号〔2021〕）
《中华人民共和国特种设备安全法》（主席令第 4 号〔2013〕）
《中华人民共和国刑法》（2023 年修正　主席令第 18 号〔2023〕）
《中华人民共和国行政处罚法》（2021 年修正　主席令第 70 号〔2021〕）
《生产安全事故报告和调查处理条例》（国务院令第 493 号）
《生产安全事故应急条例》（国务院令第 708 号）
《中华人民共和国民用航空器适航管理条例》（1987 年）
《中华人民共和国民用航空器权利登记条例》（国务院令第 233 号）
《中华人民共和国民用航空器国籍登记条例》（2020 年修订版）
《中华人民共和国飞行基本规则》（国务院令第 312 号）
《民用机场管理条例》（国务院令第 553 号）
《中华人民共和国搜寻援救民用航空器规定》（民航局令第 29 号）
《民用航空器事件技术调查规定》（CCAR-395-R3）
《民用航空安全信息管理规定》（CCAR-396-R4）
《中国民用航空应急管理规定》（CCAR-397）
《民用航空安全管理规定》（CCAR-398）
《民用航空器飞行事故应急反应和家属援助规定》（CCAR-399）
《民用航空器驾驶员合格审定规则》（CCAR-61-R5）
《民用航空飞行签派员执照和训练机构管理规则》（CCAR-65FS-R3）
《大型飞机公共航空运输承运人运行合格审定规则》（CCAR-121-R8）
《外国公共航空运输承运人运行合格审定规则》（CCAR-129-R1）
《民用航空危险品运输管理规定》（CCAR-276-R2）
《一般运行和飞行规则》（CCAR-91-R4）
《民用无人驾驶航空器运行安全管理规则》（CCAR-92）
《小型商业运输和空中游览运营人运行合格审定规则》（CCAR-135-R3）
《特殊商业和私用大型航空器运营人运行合格审定规则》（CCAR-136）
《民用机场专用设备管理规定》（CCAR-137CA-R4）
《运输机场使用许可规定》（CCAR-139CA-R4）
《运输机场运行安全管理规定》（CCAR-140-R2）
《民用航空产品和零部件合格审定规定》（CCAR-21-R4）
《运输类飞机适航标准》（CCAR-25-R4）
《民用航空器国籍登记规定》（CCAR-45-R3）

《民用航空器维修单位合格审定规则》（CCAR-145-R4）

《民用航空使用空域办法》（CCAR-71）

《民用航空空中交通管理规则》（CCAR-93TM-R6）

《民用航空安全培训与考核规定》（民航规〔2021〕42 号）

《民航安全培训机构管理办法》（民航规〔2024〕17 号）

《民航安全风险分级管控和隐患排查治理双重预防工作机制管理规定》（民航规〔2022〕32 号）

《民航局安全生产行政约见实施办法》（民航规〔2022〕33 号）

《关于落实民航安全责任的管理办法》（民航规〔2023〕51 号）

《民航安全从业人员工作作风长效机制建设指南》（民航规〔2022〕56 号）

《航空运营人安全管理体系（SMS）建设要求》（民航规〔2024〕15 号）

《运输机场安全管理体系（SMS）建设指南》（AC-139/140-CA-2019-3）

《维修单位的质量安全管理体系》（民航规〔2022〕18 号）

《民航空管安全管理体系建设指导手册（第三版）》（MD-TM-2011-001）

《中国民用航空局关于贯彻落实习近平总书记重要指示批示精神　进一步加强民航安全管理工作的指导意见》（民航发〔2024〕1 号）

参 考 文 献

[1] 中国安全生产科学研究院．安全生产法律法规［M］．北京：应急管理出版社，2022.
[2] 张佳羽．我国民用航空法律体系的赋能作用［J］．中国航务周刊，2022（28）：54-56.
[3] 尚勇，张勇．中华人民共和国安全生产法释义［M］．北京：中国法制出版社，2021.
[4] 王利群，曾明荣，毕雅静．完善事故调查处理法规制度——《生产安全事故报告和调查处理条例》修改建议［J］．中国应急管理，2022（3）：16-19.
[5] 姬瑞鹏，陈曦光，许家祺．国际民航组织概论［M］．北京：北京航空航天大学出版社，2017.